浙江省重点教材建设项目

环境监测技术与实训

主 编 曾爱斌

U0247178

中国人民大学出版社
·北京·

前　言

环境监测是准确、及时、全面地反映环境质量现状及发展趋势的技术手段，为环境科学研究、环境规划、环境影响评价、环境工程设计、环境保护管理和环境保护宏观决策等提供不可缺少的基础数据和重要信息。"环境监测"课程是环境类专业（环境保护、环境监测与治理、环境监测与评价、水环境监测与保护、城市水净化技术等）的核心课程，是学生将来走上环境监测相关工作岗位所需学习的必修课程。

本教材以环境监测岗位能力为核心，以工作任务为主线，在完成工作任务的过程中学习职业岗位所需环境监测知识和技能，培养职业素质，着重突出职业性、实用性和创新性。本教材是理论实践一体化的项目化教程，符合高技能人才培养目标和环境监测职业岗位的任职要求，能扎实提升学生的职业能力和职业素质。本书可作为各类院校环境类专业的教学参考用书，也可作为中、高级环保职业技能培训和职业技能鉴定的辅导教材。

本教材具有以下几方面特色：

（1）以工作过程为导向开发学习项目，以工作任务为载体构建教材内容。本教材以环境监测工作过程为导向开发了体现岗位核心能力的 7 个典型学习项目，即地表水监测、污水监测、环境空气监测、固定污染源废气监测、土壤污染监测、植物污染监测和噪声监测。每个学习项目中以典型工作任务为载体构建了循序渐进的学习任务，全书共有 29 个学习任务。每个任务分"学习目标"、"知识学习"、"技能训练"和"思考与练习"4 个模块。"知识学习"力求简洁、够用，"技能训练"着重能力与职业素养。

（2）教材结构编排有利于实施"教、学、做"一体化教学模式。本教材中"知识学习"与"技能训练"融入同一任务学习中，有利于教师开展任务驱动、教学做一体的课堂教学设计，有利于实施教学做一体的课堂教学。

（3）教材融合了职业资格证书考核内容与评分标准。本教材内容的选取充分融合国家高级水质分析化验工、高级大气环境监测工和高级土壤监测工考核内容，每个任务的"技能训练"中均附有技能考核评分标准。通过"知识学习"和"技能训练"，既为学生考取相应职业资格证书打下坚实基础，又有利于学生在完成工作任务过程中实现知识与能力并进，实现形成性课程考核评价。

（4）本教材是"环境监测"课程的教学改革成果。本教材理实一体、项目化任务驱动构建模式，来源于编者多年来在"环境监测"课程教学改革领域的研究成果：2007 年浙江省精品课程建设项目；2009 年浙江省重点教材建设项目；2013 年浙江省高等教育课堂教学改革项目；2010 年国家环保与气象教指委精品课程（http：//218.75.125.230：8080/hjjc2010/），精品课程网站有课程教学安排、课程教案、电子课件、仿真实训、习题库和试题库等教学和学习资源。教材融入编者多年教改成果，同时引入环境监测最新标准和技术规范，反映最新监测技术。

本教材由杭州万向职业技术学院曾爱斌主编。项目一由曾爱斌、阮亚男编写，项目二由曾爱斌编写，项目三由曾爱斌、危晶编写，项目四、项目五由曾爱斌编写，项目六由曾爱斌、张志学编写，项目七由曾爱斌、陶星名编写，附录由曾爱斌、张志学编写，曾爱斌负责全书的统稿工作。

本教材邀请浙江省环境监测中心应洪仓和朱晓丹高级工程师、杭州市环境监测中心焦荔高级工程师参与确立学习项目与学习任务，浙江大学吴祖成教授和官宝红教授提供了宝贵的帮助，此外曾雅仪和华雨璇参与了教材的校对工作，在此一并表示衷心的感谢！

由于编者水平有限，本书可能存在疏漏和不足之处，恳请同行和读者不吝指正。

目 录

一、环境监测及其发展

环境监测是环境科学的一个重要分支学科。"监测"为监视、测定、监控，广义上，是在一定时期内对污染因子进行重复测定，追踪污染物种类、浓度的变化；狭义上，是对污染物进行定期测定，判断是否达到环境标准或评价环境管理和控制环境系统的效果。

环境监测的发展主要包括三个阶段：20 世纪 50 年代的污染监测阶段或被动监测阶段；70 年代的主动监测阶段或目的监测阶段；70 年代末期以来，连续自动监测技术进入了环境领域，形成了以连续自动监测系统为骨干的环境监测技术，该阶段被称为污染防治监测阶段或自动监测阶段。

环境监测的发展趋势为：由经典的化学分析向仪器分析发展；由手工操作向连续自动化迈进；由微量分析向痕量、超痕量发展；由污染物成分分析发展到化学形态分析；监测仪器向仪器的联合使用和电子计算机化发展。

二、环境监测的工作过程

环境监测的工作过程一般分为接受任务、现场调查、制定方案、实施方案、结果评价和编制监测报告，见图 0—1。

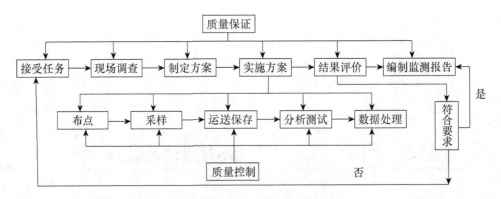

图 0—1　环境监测的一般工作过程

三、环境监测的作用和意义

（1）通过环境监测来提供代表环境质量现状的数据，判断环境质量是否符合国家制定的环境质量标准，评价当前主要环境问题。

（2）找出环境污染最严重的区域和区域中重要的污染因子，作为主要管理对象，评价该区域环境污染防治对策和措施的实际效果。

（3）通过环境监测，评价环保设施的性能，为制定综合防治对策提供基础数据。

（4）通过环境监测追踪污染物质的污染路线和污染源，判断各类污染源所造成的环境影响，预测污染的发展趋势和当前环境问题的可能趋势。

（5）通过环境监测来验证和建立环境污染模式，为新污染源对环境的影响进行预测评价。

（6）积累长期监测资料，为研究环境容量、实施总量控制提供基础数据。

（7）通过积累大量的不同地区的环境监测数据，并结合当前和今后一段时间我国科学技术和经济发展水平，制定切实可行的环境保护法规和环境质量标准。

（8）通过环境监测不断揭示新的污染因子和环境问题，研究污染原因、污染物迁移和转化，为环境保护科学研究提供可靠的数据。

总而言之，环境监测的作用和意义是及时、准确、全面地反映环境质量现状及发展趋势，为环境管理、环境规划和环境科学研究提供依据。

四、环境监测的对象和内容

环境监测的对象主要包括水、大气、土壤、生物体的化学污染物，还有固体废弃物和物理环境要素。

从环境监测的对象考虑，环境监测内容可分为水和污水监测、环境空气和废气监测、土壤污染监测、固体废物监测、生物污染监测和物理污染监测等。

（一）水和污水监测

水和污水监测包括环境水体（江、河、湖、库和地下水等）和水污染源（生活污水、医院污水和工业废水）监测两部分。主要监测项目大体可分为两类：一类是反映水质污染的综合指标，如温度、色度、浊度、pH 值、电导率、悬浮物、溶解氧（DO）、化学需氧量（COD）和生化需氧量（BOD）等；另一类是一些有毒害性的物质，如酚、氰、砷、铅、铬、镉、汞、镍、有机农药等。污水监测的具体项目与污染源的性质有关，一般同步测定基本水文特征。

（二）环境空气和废气监测

环境空气和废气监测是对环境空气及废气污染源的监测。包括分子状态污染物监测、粒子状态污染物监测、大气降水监测、大气污染生物监测和常规气象监测（风向、风速、气温、气压、降雨量和湿度等）。

常见的分子状态污染物主要有 SO_2、NO_x、CO、HCN、NH_3、Hg、碳氢化合物、卤化氢、氧化剂、甲醛和挥发酚等。常见的粒子状态污染物主要有总悬浮微粒（TSP）、灰尘自然沉降量和尘粒的化学组成（铬、铅、砷化物等）。

特殊污染物的监测需结合监测的特殊目的而定，例如为了评价硫酸厂排放的大气污染物对环境空气质量的影响，除了监测 SO_2、NO_x，还有必要监测硫酸雾。

大气降水监测对象是以降雨（雪）形式从大气中沉降到地球表面的沉降物的主要成分和性质，监测项目有 pH 值、电导率、K^+、Na^+、Ca^{2+}、Mg^{2+}、NH_3、SO_4^{2-}、NO_3^-、Cl^- 等。

（三）土壤污染监测

土壤污染的主要来源是工业废物（污水和废渣）、农药、牲畜排泄物、生物残体和大气沉降物等。土壤污染监测主要是对土壤水分含量、有机农药和金属污染等的监测。

（四）固体废物监测

固体废物主要包括工业固体废弃物和城市垃圾。固体废弃物的污染主要是指固体废弃物的有害性质和有害成分对土壤、水体、空气和动植物的危害，比如固体废弃物中的铬、铅、镉、汞等重金属在自然条件下浸出，有机农药残留在农作物中。

固体废物监测是用物理、化学和生物的标准实验方法来测定废物具有的潜在危害性，包括急性毒性、易燃性、腐蚀性、反应性、放射性和浸出毒性等。

（五）生物污染监测

污染物通过大气、水体和土壤进入动植物体内，从而抑制、损害其生长和繁殖，甚至导致其死亡。对污染物导致动植物的这种变化的监测即为生物监测，例如水生生物监测、植物对大气污染物反应及指示作用的监测、生物体内有害物的监测、环境致突变物的监测等。

（六）物理污染监测

物理污染监测是指对造成环境污染的噪声、振动、电磁辐射、放射性等物理能量进行监测。物理污染对人体的损害并非一蹴而就，且很多时候人体并无感觉，但超过其阈值会直接危害人的身心健康，尤其是放射性物质所放射的 α、β 和 γ 射线对人体损害更大。

五、环境标准

环境标准是国家为保护人群健康和维持生态平衡,在综合分析自然环境特征的基础上,根据国家的环境政策和法规、环境污染物的控制技术水平、经济条件和社会要求,规定环境中污染物的允许含量及污染源排放污染物的数量和浓度等的技术规范。环境标准是政策、法规的具体体现。

我国的环境标准由 2 级 6 类组成。2 级是指我国环境标准分为国家级和地方级 2 级;6 类是指环境质量标准、污染物排放标准、环境基础标准、环境方法标准、环境标准物质标准和环保仪器及设备标准 6 类。其中环境基础标准、环境方法标准、环境标准物质标准只有国家级标准,并且尽量与国际接轨。

每一环境标准通常几年修订一次,新标准自然替代老标准,只是年代改变而标准号不变,如《地表水环境质量标准》GB 3838—2002 替代 GB 3838—1988。

(一)水质标准

目前我国已经颁布的水质标准包括水环境质量标准和污水排放标准。

(1)水环境质量标准。主要有地表水环境质量标准(GB 3838—2002)、海水水质标准(GB 3097—1997)、渔业水质标准(GB 11607—1989)、农田灌溉水质标准(GB 5084—2005)、生活饮用水卫生标准(GB 5749—2006)和地下水质量标准(GB/T 14848—1993)等。

(2)污水排放标准。主要有:污水综合排放标准(GB 8978—2002)、城镇污水处理厂污染物排放标准(GB 18918—2002),以及各行业、工业门类的水污染物排放标准,如制浆造纸工业水污染物排放标准(GB 3544—2008)、纺织染整工业水污染物排放标准(GB 4287—1992)、合成氨工业水污染物排放标准(GB 13458—2013)、畜禽养殖业污染物排放标准(GB 18596—2001)等。

(二)大气标准

我国的大气标准主要分两类,即质量标准和污染物排放标准。

(1)质量标准。主要有:环境空气质量标准(GB 3095—2012)、室内空气质量标准(GB/T 18883—2002)、乘用车内空气质量评价指南(GB/T 27630—2011)、保护农作物的大气污染物最高允许浓度(GB 9137—1988)等。

(2)污染物排放标准。主要有:大气污染物综合排放标准(GB 16297—1996)、锅炉大气污染物排放标准(GB 13271—1991)、火电厂大气污染物排放标准(GB 13223—1996)、车用汽油机排气污染物排放标准(GB 14761.2—1993)、柴油车自由加速烟度排放标准(GB 14761.6—1993)和摩托车排气污染物排放标准(GB 14621—1993)等。

(三)噪声标准

(1)质量标准。主要有:声环境质量标准(GB 3096—2008)、城市区域环境振动标准(GB 10070—1988)、机场周围飞机噪声环境标准(GB 9660—1988)。

(2)排放标准。建筑施工场界环境噪声排放标准(GB 12523—2011)、工业企业厂界环境噪声排放标准（GB 12348—2008）、社会生活环境噪声排放标准（GB 22337—2008）等。

（四）土壤环境质量标准

主要有：土壤环境质量标准（GB 15618—2008）、食用农产品产地环境质量评价标准（HJ 332—2006）和温室蔬菜产地环境质量评价标准（HJ 333—2006）等。

（五）固体废弃物标准

为防止农用污泥、建材农用粉煤灰、农药、农用城镇垃圾及有色金属、建材工业固体废弃物等对土壤、农作物、地表水、地下水的污染，保障农牧渔业生产和人体健康，我国制定了有关固体废弃物污染控制标准。如危险废物焚烧污染控制标准（GB 18484—2001）、生活垃圾焚烧污染控制标准（GB 18485—2001）、危险废物贮存污染控制标准（GB 18597—2001）、危险废物填埋污染控制标准（GB 18598—2001）和生活垃圾填埋污染控制标准（GB 16889—1997）等，从保护环境的需要规定了生活垃圾填埋场选址要求、工程设计要求、填埋场入场要求、填埋作业要求、封场要求、污染物排放限值及环境监测等要求。这些标准适用于生活垃圾填埋处置场所，不适用于工业固体废弃物及危险物的处置场所。

 思考与练习

1. 阅读环境监测相关资料，试述当前环境监测技术的发展方向。
2. 阐述环境监测的工作过程及意义。

项目一 | 地表水监测

任务 1 地表水监测方案的制定

 学习目标

一、知识目标

1. 了解地表水监测方案制定程序和内容；
2. 学习河流、湖泊与水库监测断面的设置与点位布设；
3. 学会选择地表水监测项目与分析方法。

二、技能目标

1. 能根据《地表水和污水监测技术规范》制定水质监测方案；
2. 能确立监测断面与采样点位；
3. 能根据监测目的选择监测项目与分析方法。

三、素质目标

1. 培养良好的团队合作精神；
2. 遵循环境监测工作程序；

3. 遵循《地表水和污水监测技术规范》。

 知识学习

一、监测方案设计思路

监测方案是一项监测任务的总体构思和设计，制定监测方案取决于监测的目的。首先必须进行现场调查与资料收集，然后确定监测项目，设计监测网点，合理安排采样时间和采样频率，选定采样方法和分析测定技术，提出监测报告要求，制定质量保证措施和方案的实施计划等。

二、现场调查与资料收集

（一）现场调查

（1）调查水体沿岸城市分布、工业布局、污染源分布及其排污情况、城市给排水情况等。

（2）调查水体沿岸的资源现状和水资源的用途，饮用水源分布和重点水源保护区，水体流域土地功能及近期使用计划等。

（二）资料收集

（1）收集、汇总监测区域的水文、气候、地质和地貌等方面的有关资料。如水位、水量、流速及流向的变化，降雨量、蒸发量及历史上的水情，河流的宽度、深度、河床结构及地质状况。

（2）收集历年的水质资料等。

三、监测断面与采样点的布设

（一）监测断面的分类

（1）采样断面：实施水样采集的整个剖面。它可分为背景断面、对照断面、控制断面和削减断面等。

背景断面：指为评价某一完整水系的污染程度，未受人类生活和生产活动影响，能够提供水环境背景值的断面。

对照断面：指具体判断某一区域水环境污染程度时，位于该区域所有污染源上游处，能够提供这一区域水环境本底值的断面。

控制断面：指为了解水环境受污染程度及其变化情况的断面。

削减断面：指工业废水或生活污水在水体内流经一定距离而达到最大限度混合，污染物受到稀释、降解，其主要污染物浓度有明显降低的断面。

（2）管理断面：为特定的环境管理需要而设置的断面。

（二）监测断面的布设原则

在对调查研究结果和有关资料进行综合分析的基础上，根据监测目的和监测项目，

并考虑人力、物力等因素确定监测断面和采样点。

总的布设原则：断面在总体和宏观上应能反映水系或区域的水环境质量状况，各断面的具体位置应能反映所在区域环境的污染特征，尽可能以最少的断面获取有足够代表性的环境信息，同时还须考虑实际采样时的可行性和方便性。

（1）对流域或水系要设立背景断面、控制断面（若干）和入海口断面。对行政区域可设背景断面（对水系源头）或入境断面（对过境河流）或对照断面、控制断面（若干）和入海河口断面或出境断面。在各控制断面下游，如果河段有足够长度（至少10km），还应设削减断面。

（2）根据水体功能区设置控制监测断面，同一水体功能区至少要设置1个监测断面。

（3）监测断面位置应避开死水区、回水区、排污口处，尽量选择顺直河段、河床稳定、水流平稳、水面宽阔、无急流、无浅滩处。

（4）监测断面力求与水文测量断面一致，以便利用其水文参数，实现水质监测与水文监测的结合。

（5）监测断面的布设应考虑社会经济发展状况、监测工作的实际状况和需要，要具有相对的长远性。

（6）流域同步监测中，根据流域规划和污染源限期达标目标确定监测断面。

（7）局部河道整治中，监视整治效果的监测断面，由所在地区环境保护行政主管部门确定。

（8）入海河口断面要设置在能反映入海河水水质并邻近入海的位置。

（9）其他如突发性水环境污染事故，洪水期和退水期的水质监测，应根据现场情况，布设能反映污染物进入水环境和扩散、削减情况的采样断面及点位。

（三）河流监测断面的设置

对于江、河水系或某一河段，要求设置三种断面，即对照断面、控制断面和削减断面。

（1）对照断面：为了解流入监测河段前的水体水质状况而设置。这种断面应设在河流进入城市或工业区以前的地方，避开各种废水、污水流入或回流处。一个河段一般只设一个对照断面，有主要支流时可酌情增加。

（2）控制断面：为评价、监测河段两岸污染源对水体水质的影响而设置。控制断面的数量应根据城市的工业布局和排污口分布情况而定。断面的位置与废水排放口的距离应根据主要污染物的迁移、转化规律，河水流量和河道水力学特征确定，一般设在排污口下游500~1 000m处。因为在排污口下游500m横断面上的1/2宽度处重金属浓度一般出现高峰值。对有特殊要求的地区，如水产资源区、风景游览区、自然保护区、与水源有关的地方病发病区、严重水土流失区及地球化学异常区等的河段上也应设置控制断面。

（3）削减断面：指河流受纳废水和污水后，经稀释扩散和自净作用，使污染物浓度显著下降，其左、中、右三点浓度差异较小的断面。通常设在城市或工业区最后一个排污口下游 1 500m 以外的河段上。水量小的小河流应视具体情况而定。

有时为了取得水系和河流的背景监测值，还应设置背景断面。这种断面上的水质要求基本上未受人类活动的影响，因而应设在清洁河段上。

（四）湖泊、水库监测断面的设置

对不同类型的湖泊、水库应区别对待。为此，首先判断湖泊、水库是单一水体还是复杂水体，考虑汇入湖泊、水库的河流数量，水体的径流量、季节变化及动态变化，沿岸污染源分布及污染物扩散与自净规律、生态环境特点等，然后按监测断面的布设原则确定监测断面的位置。

（1）在进出湖泊、水库的河流汇合处分别设置监测断面。

（2）以各功能区（如城市和工厂的排污口、饮用水源、风景游览区、排灌站等）为中心，在其辐射线上设置弧形监测断面。

（3）在湖泊、水库中心，深、浅水区，滞流区，不同鱼类的洄游产卵区，水生生物经济区等设置监测断面。

（五）采样点位的布设

设置监测断面后，应根据水面的宽度确定断面上的采样垂线，再根据采样垂线的深度确定采样点位置和数量。

1. 采样垂线的设置。

在一个监测断面上设置的采样垂线数应符合表 1—1。

表 1—1　　　　　　　　　　　　　　采样垂线的设置

水面宽	垂 线 数	说 明
≤50m	一条（中泓）	1. 垂线布设应避开污染带，要监测污染带应另加垂线。
50～100m	二条（近左、右岸有明显水流处）	2. 确能证明该断面水质均匀时，可仅设中泓垂线。
>100m	三条（左、中、右）	3. 凡在该断面要计算污染物通量时，必须按本表设置垂线。

2. 采样点的布设。

（1）河流监测垂线采样点的设置。在一条垂线上的采样点数应符合表 1—2。

表 1—2　　　　　　　　　　　　采样垂线上的采样点数的设置

水 深	采样点数	说 明
≤5m	上层一点	1. 上层指水面下 0.5m 处，水深不到 0.5m 时，在水深 1/2 处。
5～10m	上、下层两点	2. 下层指河底以上 0.5m 处。 3. 中层指 1/2 水深处。 4. 封冻时在冰下 0.5m 处采样，水深不到 0.5m 处时，在水深 1/2 处采样。
>10m	上、中、下三层三点	5. 凡在该断面要计算污染物通量时，必须按本表设置采样点。

（2）湖泊（水库）监测垂线采样点的设置。湖泊（水库）监测垂线上的采样点的布设应符合表1—3。

表1—3　　　　　　　　　　　湖泊（水库）监测垂线采样点的设置

水　深	分层情况	采样点数	说　明
≤5m		一点（水面下0.5m处）	1. 分层是指湖水温度分层状况。 2. 水深不足1m，在1/2水深处设置测点。 3. 有充分数据证实垂线水质均匀时，可酌情减少测点。
5～10m	不分层	二点（水面下0.5m，水底上0.5m处）	
5～10m	分层	三点（水面下0.5m，1/2斜温层，水底上0.5m处）。	
＞10m		除水面下0.5m，水底上0.5m处外，按每一斜温分层1/2处设置。	

四、监测项目

地表水监测项目的确定遵循以下几个原则：

（1）选择国家和地方的地表水环境质量标准中要求控制的监测项目。

（2）选择对人和生物危害大、对地表水环境影响范围广的污染物。

（3）选择国家水污染物排放标准中要求控制的监测项目。

（4）所选监测项目有"标准分析方法"或"全国统一监测分析方法"。

（5）各地区可根据本地区污染源的特征和水环境保护功能的划分，酌情增加某些选测项目。根据本地区经济发展状况、监测条件的改善及技术水平的提高，可酌情增加某些污染源和地表水监测项目。

地表水的监测项目见表1—4。潮汐河流必测项目增加氯化物，饮用水保护区或饮用水源的江河除监测常规项目外，必须注意剧毒和"三致"有毒化学品的监测。

表1—4　　　　　　　　　　　　地表水的监测项目

监测对象	必测项目	选测项目
河流	水温、pH值、溶解氧、高锰酸盐指数、化学需氧量、BOD$_5$、氨氮、总氮、总磷、铜、锌、氟化物、硒、砷、汞、镉、铬（六价）、铅、氰化物、挥发酚、石油类、阴离子表面活性剂、硫化物和粪大肠菌群	总有机碳、甲基汞，其他项目参照《地表水和污水监测技术规范》（HJ/T 91—2002）中工业废水监测项目，根据纳污情况由各级相关环境保护主管部门确定

续前表

监测对象	必测项目	选测项目
集中式饮用水源地	水温、pH 值、溶解氧、悬浮物、高锰酸盐指数、化学需氧量、BOD_5、氨氮、总磷、总氮、铜、锌、氟化物、铁、锰、硒、砷、汞、镉、铬（六价）、铅、氰化物、挥发酚、石油类、阴离子表面活性剂、硫化物、硫酸盐、氯化物、硝酸盐和粪大肠菌群	三氯甲烷、四氯化碳、三溴甲烷、二氯甲烷、1，2-二氯乙烷、环氧氯丙烷、氯乙烯、1，1-二氯乙烯、1，2-二氯乙烯、三氯乙烯、四氯乙烯、氯丁二烯、六氯丁二烯、苯乙烯、甲醛、乙醛、丙烯醛、三氯乙醛、苯、甲苯、乙苯、二甲苯、异丙苯、氯苯、1，2-二氯苯、1，4-二氯苯、三氯苯、四氯苯、六氯苯、硝基苯、二硝基苯、2，4-二硝基甲苯、2，4，6-三硝基甲苯、硝基氯苯、2，4-二硝基氯苯、2，4-二氯苯酚、2，4，6-三氯苯酚、五氯酚、苯胺、联苯胺、丙烯酰胺、丙烯腈、邻苯二甲酸二丁酯、邻苯二甲酸二（2-乙基己基）酯、水合肼、四乙基铅、吡啶、松节油、苦味酸、丁基黄原酸、活性氯、滴滴涕、林丹、环氧七氯、对硫磷、甲基对硫磷、马拉硫磷、乐果、敌敌畏、敌百虫、内吸磷、百菌清、甲萘威、溴氰菊酯、阿特拉津、苯并（a）芘、甲基汞、多氯联苯、微囊藻毒素-LR、黄磷、钼、钴、铍、硼、锑、镍、钡、钒、钛、铊
湖泊和水库	水温、pH 值、溶解氧、高锰酸盐指数、化学需氧量、BOD_5、氨氮、总磷、总氮、铜、锌、氟化物、硒、砷、汞、镉、铬（六价）、铅、氰化物、挥发酚、石油类、阴离子表面活性剂、硫化物和粪大肠菌群	总有机碳、甲基汞、硝酸盐、亚硝酸盐，其他项目参照《地表水和污水监测技术规范》（HJ/T 91—2002）中工业废水监测项目，根据纳污情况由各级相关环境保护主管部门确定
排污河（渠）	根据纳污情况，参照《地表水和污水监测技术规范》（HJ/T 91—2002）中的工业废水监测项目	

五、分析方法

（一）选择分析方法应遵循的原则

（1）首先选用国家标准分析方法、统一分析方法或行业标准方法。

（2）在某些项目的监测中，尚无"标准"和"统一"分析方法时，可采用 ISO、美国 EPA 和日本 JIS 方法体系等其他等效分析方法，但应经过验证合格，其检出限、准确度和精密度应能达到质控要求。

（二）分析方法分类

（1）国家或行业标准分析方法：用于评价其他分析方法的基准方法，也是环境污染纠纷法定的仲裁方法，其方法成熟性和准确度好。

（2）统一分析方法：经研究和多个单位的实验验证表明是成熟的方法，在使用中积累经验，不断完善，为上升为国家标准方法创造条件。

（3）试用方法：在国内少数单位研究和试用过，或直接从发达国家引进，供监测科研人员试用的方法。

国家或行业标准分析方法与统一分析方法均可在环境监测与执法中使用。

（三）常用分析方法

按照分析方法所依据的原理，常用的方法有：

（1）用于测定无机污染物的方法：重量法、原子吸收法、分光光度法、等离子发射光谱法、电极法、离子色谱法、化学法和原子荧光法等。

（2）用于测定有机污染物的方法：化学法、分光光度法、气相色谱法、高效液相色谱法和气相色谱—质谱法等。

各种方法测定的项目列于表1—5中。

表1—5   常用水质监测方法测定项目

方法	测定项目
重量法	SS、可滤残渣、矿化度、油类、SO_4^{2-}、Cl^-、Ca^{2+} 等
容量法	酸度、碱度、CO_2、溶解氧、总硬度、Ca^{2+}、Mg^{2+}、氨氮、Cl^-、F^-、CN^-、SO_4^{2-}、S^{2-}、Cl_2、COD、BOD_5、挥发酚等
分光光度法	Ag、Al、As、Be、Bi、Ba、Cd、Co、Cr、Cu、Hg、Mn、Ni、Pb、Sb、Se、Th、U、Zn、氨氮、NO_2^--N、NO_3^--N、凯氏氮、PO_4^{3-}、F^-、Cl^-、C、S^{2-}、SO_4^{2-}、BO_2^{2-}、SiO_3^{2-}、Cl_2、挥发酚、甲醛、三氯乙醛、苯胺类、硝基苯类、阴离子洗涤剂等
荧光分光光度法	Se、Be、U、油类、BaP 等
原子吸收法	Ag、Al、Ba、Be、Bi、Ca、Cd、Co、Cr、Cu、Fe、Hg、K、Na、Mg、Mn、Ni、Pb、Sb、Se、Sn、Te、Tl、Zn 等
氢化物及冷原子吸收法	As、Sb、Bi、Ge、Sn、Pb、Se、Te、Hg
原子荧光法	As、Sb、Bi、Se、Hg 等
火焰光度法	Li、Na、K、Sr、Ba 等
电极法	Eh、pH、DO、F^-、Cl^-、CN^-、S^{2-}、NO_3^-、K^+、Na^+、NH_3 等
离子色谱法	F^-、Cl^-、Br^-、NO_2^-、NO_3^-、SO_3^{2-}、SO_4^{2-}、$H_2PO_4^-$、K^+、Na^+、NH_4^+ 等
气相色谱法	Be、Se、苯系物、挥发性卤代烃、氯苯类、六六六、DDT、有机磷农药类、三氯乙醛、硝基苯类、PCB 等
高效液相色谱法	多环芳烃类、酚类、苯胺类、邻苯二甲酸酯类、阿特拉津等
等离子发射光谱法	用于水中基体金属元素、污染重金属以及底质中多种元素的同时测定
气相色谱—质谱法	挥发与半挥发性有机物、苯系物、有机氯农药、多环芳烃及多氯联苯等

六、采样时间与采样频次

依据不同的水体功能、水文要素和污染源、污染物排放等实际情况，力求以最低的采样频次，取得最有时间代表性的样品，既要满足能反映水质状况的要求，又要切实可行。采样时间与采样频次如下：

（1）饮用水源地、省（自治区、直辖市）交界断面中需要重点控制的监测断面每月至少采样一次。

（2）国控水系、河流、湖泊、水库上的监测断面，逢单月采样一次，全年六次。

（3）水系的背景断面每年采样一次。

（4）受潮汐影响的监测断面的采样，分别在大潮期和小潮期进行。每次采集涨、退潮水样分别测定。涨潮水样应在断面处水面涨平时采样，退潮水样应在水面退平时采样。

（5）如某必测项目连续三年均未检出，且在断面附近确定无新增排放源，而现有污染源排污量未增的情况下，每年可采样一次进行测定。一旦检出，或在断面附近有新的排放源或现有污染源有新增排污量时，即恢复正常采样。

（6）国控监测断面（或垂线）每月采样一次，在每月 5～10 日进行采样。

（7）遇有特殊自然情况，或发生污染事故时，要随时增加采样频次。

（8）在流域污染源限期治理、限期达标排放的计划中和流域受纳污染物的总量削减规划中，以及为此所进行的同步监测，按"流域监测"执行。

（9）为配合局部水流域的河道整治，及时反映整治的效果，应在一定时期内增加采样频次，具体由整治工程所在地方环境保护行政主管部门确定。

七、监测结果的表示方法

（一）计量单位
监测结果所使用的计量单位应采用我国的法定计量单位。

（二）浓度含量的表示
水和污水分析结果用 mg/L 表示，浓度较小时，则以 μg/L 表示；浓度很大时，例如 COD12 345mg/L 应以 1.23×10^4 mg/L 表示，亦可用百分数（%）表示（注明 m/v 或 m/m）。

（三）平行双样测定结果
在允许误差范围之内，结果以平均值表示。
平行双样相对偏差的计算方法：

$$相对偏差（\%）=\frac{A-B}{A+B} \times 100 \tag{1—1}$$

式中：A，B——同一水样两次平行测定的结果。

当测定结果在检出限（或最小检出浓度）以上时，报实际测得结果值；当测定结果低于方法检出限时，报所使用方法的检出限值。

（四）校准曲线
（1）校准曲线的相关系数只舍不入，保留到小数点后出现非 9 的一位，如 0.999 89→0.999 8。如果小数点后都是 9 时，最多保留 4 位。

（2）校准曲线的斜率和截距有时小数点后位数很多，最多保留 3 位有效数字，并以幂表示，如 0.000 023 4→2.34×10^{-5}。

（五）分析结果的统计要求

(1) 分析结果的精密度表示。用多次平行测定结果进行相对偏差计算的计算式：

$$相对偏差(\%)=\frac{x_i-\overline{x}}{\overline{x}}\times100 \tag{1—2}$$

式中：x_i——某一测量值；

$\overline{x}$——多次测量值的均值。

一组测量值的精密度用标准偏差或相对标准偏差表示时的计算式：

$$标准偏差(s)=\sqrt{\frac{1}{n-1}\sum_{i=1}^{n}(x_i-\overline{x})^2} \tag{1—3}$$

式中：n——测量总次数。

(2) 分析结果的准确度表示。以加标回收率表示时的计算式：

$$回收率(P,\%)=\frac{加标试样的测定值-试样测量值}{加标量}\times100 \tag{1—4}$$

根据标准物质的测定结果，以相对误差表示时的计算式：

$$相对误差(\%)=\frac{测定值-保证值}{保证值}\times100 \tag{1—5}$$

 技能训练

校园附近某地表水监测方案的制定

一、实训目的

1. 能收集监测区域资料和进行污染源调查；
2. 能进行采样点的布设；
3. 能确立监测项目和选择适宜的分析方法；
4. 能制定地表水监测方案。

二、实训要求

1. 每四名同学为一组进行，选取某地表水作为监测对象。
2. 实训前提交一份监测方案，方案尽量采用表格形式。

三、实训步骤

1. 现场调查和资料收集。
(1) 收集、汇总监测区域的水文、气候、地质和地貌等方面的有关资料。

（2）收集地表水平面位置图。

（3）收集监测区域历年的水质监测数据。

（4）调查水体沿岸的污染源名称和位置、污水排放量、污水排放方向和主要污染物质。

（5）调查水资源现状和水资源的用途，水体流域土地功能及近期使用计划。

2．监测断面和采样点位的布设。

（1）在进出地表水汇合处分别设置监测断面。

（2）根据污染源位置与排放方向设置监测断面。

（3）在典型功能区设置监测断面。

（4）根据水体宽度和深度设置监测垂线与采样点位。

（5）在平面位置图上标注监测点位编号。

3．监测项目与分析方法的选择。

（1）根据收集的资料与污染源调查分析，确定监测项目。

（2）污染物分析方法选用国家标准或行业分析方法，注明方法代码与检出下限。

4．采样时间与采样频次。

根据监测目的与季节确定采样时间与频次。

四、数据记录

1．基础资料调查，见表1—6。

表1—6　　　　　　　　　　　　　　　基础资料调查表

调查位置	1	2	3	4
水温				
流速				
水面宽度				
水面深度				
水面长度				
水资源现状				
水质状况				

2．污染源调查，见表1—7。

表1—7　　　　　　　　　　　　　　　污染源调查表

编号	污染源	类型	位置	用水量（t/h）	排水量（t/h）	排放方式	主要污染物	治理措施
1								
2								
3								

3. 监测点位布设，见表1—8。

表1—8   监测点位布设

序号	监测断面	监测垂线	监测点位	点位平面分布图

4. 监测项目与污染物分析方法，见表1—9。

表1—9   监测项目与污染物分析方法

序号	监测项目	分析方法	方法代码	检出下限

5. 监测结果汇总，见表1—10。

表1—10   监测结果汇总表

河流（湖泊、水库）名称	断面（垂线）名称	采样时间		水 期	水温（℃）	水深（m）	流量（m³/s）
		月	日				
监测项目	单位 ／ 监测结果	采样点位置					

注：1. 水期分丰、枯、平、洪。
2. 采样点位置据采样点水平方向左、中、右与垂直方向上、中、下组合填写，如左上、中下等。
3. 监测结果如小于最低检出限时，填最低检出限再加"L"；如大于测量上限时，填最大可测量值再加"G"（如0.001 L；99.9 G）。
4. 监测项目按实测项目填写，必测项目在上，选测项目在下。

五、技能训练评分标准

评分标准见表1—11。

表1—11   校园附近某地表水监测方案的制定评分标准

项目	序号	分值	考核内容	自评	互评	师评
考核内容	1	10	资料收集			
	2	20	污染源调查			
	3	30	监测断面与监测点位的布设			
	4	20	监测项目与分析方法			
	5	10	样品的采集时间与频率			
	6	10	职业素质			
			合计			
	总成绩＝自评（20％）+互评（30％）+师评（50％）					

续前表

项目	序号	分值	考核内容	自评	互评	师评
评分标准	1 （10分）	10	资料收集全			
		7	资料收集较全			
		5	资料收集不全			
	2 （20分）	20	污染源调查全面、数据充分准确			
		15	污染源调查较全面、数据较充分			
		10	污染源调查不全面、数据不够充分			
	3 （30分）	30	断面与布点方法合理			
		20	断面与布点方法较合理			
		15	断面与布点方法不够合理			
	4 （20分）	20	监测项目与分析方法合理			
		15	监测项目与分析方法较合理			
		10	监测项目与分析方法不够合理			
	5 （10分）	10	采集时间与频率方案合理			
		7	采集时间与频率方案较合理			
		5	采集时间与频率方案不够合理			
	6 （10分）	10	团队合作好			
		7	团队合作较好			
		5	团队合作不好			

 思考与练习

1. 以河流为例，怎样布设江河水系的采样断面和采样点？
2. 从哪些方面考虑制定地表水监测方案？

任务 2　水样的采集与保存

学习目标

一、知识目标

1. 熟悉水样采集器与采样方法；
2. 掌握水样保存技术；
3. 掌握地表水现场监测方法。

二、技能目标

1. 能根据监测方案采集水样；
2. 能根据监测方案保存和运输水样；
3. 能现场测定地表水中水温、pH 值和溶解氧。

三、素质目标

1. 养成良好的安全生产意识；
2. 自觉遵循水质采样技术规范；
3. 能积极在做中学、学中做。

 知识学习

一、采样前的准备

（一）制定采样计划

采样负责人负责制定采样计划并组织实施。制定计划前要充分了解该项监测任务的目的和要求，对要采样的监测断面周围情况了解清楚，并熟悉采样方法、水样容器的洗涤、样品的保存技术。在有现场测定项目和任务时，还应了解有关现场测定技术。

采样计划应包括：确定的采样断面、采样垂线和采样点位、测定项目和数量、采样质量保证措施，采样时间和路线、采样人员和分工、采样器材和交通工具以及需要进行的现场测定项目和安全保证等。

（二）采样设备的准备

采样设备的准备见表1—12。

表 1—12 　　　　　　　　　　　　　　　 采样设备的准备

设备	准备
采样容器、漏斗、绳、手柄过滤器和过滤系统	检查是否有划痕，是否有破损和不牢固的部件。
箱和样品传送器	检查数量是否充足，是否有破损，必要的话，用消毒剂把箱擦干净。
样品瓶	检查样品瓶和盖子；有破损的要及时丢掉以防别人误用；确保瓶子已盖好以减少污染的机会并安全存放；确保用于微生物研究的瓶子原包装完整；无菌显示器条纹清晰。
固定剂	检查"按日期使用"的固定剂是否超期；检查点滴器和移液器是否有损坏；必要的话进行更换，确保与空的样品瓶分开。
野外作业用具	确保在有效的检验期内，如果已超期，要进行更换。
检定试剂盒	确保作业指导书可用且有效；确保其未超期使用；必要时进行更换；与取样瓶分开存放。
标签和抽样文件	如果标签是事先印刷好的，检查其是否填写完整。
个人安全防护用具	确保有足够的一次性手套、冰锚、急救箱、手帕、护目镜。
冰钻	检查发动机工作是否正常。

二、采样方法和采样器（或采水器）

采样器材主要是采样器和水样容器，常见采样器和采样方法见表1—13，此外还有自动采水器和连续自动定时采水器等。

表 1—13　　　　　　　　　　　　水样采集器与采集方法

采样对象	采集器	采集方法
表层水	聚乙烯塑料桶、玻璃瓶等容器	一般将其沉至水面下 0.3～0.5m 处采集。
深层水	带重锤的采样器	将采样容器沉降至所需深度（可从绳上的标度看出），上提细绳打开瓶塞，待水样充满容器后提出。
水流急的河段	急流采样器	将一根长钢管固定在铁框上，管内装一根橡胶管，其上部用夹子夹紧，下部与瓶塞上的短玻璃管相连，瓶塞上另有一长玻璃管通至采样瓶底部。 采样前塞紧橡胶塞，然后沿船身垂直伸入要求水深处，打开上部橡胶管夹，水样即沿长玻璃管流入样品瓶中，瓶内空气由短玻璃管沿橡胶管排出。这样采集的水样也可用于测定水中溶解性气体，因为它是与空气隔绝的。
溶解气体（如溶解氧）的水样	双瓶采样器	将采样器沉入要求水深处后，打开上部的橡胶管夹，水样进入小瓶（采样瓶）并将空气驱入大瓶，从连接大瓶短玻璃管的橡胶管排出，直到大瓶中充满水样，提出水面后迅速密封。

三、采样注意事项

（1）采样时不可搅动水底的沉积物。

（2）采样时应保证采样点的位置准确，必要时使用定位仪（GPS）定位。

（3）认真填写"水质采样记录表"，用签字笔或硬质铅笔在现场记录，字迹应端正、清晰，项目完整。

（4）保证采样按时、准确、安全。

（5）采样结束前，应核对采样计划、记录与水样，如有错误或遗漏，应立即补采或重采。

（6）如采样现场水体很不均匀，无法采集到有代表性的样品，则应详细记录不均匀的情况和实际采样情况，供使用该数据者参考，并将此现场情况向环境保护行政主管部门反映。

（7）测定油类的水样，应在水面至 300mm 采集柱状水样，并单独采样，全部用于测定。采样瓶（容器）不能用采集的水样冲洗。

（8）测溶解氧、生化需氧量和有机污染物等项目时，水样必须注满容器，上部不留空间，并有水封口。

（9）如果水样中含沉降性固体（如泥沙等），则应分离除去。分离方法为：将所采水样摇匀后倒入筒形玻璃容器（如 1～2L 量筒），静置 30min，将不含沉降性固体但含有悬浮性固体的水样移入盛样容器并加入保存剂。测定水温、pH 值、DO、电导率、总悬浮物和油类的水样除外。

（10）测定湖泊、水库水的 COD、高锰酸盐指数、叶绿素 α、总氮、总磷时，水样静置30min 后，用吸管一次或几次移取水样，吸管进水尖嘴应插至水样表层 50mm 以下位置，再加保存剂保存。

（11）测定油类、BOD_5、DO、硫化物、余氯、粪大肠菌群、悬浮物、放射性等项目要单独采样。

四、水样的类型

（一）瞬时水样

瞬时水样是指在某一时间和地点从水体中随机采集的分散水样。当水体水质稳定，或其组分在相当长的时间或相当大的空间范围内变化不大时，瞬时水样具有很好的代表性；当水体组分及含量随时间和空间变化时，就应隔时、多点采集瞬时样，分别进行分析，摸清水质的变化规律。

（二）混合水样

混合水样是指在同一采样点于不同时间所采集的瞬时水样混合后的样品。有时称"时间混合水样"，以与其他混合水样相区别。这种水样在观察平均浓度时非常有用，但不适用于被测组分在贮存过程中发生明显变化的水样。

（三）综合水样

综合水样是指不同采样点同时采集的各个瞬时水样混合后所得到的样品。这种水样在某些情况下更具有实际意义。例如，当为几条废水河、渠建立综合处理厂时，以综合水样取得的水质参数作为设计的依据更为合理。

五、水样的保存和运输

（一）水样变化的原因

1. 物理作用。

光照、温度、静置或振动，敞露或密封等保存条件及容器材质都会影响水样的性质。如温度升高或强振动会使得一些物质如氧、氰化物及汞等挥发，长期静置会使 $Al(OH)_3$、$CaCO_3$、$Mg_3(PO_4)_2$ 等沉淀。某些容器的内壁能不可逆地吸附或吸收一些有机物或金属化合物等。

2. 化学作用。

水样及水样各组分可能发生化学反应，从而改变某些组分的含量与性质。例如空气中的氧能使二价铁、硫化物等氧化，聚合物解聚，单体化合物聚合等。

3. 生物作用。

细菌、藻类，以及其他生物体的新陈代谢会消耗水样中的某些组分，产生一些新组分，改变一些组分的性质，生物作用会对样品中待测的一些项目如溶解氧、二氧化碳、含氮化合物、磷及硅等的含量及浓度产生影响。

水样从采集到分析这段时间内，由于物理的、化学的、生物的作用会发生不同程度的变化，这些变化使得进行分析时的样品已不再是采样时的样品，为了使这种变化降低到最小的程度，必须在采样时对样品加以保护。

水样在贮存期内发生变化的程度主要取决于水的类型及水样的化学性和生物学性质，也取决于保存条件、容器材质、运输及气候变化等因素。

（二）容器的选择

贮存水样的容器可能吸附欲测组分，或者沾污水样，因此要选择性能稳定、杂质含量低的材料制作的容器。常用的容器材质有硼硅玻璃、石英、聚乙烯和聚四氟乙烯。其中，石英和聚四氟乙烯杂质含量少，但价格昂贵，一般常规监测中广泛使用聚乙烯和硼硅玻璃材质的容器。

1. 容器选择的原则。

（1）最大限度地防止容器及瓶塞对样品的污染。一般的玻璃在贮存水样时可溶出钠、钙、镁、硅、硼等元素，在测定这些项目时应避免使用玻璃容器，以防止新的污染。一些有色瓶塞含有大量的重金属。

（2）容器壁应易于清洗、处理，以减少如重金属或放射性核类的微量元素对容器的表面污染。

（3）容器或容器塞的化学和生物性质应该是惰性的，以防止容器与样品组分发生反应。如测氟时，水样不能贮存于玻璃瓶中，因为玻璃与氟化物会发生反应。

（4）防止容器吸收或吸附待测组分，引起待测组分浓度的变化。微量金属易于受这些因素的影响，其他如清洁剂、杀虫剂、磷酸盐同样也受到影响。

（5）深色玻璃能降低光敏作用。

2. 容器的准备。

所有的准备都应确保不发生正负干扰。尽可能使用专用容器。如不能使用专用容器，那么最好准备一套容器进行特定污染物的测定，以减少交叉污染。同时，应注意防止以前采集高浓度分析物的容器因洗涤不彻底污染随后采集的低浓度污染物的样品。

对于新容器，一般应先用洗涤剂清洗，再用水彻底清洗。但是，用于清洁的清洁剂和溶剂可能引起干扰，例如当分析富营养物质时，含磷酸盐的清洁剂的残渣污染。如果使用，应确保洗涤剂和溶剂的质量。如果测定硅、硼和表面活性剂，则不能使用洗涤剂。所用的洗涤剂类型和选用的容器材质要根据待测组分来确定，测磷酸盐不能使用含磷洗涤剂，测硫酸盐或铬不能用铬酸—硫酸洗液，测重金属的玻璃容器及聚乙烯容器通常用盐酸或硝酸（$c = 1mol/L$）洗净并浸泡 1～2 天后用蒸馏水或去离子水冲洗。

（1）清洁剂清洗塑料或玻璃容器程序。

1）用水和清洁剂的混合稀释溶液清洗容器和容器帽；

2）用实验室用水清洗两次；

3）控干水并盖好容器帽。

（2）溶剂洗涤玻璃容器程序。

1）用水和清洗剂的混合稀释溶液清洗容器和容器帽；

2）用自来水彻底清洗；

3）用实验室用水清洗两次；

4）用丙酮清洗并干燥；

5）用与分析方法匹配的溶剂清洗后立即盖好容器帽。

（3）酸洗玻璃或塑料容器程序。

1）用自来水和清洗剂的混合稀释溶液清洗容器和容器帽；

2）用自来水彻底清洗；

3）用10%硝酸溶液清洗；

4）控干后，注满10%硝酸溶液；

5）密封，贮存至少24h；

6）用实验室用水清洗后立即盖好容器帽。

（4）用于测定农药、除草剂等样品的容器的准备。

因聚四氟乙烯外的塑料容器会对分析产生明显的干扰，故一般使用棕色玻璃瓶。按用水及洗涤剂—铬酸—硫酸洗液—蒸馏水后，在烘箱内180℃下4h烘干。冷却后再用纯化过的己烷或石油醚冲洗数次。

（5）用于微生物分析的样品。

玻璃容器先用硝酸浸泡，再用蒸馏水冲洗以除去重金属或铬酸盐残留物。在灭菌前可在容器里加入硫代硫酸钠（$Na_2S_2O_3$）以除去余氯对细菌的抑制作用（以每125mL容器加入0.1mL的10mg/L $Na_2S_2O_3$计量）。

3. 容器的封存。

对需要测定物理—化学分析物的样品，应使水样充满容器至溢流并密封保存，以减少因与空气中氧气、二氧化碳的反应干扰及样品运输途中的振荡干扰。但当样品需要被冷冻保存时，不应溢满封存。

（三）水样保存的方法

1. 冷藏或冷冻法。

冷藏或冷冻的作用是抑制微生物活动，减缓物理挥发和化学反应速度。

在大多数情况下，从采集好样品到运输至实验室期间，在1℃～5℃冷藏并暗处保存，对保存样品就足够了。冷藏并不适用于长期保存，对废水的保存时间更短。

－20℃的冷冻温度一般能延长贮存期。分析挥发性物质不适用冷冻程序。如果样品包含细胞、细菌或微藻类，在冷冻过程中会破裂、损失细胞组分，同样不适用冷冻。冷冻保存一般选用塑料容器，推荐使用聚氯乙烯或聚乙烯等塑料容器。

2. 过滤和离心法。

过滤样品的目的就是区分被分析物的可溶性和不可溶性的比例（如可溶和不可溶

金属部分）。

采样时或采样后，用滤器（滤纸、聚四氟乙烯滤器、玻璃滤器）等过滤样品或将样品离心分离都可以除去其中的悬浮物、沉淀、藻类及其他微生物。滤器的选择要注意与分析方法相匹配，使用滤器前应清洗及避免吸附、吸收损失，因为各种重金属化合物、有机物容易吸附在滤器表面，滤器中的溶解性化合物如表面活性剂会滤到样品中。一般测有机项目时选用砂芯漏斗和玻璃纤维漏斗，而在测定无机项目时常用 $0.45\mu m$ 的滤膜过滤。

3. 加入化学试剂保存法。

（1）控制溶液 pH 值。测定金属离子的水样常用硝酸酸化至 pH1～pH2，既可以防止重金属的水解沉淀，又可以防止金属在器壁表面上的吸附，同时在 pH1～pH2 的酸性介质中还能抑制生物的活动。用此法保存，大多数金属可稳定数周或数月。

测定氰化物的水样需加氢氧化钠调至 pH12。测定六价铬的水样需加氢氧化钠调至 pH8，因为在酸性介质中，六价铬的氧化电位高，易被还原。保存总铬的水样，则应加硝酸或硫酸至 pH1～pH2。

（2）加入抑制剂。为了抑制生物作用，可在样品中加入抑制剂。

在测氨氮、硝酸盐氮和 COD 的水样中，加氯化汞或三氯甲烷、甲苯作防护剂以抑制生物对亚硝酸盐、硝酸盐、铵盐的氧化还原作用。

在测酚水样中用磷酸调溶液的 pH 值，加入硫酸铜以控制苯酚分解菌的活动。

（3）加入氧化剂。水样中痕量汞易被还原，引起汞的挥发性损失，加入硝酸—重铬酸钾溶液可使汞维持在高氧化态，汞的稳定性大为改善。

（4）加入还原剂。测定硫化物的水样，加入抗坏血酸对保存有利。含余氯水样，能氧化氰离子，可使酚类、烃类、苯系物氯化生成相应的衍生物，为此在采样时加入适当的硫代硫酸钠予以还原，除去余氯干扰。

应当注意，加入的保存剂不能干扰以后的测定；保存剂的纯度最好是优级纯的，还应作相应的空白试验，对测定结果进行校正。

水样保存及容器洗涤方法见表 1—14。

表 1—14　　　　　　　　　　　　水样保存及容器洗涤方法

项目	采样容器	保存剂及用量	保存期	采样量(mL)[①]	容器洗涤
浊度*	G. P.		12 h	250	I
色度*	G. P.		12 h	250	I
pH*	G. P.		12 h	250	I
电导*	G. P.		12 h	250	I
悬浮物**	G. P.		14 d	500	I
碱度**	G. P.		12 h	500	I
酸度**	G. P.		30 d	500	I

续前表

项目	采样容器	保存剂及用量	保存期	采样量(mL)①	容器洗涤
COD	G.	加 H_2SO_4，pH≤2	2d	500	I
高锰酸盐指数**	G.		2d	500	I
DO*	溶解氧瓶	加入硫酸锰，碱性 KI 叠氮化钠溶液，现场固定	24h	250	I
BOD_5**	溶解氧瓶		12h	250	I
TOC	G.	加 H_2SO_4，pH≤2	7d	250	I
F^-**	P		14d	250	I
Cl^-**	G. P.		30d	250	I
Br^-**	G. P.		14d	250	I
I^-	G. P.	NaOH，pH=12	14d	250	I
SO_4^{2-}**	G. P.		30d	250	I
PO_4^{3-}	G. P.	NaOH，H_2SO_4 调 pH=7，$CHCl_3$ 0.5%	7d	250	IV
总磷	G. P.	HCl，H_2SO_4，pH≤2	24h	250	IV
氨氮	G. P.	H_2SO_4，pH≤2	24h	250	I
NO_2^--N**	G. P.		24h	250	I
NO_3^--N**	G. P.		24h	250	I
总氮	G. P.	H_2SO_4，pH≤2	7d	250	I
硫化物	G. P.	1L 水样加 NaOH 至 pH9，加入 5% 抗坏血酸 5mL，饱和 EDTA 3mL，滴加饱和 Zn(AC)₂ 至胶体产生，常温避光	24h	250	I
总氰	G. P.	NaOH，pH≥9	12h	250	I
Be	G. P.	HNO_3，1L 水样中加浓 HNO_3 10mL	14d	250	III
B	P	HNO_3，1L 水样中加浓 HNO_3 10mL	14d	250	I
Na	P	HNO_3，1 L 水样中加浓 HNO_3 10mL	14d	250	II
Mg	G. P.	HNO_3，1L 水样中加浓 HNO_3 10mL	14d	250	II
K	P.	HNO_3，1L 水样中加浓 HNO_3 10mL	14d	250	II
Ca	G. P.	HNO_3，1L 水样中加浓 HNO_3 10mL	14d	250	II
Cr(VI)	G. P.	NaOH，pH=8~9	14d	250	III
Mn	G. P.	HNO_3，1L 水样中加浓 HNO_3 10mL	14d	250	III
Fe	G. P.	HNO_3，1L 水样中加浓 HNO_3 10mL	14d	250	III
Ni	G. P.	HNO_3，1L 水样中加浓 HNO_3 10mL	14d	250	III
Cu	P	HNO_3，1L 水样中加浓 HNO_3 10mL②	14d	250	III
Zn	P	HNO_3，1L 水样中加浓 HNO_3 10mL②	14d	250	III
As	G. P.	HNO_3，1L 水样中加浓 HNO_3 10mL，DDTC 法，HCl 2mL	14d	250	I
Se	G. P.	HCl，1L 水样中加浓 HCl 2mL	14d	250	III

续前表

项目	采样容器	保存剂及用量	保存期	采样量 (mL)①	容器洗涤
Ag	G. P.	HNO_3，1L 水样中加浓 HNO_3 2mL	14d	250	Ⅲ
Cd	G. P.	HNO_3，1L 水样中加浓 HNO_3 10mL②	14d	250	Ⅲ
Sb	G. P.	HCl，0.2%（氢化物法）	14d	250	Ⅲ
Hg	G. P.	HCl 1%，如水样为中性，1L 水样中加浓 HCl 10mL	14d	250	Ⅲ
Pb	G. P.	HNO_3 1%，如水样为中性，1L 水样中加浓 HNO_3 10mL②	14d	250	Ⅲ
油类	G	加入 HCl 至 pH≤2	7d	250	Ⅱ
农药类**	G	加入抗坏血酸 0.01~0.02g 除去残余氯	24h	1 000	Ⅰ
除草剂类**	G	（同上）	24h	1 000	Ⅰ
邻苯二甲酸酯类**	G	（同上）	24h	1 000	Ⅰ
挥发性有机物**	G	用（1 + 10）HCl 调至 pH = 2，加入 0.01~0.02 抗坏血酸除去残余氯	12h	1 000	Ⅰ
甲醛**	G	加入 0.2~0.5 g/L 硫代硫酸钠除去残余氯	24h	250	Ⅰ
酚类**	G	用 H_3PO_4 调至 pH = 2，用 0.01~0.02g 抗坏血酸除去残余氯	24h	1 000	Ⅰ
阴离子表面活性剂	G. P.		24h	250	Ⅳ
微生物**	G	加入硫代硫酸钠至 0.2~0.5g/L 除去残余物，4℃保存	12h	250	Ⅰ
生物**	G. P.	现场测定时不能用甲醛固定	12h	250	Ⅰ

注：（1）＊表示应尽量作现场测定。

（2）＊低温（0℃~4℃）避光保存。

（3）G 为硬质玻璃瓶；P 为聚乙烯瓶（桶）。

（4）①为单项样品的最少采样量；②如用溶出伏安法测定，可改用 1L 水样中加 19mL 浓 $HClO_4$。

（5）Ⅰ，Ⅱ，Ⅲ，Ⅳ表示四种洗涤方法，具体如下：

Ⅰ：洗涤剂洗一次，自来水洗三次，蒸馏水洗一次；

Ⅱ：洗涤剂洗一次，自来水洗二次，(1+3) HNO_3 荡洗一次，自来水洗三次，蒸馏水洗一次；

Ⅲ：洗涤剂洗一次，自来水洗二次，(1+3) HNO_3 荡洗一次，自来水洗三次，去离子水洗一次；

Ⅳ：铬酸洗液洗一次，自来水洗三次，蒸馏水洗一次。

如果采集污水样品可省去用蒸馏水、去离子水清洗的步骤。

（6）经160℃干热灭菌 2h 的微生物、生物采样容器，必须在两周内使用，否则应重新灭菌；经121℃高压蒸气灭菌 15min 的采样容器，如不立即使用，应于 60℃将瓶内冷凝水烘干，两周内使用。细菌监测项目采样时不能用水样冲洗采样容器，不能采混合水样，应单独采样后 2h 内送实验室分析。

（四）样品标签设计

水样采集后，往往根据不同的分析要求，分装成数份，并分别加入保存剂，对每一份样品都应附一张完整的水样标签。水样标签应事先设计打印，内容一般包括：采样目的、项目唯一性编号、监测点数目、采样位置、采样时间、日期、采样人员、保存剂的加入量等。标签应用不褪色的墨水填写，并牢固地粘贴于盛装水样的容器外壁上。对于未知的特殊水样以及危险或潜在危险物质，应用记号标出，并对现场水样情况作详细描述。

对需要现场测试的项目，如 pH 值、电导率、温度、流量等应进行记录，并妥善保管现场记录表。

（五）水样的运输

水样采集后必须立即送回实验室，根据采样点的地理位置和每个项目分析前最长可保存时间，选用适当的运输方式。在现场工作开始之前，就要安排好水样的运输工作，以防延误。

（1）水样运输前应将容器的外（内）盖盖紧。装箱时应用泡沫塑料等分隔，以防破损。同一采样点的样品应装在同一包装箱内，如需分装在两个或几个箱子中时，则需在每个箱内放入相同的现场采样记录表。运输前应检查现场记录表上的所有水样是否全部装箱，要用醒目色彩在包装箱顶部和侧面做好"切勿倒置"的标记。

（2）每个水样瓶均需贴上标签，内容有采样点位编号、采样日期和时间、测定项目和保存方法，并写明用何种保存剂。

（3）装有水样的容器必须加以妥善保存和密封，并装在包装箱内固定，以防在运输途中破损。除了防震、避免日光照射和低温运输外，还要防止新的污染物进入容器和沾污瓶口使水样变质。

（4）在水样运送过程中，应有押运人员，每个水样都要附有一张管理程序登记卡。在转交水样时，转交人和接收人都必须清点和检查水样并在登记卡上签字，注明日期和时间。

六、样品接收

水样送至实验室时，首先要检查水样是否冷藏，冷藏温度是否保持在 1℃～5℃。其次要验明标签，清点样品数量，确认无误后签字验收。如果不能立即进行分析，应尽快采取保存措施，防止水样被污染。

七、样品质量控制规定

样品保存剂如酸、碱或其他试剂在采样前应进行空白试验，其纯度和等级必须达到分析的要求。

八、现场监测

（一）水温的测定

水温是主要的水质物理指标。水的物理、化学性质与水温密切相关，水温主要受气温和来源等因素的影响。因此，水温应在采样现场进行测定，用经检定的温度计直接插入采样点测量。温度计在测点应放置 5～7min，待测得的水温恒定不变后读数。常用的测量仪器有水温计、深水温度计、颠倒温度计和热敏电阻温度计。

（1）水温计。水温计适用于测量水的表层温度。水温计是安装于金属半圆槽壳内的水银温度表，下端连接一金属贮水杯，温度表水银球部悬于杯中，其顶端的壳带一圆环，拴以一定长度的绳子，如图1—1（a）所示。水温计的测量范围通常为−6℃～41℃，最小分度值为0.2℃。测量时将水温计沉入水中至待测深度，感温5min后，迅速提出水面并立即读数。从水温计离开水面至读数完毕应不超过20s，读数完毕后，将筒内水倒净。必要时，重复沉入水中，再一次读数。

（2）深水温度计。深水温度计适用于水深40m以内的水温测量。其结构与水温计相似，如图1—1（b）所示。盛水筒较大，并有上、下活门，利用其放入水中和提升时的自动开启和关闭，使筒内装满所测温度的水样。测量范围为−2℃～40℃，最小分度值为0.2℃。测量时，将深水温度计投入水中，与表层水温的测定相同步骤进行测定。

（3）颠倒温度计。颠倒温度计（闭式）适用于测量水深在40m以上的各层水温，一般需装在颠倒采水器上使用。它由主温表和辅温表构成，见图1—1（c）。主温表是双端式水银温度计，用于观测水温；辅温表为普通水银温度计，用于观测读取水温时的气温，以校正因环境温度改变而引起的主温表读数的变化。测量时，将其沉入预定深度水层，感温7min，提出水面后立即读数，并根据主、辅温度表的读数，用海洋常数表进行校正。

水温计和颠倒温度计应定期由计量检定部门进行校核。

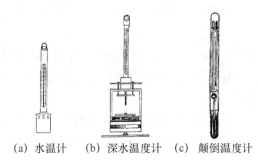

(a) 水温计　(b) 深水温度计　(c) 颠倒温度计

图1—1　水温温度计

（4）热敏电阻温度计。热敏电阻温度计适用于表层和深层水温的测定。测量水温时，启动仪器，按使用说明书进行操作。将仪器探头放入预定深度的水中，感温1min后读取水温数。读完后取出探头，用棉花擦干备用。

（二）透明度的测定

透明度是指水样的澄清程度，水中悬浮物和胶体颗粒物越多，其透明度就越低。测定透明度的方法有铅字法、塞氏盘法、十字法等。

（1）铅字法。铅字法适用于天然水或处理后的水。检验人员从透明度计的筒口垂直向下观察，刚好能清楚地辨认出其底部的标准铅字印刷符号时的水柱高度为该水的透明度，并以厘米数表示，超过 30cm 时为透明水。透明度计是一种长 33cm、内径 2.5cm 的具有刻度的玻璃筒，上面有以厘米为单位的刻度，筒底有一磨光玻璃片。筒与玻璃片之间有一个胶皮圈，用金属夹固定，距玻璃筒底部 1～2cm 处有一放水侧管。

测定时将振荡均匀的水样立即倒入桶内至 30cm 处，从筒口垂直向下观察，如不能清楚地看见印刷符号，便缓慢地放出水样，直到刚好能辨认出符号为止。记录此时水柱高度的厘米数，估计至 0.5cm。

铅字法受检验人员的主观影响较大，在保证照明等条件尽可能一致的情况下，应取多次或数人测定结果的平均值。

（2）塞氏盘法。这是一种现场测定透明度的方法。塞氏盘为直径 200mm、黑白各半的圆盘，将其沉入水中，以刚好看不到它时的水深（cm）表示透明度。

（3）十字法。在内径为 30mm，长为 0.5m 或 1m 的具有刻度玻璃筒的底部放一白瓷片，片中部有宽度为 1mm 的黑色十字和四个直径为 1mm 的黑点。将混匀的水样倒入筒内，从筒下部徐徐放水，直至明显地看到黑十字而看不到四个黑点为止，以此时水柱高度（cm）表示透明度，当高度达 1 m 以上时即算透明。

（三）pH 值的测定

pH 值用测量精度为 0.1 的便携式 pH 计现场测定。测定前应清洗和校正 pH 计。

（四）溶解氧的测定

溶解于水中的分子态氧称为溶解氧（Dissolved Oxygen，DO）。水中溶解氧的含量与大气压力、水温及含盐量等因素有关。大气压力降低、水温升高、含盐量增加，都会导致溶解氧含量降低。

使用溶解氧测量仪于采样现场测定溶解氧时，将探头浸入样品，不能有空气泡截留在膜上，停留足够的时间，待探头温度与水温达到平衡且数字显示稳定时读数。

（五）水样感官指标的描述

颜色：用相同的比色管，分取等体积的水样和蒸馏水作比较，进行定性描述。

水的气味（见表 1—15）、水面有无油膜等均应作现场记录。

表 1—15　　　　　　　　　　　　臭强度等级表

等级	强度	说明
0	无	无任何气味
1	微弱	一般饮用者难以察觉，嗅觉敏感者可以察觉
2	弱	一般饮用者刚能察觉
3	明显	已能明显察觉，不加处理，不能饮用
4	强	有很明显的臭味
5	很强	很强烈的恶臭味

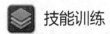 技能训练

地表水水样采集与现场监测

一、实训目的

1. 能根据监测方案采集、保存和运输水样；
2. 能现场监测水质常规指标；
3. 能规范填写采样记录表与采样标签。

二、实训要求

1. 每 4 名同学为一组进行，选取校园附近某地表水作为监测对象。
2. 实训前提交一份监测方案，方案尽量采用表格形式。

三、实训步骤

1. 采样前准备。
（1）制定采样与现场监测计划。
（2）采样器和采样容器的准备。
（3）保存剂的准备。
（4）pH 试纸、pH 计、溶解氧仪、透明度计等便携式现场监测仪器的准备。
2. 水样采集与保存。
（1）平行样的采集。
（2）空白样的采集。
3. 现场监测。每个监测点位均测试 pH 值、水温、溶解氧和透明度等。
4. 水样运输。

四、数据记录

1. 水样标签，见表 1—16。

表 1—16　　　　　　　　　　　　水样标签

样品编号	采样地点	采样日期	时间		加入的保存剂	备 注
			采样开始	采样结束		

采样人：　　　交接人：　　　　　　复核人：　　　　　　　　　审核人：
　注：备注中应根据实际情况填写如下内容：水体类型、气象条件（气温、风向、风速、天气状态）、采样点周围环境状况、采样点经纬度、采样点水深、采样层次等。

2. 水样采集现场记录，见表1—17。

表 1—17　　　　　　　　　　　　水样采集现场记录表

河流(湖泊、水库)名称	采样月日	断面名称	采样位置					气象参数				流速(m/s)	流量(m³/s)	现场测定记录						备注
			断面号	垂线号	点位号	水深(m)	气温(℃)	气压(kPa)	风向	风速(m/s)	相对湿度(%)			水温(℃)	pH	溶解氧(mg/L)	透明度(cm)	电导率(μS/cm)	感观指标描述	

3. 样品送检单，见表1—18。

表 1—18　　　　　　　　　　　　样品送检单

样品编号	采样河流(湖泊、水库)	采样断面及采样点	采样时间(月、日)	添加剂种类	采样数量	分析项目	备注

五、技能训练评分标准

评分标准见表1—19。

表 1—19　　　　　　　　　　地表水水样采集与现场监测评分标准

考核项目	评分点	分值	评分标准	扣分	得分
1. 采样前的准备(16分)	采水器的洗涤	2	洗涤剂洗，自来水洗至少2遍。不合格扣2分		
	装样容器的准备	2	洗涤剂洗，自来水洗至少3遍，不合格扣1分 装样容器没有试漏的，扣1分		
	保护剂的准备	2	保护剂的选择不正确，扣2分		
	监测设备的准备	6	没有准备，一项扣2分，累计不超过6分		
	空白试样的准备	2	没有准备，扣2分		
	标签的准备	2	没有准备，扣2分		
2. 样品的采集、保存与运输(44分)	采水器的润洗	4	将采样器用采集水样润洗2~3遍，不合格扣4分		
	装样容器的润洗	4	没有用采集水样润洗，扣4分		
	采样深度	4	没有达到采样深度，扣4分		
	装样容器装样要求	4	没有装满容器，扣4分		
	未加保护剂前现场监测项目的测定	6	没有测定，扣6分		
	加保护剂	6	没有加保护剂，1次扣2分，累计最高扣6分		
	平行样的采集和空白样的采集	6	没有采集空白样或采集错误，扣3分 没有采集平行样或采集错误，扣3分		
	避免样品污染	6	环境对采样器进水口的污染；采样者手对水样的污染；瓶盖对水样的污染。每出现一项不合格扣2分，累计最高扣6分		
	对样品的防护	4	运输中没有采取防护措施，扣4分		

续前表

考核项目	评分点	分值	评分标准	扣分	得分
3. 现场监测（15分）	测定操作	6	操作仪器不规范，1次扣2分，累计最高扣6分		
	仪器完整程度	9	仪器损坏，一次扣3分，累计最高扣9分		
4. 采样记录（15分）	现场描述	6	水颜色、水气味、天气环境描述，每少一项扣2分，累计最高扣6分		
	签字笔填写	2	使用其他笔，扣2分		
	标签填写	5	记录不及时、不准确每项扣1分，涂改一项扣0.5分，涂改错误扣1分，累计最高扣5分		
	标签干燥	2	标签打湿模糊不清，扣2分		
5. 职业素质（10分）	现场整洁	5	没有及时清理采样现场，1次扣1分，累计最高扣5分		
	合作精神	5	合作不友好，扣5分		
合计					

 思考与练习

1. 采集水样过程中，从哪些方面考虑避免样品被污染？
2. 水样采集后的保存方法主要有哪几种？对加入的保存剂有何要求？

任务 3　pH 值和电导率的测定

学习目标

一、知识目标

1. 掌握 pH 值、电导率的概念、测定原理与测定方法；
2. 掌握 pH 计与电导率仪的操作方法。

二、技能目标

1. 能够准确配制 pH 值标准缓冲溶液；
2. 能够看懂 pH 计、电导率仪的使用说明书；
3. 能够正确使用 pH 计、电导率仪测定水样的 pH 值和电导率。

三、素质目标

1. 培养阅读说明书的习惯；

2. 遵循说明书规范操作仪器。

 知识学习

一、pH 值

pH 值是溶液中氢离子活度的负对数，即 $pH = -lgaH^+$，pH 值随水温变化而变化。天然水的 pH 值多为 6~9，饮用水 pH 值要求为 6.5~8.5。

测定水的 pH 值的方法一般为便携式 pH 计和玻璃电极法测定，如果粗略地测定 pH 值，可用 pH 试纸。下面主要介绍玻璃电极法的测定。

以玻璃电极为指示电极，饱和甘汞电极为参比电极，并将二者与被测溶液组成原电池，如图 1—2 所示。在 25℃，溶液中每变化 1 个 pH 单位，电位差改变为 59.16 mV，据此用已知 pH 值的标准溶液进行定位校准，用 pH 计直接测出水样的 pH 值。

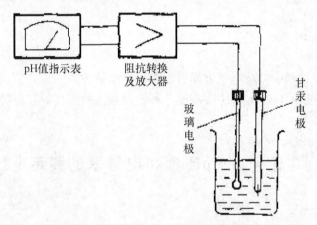

图 1—2　pH 值测量示意图

根据水样的酸碱程度，选择合适 pH 值的标准缓冲溶液进行定位、校准仪器，用 pH 计直接读取水样的 pH 值。

玻璃电极法适用于测定饮用水、地表水和工业废水的 pH 值，便携式 pH 计可用于现场测定。

最好现场测定水样的 pH 值。如果不能，应采样后把样品保持在 0℃~4℃，并在采样后 6h 之内进行测定。

二、电导率

距离 1cm、截面积为 1cm² 的两电极间所测得的电阻为电阻率（$\Omega \cdot cm^{-1}$）；距离 1cm、截面积为 1cm² 的两电极间所测得的电导为电导率（$S \cdot cm^{-1}$），用 K 表示。

水溶液的电阻随着离子数量的增加而减少。电阻减少，电导增加。因为电导率与溶液中离子含量大致成比例地变化，电导率的测定可以间接地推测离解物质总浓度，其数值与阴、阳离子的含量有关，因此电导率常用于推测水中离子的总浓度或含盐量。

新鲜蒸馏水的电导率为 $0.5\sim2\mu S/cm$，但放置一段时间后，因吸收了 CO_2，增加到 $2\sim4\mu S/cm$；超纯水的电导率小于 $0.10\mu S/cm$；天然水的电导率多在 $50\sim500\mu S/cm$ 之间；矿化水可达 $500\sim1\,000\mu S/cm$；含酸、碱、盐的工业废水电导率往往超过 $10\,000\mu S/cm$；海水的电导率约为 $30\,000\mu S/cm$。

电导率的测定使用电导率仪。电导率的测定多在 $25℃$ 时进行，如果温度不是 $25℃$，必须进行温度校正。

 技能训练

水质 pH 值与电导率的测定

一、实训目的

1. 学会用酸度计测定水质 pH 值；
2. 学会使用数字电导率仪测定水质电导率。

二、实训原理

1. pH 值。

以玻璃电极为指示电极，饱和甘汞电极为参比电极，当氢离子浓度发生变化时，玻璃电极和甘汞电极之间的电动势也随着发生变化，电动势的变化关系符合下列公式：

$$\Delta E(\text{mV}) = -58.16 \times \frac{273+t}{293} \times \Delta\text{pH} \qquad (1-6)$$

式中：t——被测溶液的温度；

ΔpH——溶液 pH 值的变化；

ΔE（mV）——玻璃电极和甘汞电极之间的电动势变化。

2. 电导率。

在电解质溶液中，带电的离子在电场作用下有规则地移动，从而传递电荷，使溶液具有导电作用，其导电强弱与电导率成正比。

三、仪器与试剂

1. pHS-25 数显 pH 计。
2. DDS-11AT 数字电导率仪。
3. pH4.00 标准缓冲溶液：购买或配制。
4. pH6.86 标准缓冲溶液：购买或配制。
5. pH9.18 标准缓冲溶液：购买或配制。

四、实训步骤

1. pH 值的测定。

（1）开启电源，仪器预热 30 分钟。

（2）仪器标定：

1）拔出测量电极插头，插入短路插头，置 mV 挡。

2）仪器显示 0mV±1 个字。

3）插上电极，置 pH 挡，斜率调节在 100%（顺时针旋到底）。

4）先用蒸馏水清洗电极，然后将电极插在已知 pH 值的标准缓冲溶液中，调温度调节器与被测溶液相同。

5）调节"定位"调节器使仪器读数为该标准缓冲溶液的 pH 值。

（3）样品测定：定位保持不变，把电极用蒸馏水冲洗后，再用待测水样冲洗，然后将电极插在被测溶液内，摇动均匀水样，待读数稳定后读取 pH 值。

2. 电导率的测定。

（1）接通电源，预热 30 分钟，温度补偿旋钮置于 25℃。

（2）将电极置于被测溶液中，按下"校准"键，调节"校准"旋钮，使仪器显示所用电极的常数。

（3）按下适当的量程开关和量程单位开关，用温度计测出被测溶液的温度，并将温度补偿旋钮置于被测溶液的实际温度，待显示值稳定后，该显示值即为被测溶液在 25℃的电导率。

五、数据记录

原始数据记录见表 1—20。

表 1—20　　　　　　　　　　　　　原始数据记录表

序号	样品编号	pH 值	电导率（mS/cm）

六、注意事项

1. pH 复合电极补充液为 3M 氯化钾溶液，经常补充。

2. pH 复合电极须小心维护，避免玻璃泡与硬物接触。

3. 测量电导率时，被测溶液电导率低于 200μS/cm 时选用铂光亮电极，反之则选用铂黑电极。

七、技能训练评分标准

评分标准见表 1—21。

表 1—21　　　　　　　　　　　水质 pH 值与电导率的测定评分标准

考核项目	评分点	分值	评分标准	扣分	得分
1. pH 标准缓冲溶液的配制 (23 分)	标准缓冲试剂的溶解	10	玻璃器皿未洗涤，扣 4 分 玻璃器皿洗涤不正确，扣 2 分 试剂未溶解完全，扣 4 分		
	转移溶液	8	没有进行容量瓶试漏检查，扣 2 分 烧杯没有沿玻棒向上提起，扣 2 分 玻棒放回烧杯操作不正确，扣 2 分 未吹洗转移重复 3 次以上，扣 2 分		
	定容操作	5	加水至容量瓶约 3/4 体积时没有平摇，扣 1 分 加水至近标线约 1 cm 处等待 1 min，没有等待，扣 1 分 逐滴加入蒸馏水至标线操作不当，扣 1 分 未充分混匀、中间未开塞，扣 1 分 持瓶方式不正确，扣 1 分		
2. pH 计的操作 (25 分)	使用前准备	10	未预热，扣 2 分 斜率未调节在 100%，扣 2 分 选用的校准溶液不当，扣 2 分 未进行温度补偿，扣 2 分 定位不准，扣 2 分		
	测定	8	电极未用蒸馏水冲洗，扣 2 分 电极未用水样冲洗，扣 2 分 溶液未摇匀，扣 2 分 读数错误，扣 2 分		
	仪器完整程度	7	电极损坏，扣 5 分 溶液撒落仪器表面，扣 2 分		
3. 电导率仪的操作 (27 分)	使用前准备	6	未预热，扣 2 分 温度补偿旋钮未置于 25℃，扣 2 分 未校准，扣 2 分		
	测定	14	选用电极错误，扣 4 分 电极未用蒸馏水冲洗，扣 2 分 电极未用水样冲洗，扣 2 分 溶液未摇匀，扣 2 分 量程选择不当，扣 2 分 读数错误，扣 2 分		
	仪器完整程度	7	电极损坏，扣 5 分 溶液撒落仪器表面，扣 2 分		
4. 数据记录 (15 分)	数据记录	15	记录不全，扣 2 分 未及时记录，扣 3 分 数据作假，扣 10 分		

续前表

考核项目	评分点	分值	评分标准	扣分	得分
5. 职业素质（10分）	文明操作	6	实训过程台面、地面脏乱，扣2分 实训结束未清洗仪器，扣2分 物品未归位，扣2分		
	实训态度	4	合作发生不愉快，扣2分 工作不主动，扣2分		
合计					

 思考与练习

1. 如何自行配制 pH4.00、pH6.86、pH9.18 标准缓冲溶液？

2. 纯净水、天然水、矿化水哪类水的电导率高？测定水质电导率有何意义？

任务 4 色度的测定

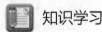 学习目标

一、知识目标

1. 掌握水质色度的基本概念；
2. 掌握色度测定原理与测定方法。

二、技能目标

1. 能配制色度标准溶液与标准系列；
2. 能用目视比色法测定色度低的水样；
3. 能用稀释倍数法测定色度高的水样。

三、素质目标

1. 培养独立分析能力；
2. 培养实践动手能力。

知识学习

一、色度的概念

水的颜色可分"真色"和"表色"，水中悬浮物质完全移去后呈现的颜色称为"真

色"，没有除去悬浮物时所呈现的颜色，称为"表色"。水质分析中所表示的颜色一般是指水的"真色"。

二、水样预处理

若水样浑浊，测定前需先用澄清或离心沉降的方法除去水中的悬浮物，但不能用滤纸过滤，因为滤纸能吸收部分颜色。有些水样含有颗粒太细的有机物或无机物质，不能用离心分离，只能测定水样的"表色"，并且需要在结果报告上注明。

三、色度测定方法

（一）铂钴标准比色法

1. 原理。

用氯铂酸钾（K_2PtCl_6）与氯化钴（$CoCl_2 \cdot 6H_2O$）配成标准色列，再与水样进行目视比色确定水样的色度。规定每升水中含 1mg 铂和 0.5mg 钴所具有的颜色为 1 度，作为标准色度单位。

2. 水样的预处理。

如果水样浑浊，则应放置澄清，也可用离心法或用孔径 $0.45\mu m$ 的滤膜过滤去除悬浮物，但不能用滤纸过滤。

3. 适用范围。

该方法适用于较清洁的、带有黄色色调的天然水和饮用水的测定。

4. 注意事项。

（1）水样中有泥土或其他分散很细的悬浮物，用澄清、离心等方法处理仍不透明时，则测定"表色"。

（2）可用重铬酸钾代替氯铂酸钾配制标准色列。方法是：称取 0.043 7g 重铬酸钾和 1.000g 硫酸钴（$CoSO_4 \cdot 7H_2O$），溶于少量水中，加入 0.50mL 硫酸，用水稀释至 500mL。此溶液的色度为 500 度，不宜久存。

（二）稀释倍数法

1. 原理。

测定时，首先用文字描述水样颜色的种类和深浅程度，如深蓝色、棕黄色、暗黑色等。然后取一定量水样，用蒸馏水稀释到刚好看不到颜色，根据稀释倍数表示该水样的色度。

2. 适用范围。

该方法适用于受工业废水污染的地面水和工业废水颜色的测定。

3. 注意事项。

所取水样应无树叶、枯枝等杂物。取样后应尽快测定，否则，于 4℃保存并在 48 小时内测定。

水样色度的测定

一、实训目的

1. 学会正确配制色度标准溶液与标准系列；
2. 学会用目视比色法测定天然水的色度；
3. 学会用稀释倍数法测定被污染地表水的色度。

二、实训原理

1. 铂钴标准比色法。
同"知识学习"中铂钴标准比色法的原理。
2. 稀释倍数法。
用"知识学习"中稀释倍数法的原理。

三、设备与试剂

1. 50mL 具塞比色管，其刻线高度应一致。
2. 250mL 容量瓶，带刻度移液管。
3. 500 度的标准铂钴溶液：称取 1.245 6g 化学纯氯铂酸钾（K_2PtCl_6）及 1.000 0g 化学纯氯化钴（$CoCl_2 \cdot 6H_2O$），溶于 100mL 蒸馏水中，加入 100mL 浓盐酸，最后用水稀释至 1 000mL，保存在密塞玻璃瓶中，存放于暗处。
4. 光学纯水：将 0.2μm 滤膜在 100mL 蒸馏水或去离子水中浸泡 1h，用它过滤 250mL 蒸馏水或去离子水，弃去最初的 25mL，以后用这种水配制全部标准溶液并作为稀释水。
5. 离心机。

四、实训步骤

1. 铂钴标准比色法。
（1）标准系列的配制：吸取色度为 500 度的标准铂钴溶液 0、0.50、1.00、1.50、2.00、2.50、3.00、3.50、4.00、4.50、5.00、6.00、7.00mL 于 50mL 具塞比色管中，加光学纯水至 50mL 标线，混匀。其色度依次为 0、5、10、15、20、25、30、35、40、45、50、60、70 度。

（2）水样的测定：水样若浑浊，放置澄清或用离心机离心后取上层清液测定。取 50mL 澄清透明水样置于 50mL 具塞比色管中，如水样色度较大，可少取水样，用水稀释至 50mL。

将具塞比色管放在白色瓷板或白纸上，比色管与该表面应呈合适的角度，使光线被反射自具塞比色管底部向上通过液柱，垂直向下观察液柱，找出与水样色度最接近的铂钴标准色列的色度。

如色度≥70 度，用光学纯水将试料适当稀释后，使色度落入标准溶液范围之中再行测定。

2. 稀释倍数法。

（1）用文字描述水样颜色：

取 100mL 澄清水样于烧杯中，将烧杯置于白瓷片或白纸上，观察并描述其颜色的种类。

用目视观察样品颜色性质：颜色的深浅（无色、浅色或深色），色调（红、橙、黄、绿、蓝和紫等），如果可能包括样品的透明度（透明、混浊或不透明），用文字予以描述。

（2）稀释比色测定：

水样的色度在 50 倍以上时，用移液管吸取试料于容量瓶中，用光学纯水稀释至标线，每次取大的稀释比，使稀释后色度在 50 倍之内，稀释倍数记为 A。

水样的色度在 50 倍以下时，在具塞比色管中取试料 25mL，用光学纯水稀释至标线，每次稀释倍数为 2，稀释次数记为 n。

水样或水样经稀释至色度很低时，应自具塞比色管倒至量筒适量水样并计量，然后用光学纯水稀释至标线，每次稀释倍数小于 2，稀释倍数记为 B。

将稀释样置于 50mL 比色管，与蒸馏水相比，直至刚好看不出颜色为止。

将逐级稀释的各次倍数相乘，所得积取整数值为色度。稀释倍数值和文字描述相结合表达。

五、数据处理

1. 铂钴标准比色法。

$$色度（度）= \frac{A \times 50}{B} \tag{1—7}$$

式中：A——稀释后水样相当于铂钴标准系列的色度；
　　　B——水样的体积（mL）。

2. 稀释倍数法。

（1）水样的色度在 50 倍以上时，

$$色度（倍）= A2^{n}B \tag{1—8}$$

（2）水样的色度在 50 倍以下时，

$$色度（倍）= 2^n B \qquad\qquad (1-9)$$

六、数据记录

1. 铂钴标准比色法数据记录，见表 1—22。

表 1—22　　　　　　　　铂钴标准比色法数据记录表

标准溶液名称						
标准溶液浓度						
计算公式						
标准系列				水样的测定		
序号	标准溶液体积（mL）	色度（度）	水样编号	水样体积	水样相当于标准管色度（度）	水样的色度（度）
1	0.00	0				
2	0.50	5				
3	1.00	10				
4	1.50	15				
5	2.00	20				
6	2.50	25				
7	3.00	30				
8	3.50	35				
9	4.00	40				
10	4.50	45				
11	5.00	50				
12	6.00	60				
13	7.00	70				

2. 稀释倍数法数据记录，见表 1—23。

表 1—23　　　　　　　　稀释倍数法数据记录表

样品编号	A	n	B	色度（倍）	颜色描述

七、注意事项

1. 目视比色法在白色底板上由上向下垂直观察。

2. 报告注明表色或真色，同时报出 pH 值。

3. 水样采集后，4℃暗处保存，48h 内测定。

4. 实验要求不太高时，可用蒸馏水代替光学纯水。

八、技能训练评分标准

评分标准见表 1—24。

表 1—24　　　　　　　　　　　　　水样色度的测定评分标准

考核项目	评分点	分值	评分标准	扣分	得分
1. 玻璃器皿的洗涤（10分）	烧杯与比色管的洗涤	4	选用的洗涤剂或毛刷等不正确，扣2分 未用蒸馏水或去离子水润洗，扣2分		
	移液管的洗涤	6	润洗溶液超过总体积的1/3，扣2分 润洗废液从上口排放，扣2分 润洗少于2次，扣2分		
2. 铂钴标准比色法（38分）	标准系列的配制	28	标准溶液使用前未摇匀，扣2分 移液管插入溶液前或调节液面前未用吸水纸擦拭管尖部，扣2分 移液管插入液面下1~2cm，不正确扣2分 洗耳球吸空或将溶液吸入洗耳球内，扣2分 一次吸液不成功，重新吸液的，扣2分 移液管中储备液回流入储备液瓶中，扣2分 每个点取液应从零分度开始，出现错误项一次扣1分，累计不超过6分（工作液可放回剩余溶液中再取液） 标准曲线取点不得少于10点，不符合扣2分 只选用一支吸量管移取标液，不符合扣2分 逐滴加入蒸馏水到标线，错误扣2分 混匀操作不正确，扣2分 混匀中未开塞，扣2分		
	水样的测定	10	水样浑浊未预处理，扣4分 水样取用量不合适，扣2分 未在白色底板上比色，扣2分 比色时未垂直向下观察液柱，扣2分		
3. 稀释倍数法（16分）	文字描述	8	未用文字描述水样颜色，扣4分 未使用白色底板观色，扣2分 颜色描述不当，扣2分		
	水样的测定	8	稀释倍数不当，扣4分 稀释倍数记录有误，扣4分		
4. 数据记录与数据处理（21分）	原始数据记录	6	数据未用黑色水笔填写，扣2分 数据未直接填在记录单上，扣2分 数据中缺单位，扣2分		
	数据处理	15	计算错误，扣10分 数据作假，扣15分		
5. 职业素质（15分）	文明操作	10	实训过程台面、地面脏乱，扣2分 实训结束未清洗仪器或试剂物品未归位，扣2分 仪器损坏，一次性扣2分，累计不超过6分		
	实训态度	5	合作发生不愉快，扣2分 工作不主动，扣3分		
合计					

思考与练习

1. 如何根据水污染状况选择色度测定方法？
2. 测定水样色度时，能用滤纸过滤吗？说说理由。
3. 何种试剂可代替氯铂酸钾配制色度标准溶液？如何配制？

任务 5　浊度的测定

 学习目标

一、知识目标

1. 掌握水质浊度的概念；
2. 掌握浊度测定原理与测定方法。

二、技能目标

1. 能配制浊度标准溶液与标准系列；
2. 能用目视比浊法测定水质浊度；
3. 能使用浊度计。

三、素质目标

1. 树立环境保护意识，能够积极宣传环境保护理念；
2. 培养爱护仪器意识，能够自觉维护和保养仪器设备。

 知识学习

一、浊度

浊度是表现水中悬浮物对光线透过时所发生的阻碍程度。水中含有泥土、粉沙、有机物、无机物、浮游生物和其他微生物等悬浮物和胶体物质都可使水体呈现浊度。我国规定采用 1L 蒸馏水中含 1mg 二氧化硅为一个浊度单位。

水的浊度不仅和水中存在颗粒物质含量有关，而且和其粒径大小、形状及颗粒表面对光散射特性等有密切关系。

二、浊度的测定方法

测定浊度的方法有分光光度法、目视比浊法和浊度计测定法。

（一）分光光度法

1. 原理。

在适当温度下，硫酸肼〔$(N_2H_4)H_2SO_4$〕与六次甲基四胺〔$(CH_2)_6N_4$〕聚合，形成白色高分子聚合物，以此作为浊度标准液，在一定条件下与水样浊度相比较。

2. 测定。

用无浊度水配制一系列浊度标准溶液，于 680nm 波长处分别测其吸光度，绘制吸光度—浊度标准曲线。再测水样的吸光度，从工作曲线上查得水样的浊度。如果水样经过稀释，要换算成原水样的浊度。

3. 适用范围。

分光光度法适用于测定饮用水、天然水及高浊度水的浊度，最低检测浊度为 3 度。

（二）目视比浊法

1. 原理。

将水样与用硅藻土（或白陶土）配制的标准浊度溶液进行比较，以确定水样的浊度。规定 1L 蒸馏水中含 1mg 一定粒度的硅藻土（或白陶土）所产生的浊度为一个浊度单位，简称度。

2. 测定。

测定时配制一系列浊度的标准溶液，其范围视水样浊度而定，取与浊度标准溶液等体积的摇匀水样，目视比较水样的浊度。

3. 适用范围。

目视比浊法适用于测定饮用水和水源水等低浊度的水的浊度，最低检测浊度为 1 度。

（三）浊度计测定法

浊度计是依据浑浊液对光进行散射或透射的原理制成的测定水体浊度的专用仪器，一般用于水体浊度的连续自动测定。

 技能训练

水样浊度的测定

一、实训目的

1. 学会运用目视比浊法测定水质浊度；
2. 学会使用 WGZ-2 数字浊度计测定水样的浊度；
3. 讨论两种测定方法对测定结果准确度的影响。

二、实训原理

1. 目视比浊法原理：水样和二氧化硅配制的浊度标准溶液进行目视比较；
2. 浊度计原理：利用浑浊液对光发生的透射作用。

三、仪器与试剂

1. 50mL 具塞比色管，其刻线高度应一致。
2. WGZ-2 数字浊度计。
3. 浊度为 250 度的标准溶液：称取约 3g 纯白陶土（SiO_2），置于研钵中，加入少量水，充分研磨成糊状，移入 1 L 量筒中，加入蒸馏水至刻度，充分搅拌后，静置 24 小时，用虹吸法收集约 500mL 中间层水溶液于瓶中。取此悬浊液 50mL，置于已恒定重量的蒸发皿中，在水浴上蒸干，放于 105℃烘箱内烘 2 小时，在干燥器内冷却 20 分钟，称重，重复烘干，并称重，直至恒重，求出每毫升悬浊液中含有白陶土的重量（mg）。吸取含 250mg 白陶土的悬浊液，置于 1 L 容量瓶中，加水至刻度，摇匀。
4. 浊度为 100 度的标准溶液：吸取浊度为 250 度的标准溶液 100mL 置于 250mL 容量瓶中，用水稀释至标线。
5. 无浊度水：将蒸馏水通过 0.2μm 滤膜。

四、实训步骤

1. 目视比浊法。

（1）标准系列的配制。

吸取 100 度的浊度标准溶液 0、0.50、1.00、1.50、2.00、2.50、3.00、3.50、4.00、4.50mL 于 50mL 具塞比色管中，加无浊水至 50mL 标线，其浊度依次为 0、1.0、2.0、3.0、4.0、5.0、6.0、7.0、8.0、9.0 度。

（2）水样的测定。

取 50mL 摇匀水样（或稀释后水样）置于 50mL 具塞比色管中，与上述标准系列进行比较。在黑色底板上由上向下垂直观察，选出与水样产生相近视觉效果的标液，记下其浊度值。

2. WGZ-2 数字浊度计测定法。

（1）测量前准备。

1）准备好试样瓶并清洗干净，采用吸水性较好的不落毛纸巾或软布擦净试样瓶上的水迹和指印，如不易擦净可采用稀盐酸浸泡 2 小时，最后用蒸馏水反复漂洗。拿取样瓶时只能拿瓶体上半部分，以避免指印进入光路。

2）浊度计预热 30 分钟。

（2）浊度测定。

1）调零：将零浊度水倒入试样瓶内到十字刻度横线，然后旋上瓶盖，擦净瓶体的水迹及指印。将装好的零浊度水试样瓶置入试样座内，并保证试样瓶的十字刻度竖线对准试样座上的白色定位线，然后盖上遮光盖，在测量状态下调零。

2）校正：在测量状态下，用标准浊度液校正，标准浊度液随浊度计出厂配置。

3）水样测定：换上水样瓶，读数。

五、数据处理

适用于目视比浊法：

$$浊度（度）= \frac{A \times 50}{B} \tag{1—10}$$

式中：A——稀释后水样相当于浊度标准系列的浊度；

B——水样的体积（mL）。

六、数据记录

1. 目视比浊法数据记录，见表1—25。

表 1—25　　　　　　　　　　　　　目视比浊法数据记录表

标准溶液名称						
标准溶液浓度						
计算公式						
标准系列			水样的测定			
序号	标准溶液体积（mL）	浊度（度）	水样编号	水样体积	水样相当于标准管浊度（度）	水样的浊度（度）
1	0.00	0				
2	0.50	1				
3	1.00	2				
4	1.50	3				
5	2.00	4				
6	2.50	5				
7	3.00	6				
8	3.50	7				
9	4.00	8				
10	4.50	9				

2. 浊度计测定法数据记录，见表1—26。

表 1—26　　　　　　　　　　　　　浊度计测定法数据记录表

样品编号	A	B	浊度（度）

七、注意事项

1. 目视比浊法在黑色底板上由上向下垂直观察。

2. WGZ-2 数字浊度计测定时，注意被测溶液应沿试样瓶壁小心倒入，防止产生气泡，影响测量准确性，更换试样瓶后须重新调零。

3. 水样采集后，应在 12h 内分析，或在 4℃暗处保存，24h 内测定。

八、技能训练评分标准

评分标准见表 1—27。

表 1—27　　　　　　　　　　　　　　水样浊度的测定评分标准

考核项目	评分点	分值	评分标准	扣分	得分
1. 玻璃器皿洗涤（10分）	烧杯与比色管的洗涤	4	同表 1—24 水样色度的测定		
	移液管的洗涤	6	同表 1—24 水样色度的测定		
2. 目视比浊法（38分）	标准系列的配制	28	同表 1—24 水样色度的测定		
	水样的测定	10	水样未摇匀，扣 4 分 水样取用量不合适，扣 2 分 未在黑底板上比色，扣 2 分 比色时未垂直向下观察液柱，扣 2 分		
3. 浊度计测定法（16分）	测量前准备	8	试样瓶未清洗，扣 4 分 试样瓶清洗不干净，扣 2 分 仪器未预热，扣 2 分		
	水样的测定	8	未调零，扣 4 分 未校正，扣 2 分 读数有误，扣 2 分		
4. 数据记录与数据处理（21分）	原始数据记录	6	同表 1—24 水样色度的测定		
	数据处理	15	同表 1—24 水样色度的测定		
5. 职业素质（15分）	文明操作	10	同表 1—24 水样色度的测定		
	实训态度	5	同表 1—24 水样色度的测定		
合计					

思考与练习

1. 目视比浊法与目视比色法在操作上有何异同？

2. 测定水质浊度时，现有 250 度浊度标准溶液，如何配制 500mL 的 100 度浊度标准溶液？如何在 50mL 具塞比色管中配制浊度依次为 0、1.0、2.0、3.0、4.0、5.0、6.0、7.0、8.0、9.0、10.0 度的标准浊度系列？

任务 6 氨氮的测定

 学习目标

一、知识目标

1. 学习氨氮测定水样预处理方法;
2. 掌握水中氨氮测定方法与原理。

二、技能目标

1. 能操作可见光分光光度计;
2. 能根据样品特征选择氨氮测定方法。

三、素质目标

1. 能遵循说明书规范操作仪器;
2. 能积极在做中学、学中做。

 知识学习

一、氨氮的概念

水中的氨氮是指以游离氨(或称非离子氨,NH_3)和离子氨(NH_4^+)形式存在于水中,两者的组成比取决于水的 pH 值。当 pH 值偏高时,游离氨的比例较高;反之,则铵盐的比例较高。

二、水样的采集与保存

水样采集在聚乙烯瓶或玻璃瓶内,要尽快分析。如需保存,应加硫酸使水样酸化至 pH<2,2℃~5℃下可保存 7 天。

三、水样的预处理

水样有色或浑浊及含其他干扰物质影响测定,需进行预处理。对较清洁的水,可采用絮凝沉淀法,对污染严重的水或工业废水,则以蒸馏法使之消除干扰。

(一)除余氯
若样品中存在余氯,可加入适量的硫代硫酸钠溶液去除。

（二）絮凝沉淀

加适量的硫酸锌于水样中，并加氢氧化钠使其呈碱性，生成氢氧化锌沉淀，倾取上清液分析或经过滤除去颜色和浑浊。

（三）预蒸馏

调节水样的 pH 值在 6.0～7.4，加入氧化镁使之呈微碱性，蒸馏释出的氨被吸收于硫酸或硼酸溶液中。采用纳氏试剂分光光度法或蒸馏—中和滴定法时，以硼酸溶液为吸收液；采用水杨酸分光光度法时，则以硫酸溶液为吸收液。

四、测定方法

测定水中氨氮的方法有纳氏试剂分光光度法、水杨酸分光光度法、蒸馏—中和滴定法和气相分子吸收光谱法。两种分光光度法具有灵敏、稳定等特点，但水样有色、浑浊和含钙、镁、铁等金属离子及硫化物、醛和酮类等均干扰测定，需进行预处理。

（一）纳氏试剂分光光度法（HJ 535—2009）

1. 方法原理。

以游离态的氨或铵离子等形式存在的氨氮与纳氏试剂反应生成淡红棕色络合物，该络合物的吸光度与氨氮含量成正比，于波长 420nm 处测量吸光度。

反应式为：

$$2K_2HgI_4 + NH_3 + 3KOH \rightarrow NH_2Hg_2I_3 \downarrow （黄棕色） + 5KI + 2H_2O$$

$$2HgI_4^{2-} + NH_3 + 3OH^- \rightarrow NH_2Hg_2I_3 \downarrow （黄棕色） + 5I^- + 2H_2O$$

2. 测定步骤。

测定时先绘制氨氮含量对校正吸光度的校准曲线，然后取适量水样或经预处理的水样按校准曲线相同步骤测量其吸光度。

3. 结果计算。

（1）绘制曲线法。由水样测得的吸光度减去空白试验的吸光度后，从校准曲线上查得氨氮含量（mg）。

$$氨氮含量(N, mg \cdot L^{-1}) = \frac{m}{V} \times 1\,000 \tag{1—11}$$

式中：m——由校准曲线查得的氨氮量，mg；

　　　　V——水样体积，mL。

（2）回归直线法：

$$\rho_N = \frac{A_s - A_b - a}{b \times V} \tag{1—12}$$

式中：ρ_N——水样中氨氮的质量浓度（以 N 计）（mg/L）；

　　　　A_s——水样的吸光度；

A_b——空白试验的吸光度；

a——校准曲线的截距；

b——校准曲线的斜率；

V——水样体积（mL）。

4. 适用范围。

适用于地下水、地表水、生活污水和工业废水中氨氮的测定。当水样体积为 50mL，使用 20mm 比色皿时，本法检出限为 0.025mg/L，测定下限为 0.10mg/L，测定上限为 2mg/L（均以 N 计）。

（二）水杨酸分光光度法（HJ 536—2009）

1. 方法原理。

在碱性介质（pH＝11.7）和亚硝基铁氰化钠存在下，水中的氨、铵离子与水杨酸和次氯酸反应生成蓝色化合物，在 697nm 处用分光光度计测量吸光度。

2. 测定步骤。

测定时先绘制氨氮含量对校正吸光度的校准曲线，然后取适量经预处理的水样于比色管中，与校准曲线相同操作步骤进行显色和测量吸光度。

3. 结果计算。

同纳氏试剂分光光度法。

4. 适用范围。

适用于地表水、地下水、生活污水和工业废水中氨氮的测定。当取样体积为 8.0mL，使用 10mm 比色皿时，检出限为 0.01mg/L，测定下限为 0.04mg/L，测定上限为 1.0mg/L（均以 N 计）。

（三）蒸馏—中和滴定法（HJ 537—2009）

1. 方法原理。

调节水样的 pH 值在 6.0～7.4，加入轻质氧化镁使其呈微碱性。蒸馏释放出的氨用硼酸溶液吸收，以甲基红—亚甲蓝为指示剂，用盐酸标准溶液滴定馏出液中的氨氮（以 N 计）。

2. 样品测定。

将样品全部馏出液转移到锥形瓶中，用甲基红和亚甲蓝乙醇混合液做指示剂，盐酸标准滴定溶液滴定，至馏出液由绿色变成淡紫色为止，并记录消耗的盐酸标准滴定溶液的体积。

同时做空白试验：用 250mL 无氨水代替水样，测定步骤同水样。

3. 结果计算。

$$\rho_N = \frac{(V_s - V_b)}{V} \times c \times 14.01 \times 1\,000 \qquad (1\text{—}13)$$

式中：ρ_N——水样中氨氮的浓度，以氮计（mg/L）；

V_s——滴定试样所消耗的盐酸标准溶液的体积（mL）；

V_b——滴定空白所消耗的盐酸标准溶液的体积（mL）；

c——滴定用盐酸标准溶液的浓度（mol/L）；

V——试样的体积（mL）；

14.01——氮的原子量（g/moL）。

4. 适用范围。

适用于生活污水和工业废水中氨氮的测定。

（四）气相分子吸收光谱法（HJ/T 195—2005）

1. 方法原理。

水样在 2%～3%酸性介质中，加入无水乙醇煮沸除去亚硝酸盐等干扰，用次溴酸盐氧化剂将氨及铵盐（0～50μg）氧化成等量亚硝酸盐，以亚硝酸盐氮的形式采用气相分子吸收光谱法测定氨氮的含量。

2. 适用范围。

适用于地表水、地下水、海水、饮用水、生活污水及工业污水中氨氮的测定。本方法最低检出限为 0.020mg/L，测定下限为 0.080mg/L，测定上限为 100mg/L。

 技能训练

水中氨氮的测定（纳氏试剂分光光度法）

一、实训目的

1. 学会蒸馏法预处理水样；
2. 学会操作可见光分光光度计；
3. 掌握绘制标准曲线定量方法。

二、实训原理

同"知识学习"中的纳氏试剂分光光度法原理。

三、仪器与试剂

1. 可见光分光光度计。

2. 50mL 具塞比色管。

3. 氨氮蒸馏装置：由 500mL 凯式烧瓶、氮球、直形冷凝管和导管组成，冷凝管末端可连接一段适当长度的滴管，使出口尖端浸入吸收液液面下。亦可使用 500mL 蒸馏烧瓶。

4. 轻质氧化镁（MgO）：不含碳酸盐，在 500℃下加热氧化镁，以除去碳酸盐。

5. 盐酸（1.18g/mL）。

6. 硫代硫酸钠溶液（3.5g/L）：称取 3.5g 硫代硫酸钠（$Na_2S_2O_3$）溶于水中，稀释至 1 000mL。

7. 硫酸锌溶液（100g/L）：称取 10.0g 硫酸锌（ZnSO$_4$·7H$_2$O）溶于水中，稀释至 100mL。

8. 氢氧化钠溶液（250g/L）：称取 25g 氢氧化钠溶于水中，稀释至 100mL。

9. 氢氧化钠溶液，c(NaOH)＝1mol/L：称取 4g 氢氧化钠溶于水中，稀释至 100mL。

10. 盐酸溶液，c(HCl)＝1mol/L：量取 8.5mL 盐酸于适量水中，稀释至 100mL。

11. 硼酸（H$_3$BO$_3$）溶液（20g/L）：称取 20g 硼酸溶于水，稀释至 1L。

12. 溴百里酚蓝指示剂（Bromthymol Blue）（0.5g/L）：称取 0.05g 溴百里酚蓝溶于 50mL 水中，加入 10mL 无水乙醇，用水稀释至 100mL。

13. 淀粉—碘化钾试纸：称取 1.5g 可溶性淀粉于烧杯中，用少量水调成糊状，加入 200mL 沸水，搅拌混匀放冷。加 0.50g 碘化钾（KI）和 0.50g 碳酸钠（Na$_2$CO$_3$），用水稀释至 250mL。将滤纸条浸渍后，取出晾干，于棕色瓶中密封保存。

14. 纳氏试剂：二氯化汞—碘化钾—氢氧化钾（HgCl$_2$-KI-KOH）溶液。

（1）称取 15.0g 氢氧化钾（KOH），溶于 50mL 水中，冷却至室温。

（2）称取 5.0g 碘化钾（KI），溶于 10mL 水中，在搅拌下，将 2.50g 二氯化汞（HgCl$_2$）粉末分多次加入碘化钾溶液中，直到溶液呈深黄色或出现淡红色沉淀溶解缓慢时，充分搅拌混合，并改为滴加二氯化汞饱和溶液，当出现少量朱红色沉淀不再溶解时，停止滴加。

（3）在搅拌下，将冷却的氢氧化钾溶液缓慢地加入到上述二氯化汞和碘化钾的混合液中，并稀释至 100mL，于暗处静置 24h，倾出上清液，贮于聚乙烯瓶内，用橡皮塞或聚乙烯盖子盖紧，存放于暗处，可稳定 1 个月。

15. 酒石酸钾钠溶液（500g/L）：称取 50.0g 酒石酸钾钠（KNaC$_4$H$_6$O$_6$·4H$_2$O）溶于 100mL 水中，加热煮沸以去除氨，充分冷却后稀释至 100mL。

16. 铵标准贮备液（1.00mg/mL）：称取 3.819 g 氯化铵（NH$_4$Cl，优级纯，在 100℃～105℃ 干燥 2h），溶于水中，移入 1 000mL 容量瓶中，稀释至标线，可在 2℃～5℃ 的条件下保存 1 个月。

17. 铵标准使用液（10μg/mL）：用移液管吸取铵标准贮备液 10.0mL 于 1 000mL 容量瓶中，用无氨水稀释至标线。

18. 无氨水，在无氨环境中用下面方法之一制备。

（1）离子交换法。蒸馏水通过强酸性阳离子交换树脂（氢型）柱，将流出液收集在带有磨口玻璃塞的玻璃瓶内。每升流出液加 10g 同样的树脂，以利于保存。

（2）蒸馏法。在 1 000mL 的蒸馏水中，加 0.1mL 硫酸（1.84g/mL），在全玻璃蒸馏器中重蒸馏，弃去前 50mL 馏出液，然后将约 800mL 馏出液收集在带有磨口玻璃塞的玻璃瓶内。每升馏出液加 10g 强酸性阳离子交换树脂（氢型）。

（3）纯水器法。在临用前用市售纯水器制备。

四、实训步骤

1. 水样的预处理。

（1）除余氯。每加 0.5mL 硫代硫酸钠溶液（3.5g/L）可去除 0.25mg 余氯，用淀粉—碘化钾试纸检验余氯是否除尽。

（2）絮凝沉淀。对较清洁的水，可采用絮凝沉淀。

100mL 样品中加入 1mL 硫酸锌溶液（100g/L）和 0.1～0.2mL 氢氧化钠溶液（250g/L），调节 pH 约为 10.5，混匀，放置使之沉淀，倾取上清液分析。必要时，用经水冲洗过的中速滤纸过滤，弃去初滤液 20mL。也可对絮凝后样品离心处理。

（3）预蒸馏。对污染严重的水或工业废水，以蒸馏法消除干扰。

1）将 50mL 硼酸溶液（20g/L）移入接收瓶内，确保冷凝管出口在硼酸溶液液面之下。

2）分取 250mL 样品，移入烧瓶中，加几滴溴百里酚蓝指示剂，必要时，用氢氧化钠溶液（1mol/L）或盐酸溶液（1mol/L）调整 pH 至 6.0（指示剂呈黄色）～7.4（指示剂呈蓝色），加入 0.25g 轻质氧化镁及数粒玻璃珠，立即连接氮球和冷凝管。

3）加热蒸馏，使馏出液速率约为 10mL/min，待馏出液达 200mL 时，停止蒸馏，加水定容至 250mL。

2. 标准系列的配制。

在 8 个 50mL 比色管中，分别加入 0.00、0.50、1.00、2.00、4.00、6.00、8.00、10.00mL 氨氮标准使用液，其所对应的氨氮含量分别为 0.0、5.0、10.0、20.0、40.0、60.0、80.0、100μg，加水至标线。加入 1.0mL 酒石酸钾钠溶液，摇匀，再加入纳氏试剂 1.5mL 摇匀。放置 10min 后，在波长 420nm 下，以水作参比，测量吸光度。以空白校正后的吸光度为纵坐标，以其对应的氨氮含量（μg）为横坐标，绘制校准曲线。

3. 水样的测定。

（1）清洁水样：直接取 50mL 水样测定。

（2）有悬浮物或色度干扰的水样：取经预处理的水样 50mL（若水样中氨氮质量浓度超过 2mg/L，可适当少取水样体积，然后稀释至 50mL 标线）。

经蒸馏或在酸性条件下煮沸方法预处理的水样，须加一定量 1mol/L 氢氧化钠溶液，调节水样至中性，用水稀释至 50mL 标线，再按与校准曲线相同的步骤测量吸光度。

（3）空白试验：用 50.0mL 无氨水代替水样，按与样品相同的步骤进行前处理和测定。

（4）分别对标准系列和水样加 1.0mL 酒石酸钾钠溶液，混匀，再加 1.5mL 纳氏试剂，混匀，放置 10min。

（5）在波长 420nm 处，以水为参比，分别测定标准系列与水样的吸光度，并记录吸光度值。

五、数据处理

在厘米纸上以空白校正后的吸光度为纵坐标，以其对应的氨氮含量（μg）为横坐标，绘制校准曲线。

由校准曲线查得水样氨氮微克数。

$$氨氮(N, mg/L) = \frac{m}{V} \tag{1—14}$$

式中：m——由校准曲线查得的氨氮的量（μg）；

V——水样的体积（mL）。

六、数据记录

1. 吸收池配套性检查，见表1—28。

表 1—28　　　　　　　　　　　　吸收池配套性检查表

序号	1	2	3
A			
所选比色皿			

2. 标准系列与计算结果，见表1—29。

表 1—29　　　　　　　　　　　标准系列与结果数据表

测量波长：　　　　　；标准溶液原始浓度：　　　　　；计算公式：

标准系列序号	吸取标准液体积（mL）	浓度或质量（μg）	A	A校正	样品序号	A	A校正	相当于校准曲线的质量（μg）	氨氮（mg/L）
0					1				
1					2				
2					3				
3					4				
4					5				
5					6				
6					空白				

七、注意事项

1. 纳氏试剂存于暗处，可稳定一个月。注意：二氯化汞和碘化汞均为剧毒物质，避免与口腔和皮肤接触。

2. 为了保证纳氏试剂有良好的显色能力，配制时务必控制 $HgCl_2$ 的加入量，至微量 HgI_2 红色沉淀不再溶解时为止。配制 100mL 纳氏试剂所需 $HgCl_2$ 与 KI 的用量之比约为 2.3：5。在配制时为了加快反应速度、节省配制时间，可低温加热进行，防止

HgI$_2$红色沉淀的提前出现。

3. 絮凝沉淀时，滤纸中含有一定量的可溶性铵盐，定量滤纸中含量高于定性滤纸，建议采用定性滤纸过滤，过滤前用无氨水少量多次淋洗（一般为 100mL），这样可减少或避免滤纸引入的测量误差。

4. 蒸馏器清洗：向蒸馏烧瓶中加入 350mL 水，加数粒玻璃珠，装好仪器，蒸馏到至少收集了 100mL 水，将馏出液及瓶内残留液弃去。

5. 水样的预蒸馏。蒸馏过程中，某些有机物很可能与氨同时馏出，对测定有干扰，其中有些物质（如甲醛）可以在酸性条件（pH<1）下煮沸除去。在蒸馏刚开始时，氨气蒸出速度较快，加热不能过快，否则造成水样暴沸，馏出液温度升高，氨吸收不完全。馏出液速率应保持在 10mL/min 左右。

蒸馏过程中，某些有机物很可能与氨同时馏出，对测定仍有干扰，其中有些物质（如甲醛）可以在酸性条件（pH<1）下煮沸除去。

6. 试剂空白的吸光度应不超过 0.030（10mm 比色皿）。

八、技能训练评分标准

评分标准见表 1—30。

表 1—30　　　　　水中氨氮的测定（纳氏试剂分光光度法）评分标准

考核项目	评分点	分值	评分标准	扣分	得分
1. 洗涤 （4分）	玻璃仪器的洗涤	4	选用的洗涤剂或毛刷等不正确，扣 2 分 未用蒸馏水或去离子水润洗，扣 2 分		
2. 水样的预处理 （8分）	水样的预处理	8	水样被污染未预处理，扣 4 分 预处理方法选择不当，扣 2 分 预处理效果不好，扣 2 分		
3. 样品的测定（20分）	标准系列的配制	12	每个点取液应从零分度开始，出现错误项一次扣 1 分，累计不超过 6 分（工作液可放回剩余溶液中再取液） 标准曲线取点不得少于 6 点，不符合扣 1 分 只选用一支吸量管移取标液，不符合扣 1 分 摇匀不充分，中间未开塞，扣 2 分 试剂加入顺序或加入量错误，扣 2 分		
	水样的测定	8	未做空白试验，扣 2 分 水样量取不当，扣 2 分 未用水做参比，扣 2 分 未做平行双样，扣 2 分		

续前表

考核项目	评分点	分值	评分标准	扣分	得分
4. 分光光度计的使用（25分）	测定前的准备	4	仪器未预热或预热时间不够，扣1分 波长选择不正确，扣1分 不能正确调"0"和"100%"，扣2分		
	测定操作	13	没有进行比色皿配套性选择，或选择不当，扣2分 手触及比色皿透光面，扣1分 加入溶液高度不正确，扣1分 比色皿外壁溶液处理不正确，扣1分 错误使用参比溶液，扣2分 比色皿盒拉杆操作不当，扣1分 开关比色皿暗箱盖不当，扣1分 读数不准确，或重新取液测定，扣2分 样品稀释倍数不合理致使吸光度超出要求范围或在第一点范围内，扣2分		
	仪器的使用	4	比色皿放在仪器表面，扣2分 比色皿被撒落溶液污染且未及时彻底清理干净，扣2分		
	测定后的处理	4	台面不清洁，扣1分 未取出比色皿及洗涤，扣1分 没有倒尽控干比色皿，扣1分 未关闭仪器电源，扣1分		
5. 数据记录与数据处理（15分）	原始数据记录	5	数据未用黑色水笔填写，扣1分 数据未直接填在记录单上，扣2分 缺少计量单位，扣1分 没有进行仪器使用登记，扣1分		
	标准曲线绘制	10	曲线名称、坐标、箭头、符号、单位及小数点后数字位数合理，空项未画横线。每缺少1项扣0.5分，累计最高扣5分 校准曲线绘制错误，扣3分 测量数据未标在曲线中，扣2分		
6. 测定结果（18分）	数据结果	8	有效数字运算不规范，扣2分 结果计算错误，扣4分 单位错误，扣2分		
	测定结果精密度	10	$\lvert RE \rvert \leqslant 1\%$，不扣分 $1\% < \lvert RE \rvert \leqslant 2\%$，扣3分 $2\% < \lvert RE \rvert \leqslant 3\%$，扣6分 $3\% < \lvert RE \rvert \leqslant 4\%$，扣9分 $\lvert RE \rvert > 4\%$，不得分		
7. 职业素质（10分）	文明操作	6	实训过程中台面、地面脏乱，扣2分 实训结束未清洗仪器或试剂物品未归位，扣2分 仪器损坏，一次性扣2分		
	实训态度	4	合作发生不愉快，扣2分 工作不主动扣2分		
合计					

思考与练习

1. 在蒸馏比色测定氨氮时，为什么要调节水样的 pH 在 7.4 左右？pH 偏高或偏低对测定结果有何影响？
2. 用纳氏试剂比色法测定氨氮时主要有哪些干扰？如何消除？
3. 用滴定法测定污水中氨氮时，硫酸标准溶液浓度为 0.021 5mol/L，水样体积为 50.0mL，测定两支平行水样消耗的硫酸标液体积分别为 24.10mL 和 24.30mL，空白消耗硫酸标液体积为 0.05mL 和 0.07mL。求该污水中氨氮的含量。

任务 7   高锰酸盐指数的测定

 学习目标

一、知识目标

1. 掌握化学需氧量与高锰酸盐指数的基本概念；
2. 掌握高锰酸盐指数测定原理与测定方法。

二、技能目标

1. 能根据水中氯化物含量选择高锰酸盐指数分析方法；
2. 熟悉水浴与滴定操作。

三、素质目标

1. 培养安全操作意识，注意水、电安全；
2. 培养环境监测员职业素质，提高实践动手能力和创新能力。

知识学习

一、化学需氧量

化学需氧量（Chemical Oxygen Demand，COD）是指在一定条件下，用一定的强氧化剂处理水样所消耗的氧化剂的量，以氧的 $mg \cdot L^{-1}$ 表示，它是指示水体被还原性物质污染的主要指标。还原性物质包括各种有机物、亚硝酸盐、亚铁盐和硫化物等，但水样受有机物污染是极为普遍的，因此化学需氧量可做有机物相对含量的指标之一。

化学需氧量的测定，根据所用氧化剂的不同，分为高锰酸钾法和重铬酸钾法。在我国新的环境水质标准中，以高锰酸钾溶液为氧化剂测得的化学需氧量为高锰酸盐指数，而将酸性重铬酸钾法测得的值称为化学需氧量。

二、高锰酸盐指数

（一）概念

一定条件下，以高锰酸钾为氧化剂氧化水样中的还原性物质（有机物质和无机还原性物质）所消耗的高锰酸钾的量，换算成氧的含量以氧的 $mg \cdot L^{-1}$ 表示。按溶液介质不同分为酸性高锰酸钾法和碱性高锰酸钾法。

（二）水样的采集和保存

水样采集后，加入 H_2SO_4 使 pH 值小于 2，以抑制微生物的活动，尽快分析。必要时，0℃～5℃冷藏保存，48 小时内测定。

（三）测定原理

水样在一定条件下，加入高锰酸钾溶液，在沸水浴中加热 30min，使水中有机物被氧化，剩余的高锰酸钾以草酸回滴，然后根据实际消耗的高锰酸钾量计算出化学耗氧量。其反应式为：

$$4KMnO_4 + 5[C](代表有机物) + 6H_2SO_4 = 2K_2SO_4 + 4MnSO_4 + 5CO_2 + 6H_2O$$
$$2KMnO_4 + 5H_2C_2O_4 + 3H_2SO_4 = K_2SO_4 + 2MnSO_4 + 10CO_2 + 8H_2O$$

（四）适用范围

高锰酸盐指数适用于饮用水、水源水、地表水的测定，测定范围为 0.5～4.5mg/L。

酸性高锰酸钾法适用于 $Cl^- \leqslant 300mg/L$ 的水样，碱性高锰酸钾法适用于 $Cl^- > 300mg/L$ 的水样。

（五）酸性高锰酸钾法

1. 原理。

水样在酸性条件下，加入高锰酸钾溶液，在沸水浴中加热 30min，使水中有机物被氧化，反应后剩余的高锰酸钾加入准确而过量的草酸钠予以还原，过量的草酸钠再以高锰酸钾标准溶液回滴，根据实际消耗的高锰酸钾量计算出所消耗氧化剂的量。以氧的 mg/L 表示。

2. 测定过程。

取水样 100mL（原样或经稀释）于锥形瓶中

↓←(1+3) H_2SO_4 5mL

混匀

↓←约 0.010 0mol/L 高锰酸钾标液（1/5$KMnO_4$）10.0mL

沸水浴 30 分钟（从水浴重新沸腾起计时）

↓←0.010 0mol/L 草酸钠标液（1/2Na₂C₂O₄）10.00L

褪色

↓←约 0.01mol/L 高锰酸钾标液回滴

终点微红色

技能训练

地表水中高锰酸盐指数的测定（酸性高锰酸钾法）

一、实训目的

1. 能用酸性高锰酸钾法测定地表水中高锰酸盐指数；
2. 熟练运用水浴加热和滴定法。

二、实训原理

同"知识学习"中酸性高锰酸钾法原理。

三、设备与试剂

1. 250mL 锥形瓶。
2. 25mL 棕色酸式滴定管。
3. 恒温水浴锅。
4. 草酸钠标准贮备液（1/2Na₂C₂O₄＝0.1mol/L）：称取 0.670 5g 经 120℃烘干 2h 并放冷却的优级纯草酸钠（Na₂C₂O₄）溶于水中，移入 100mL 容量瓶中，加水稀释至标线，混匀，置于暗处保存。
5. 草酸钠标准使用液（1/2Na₂C₂O₄＝0.01mol/L）：将上述草酸钠标准溶液准确稀释 10 倍，置于冰箱中保存。
6. 高锰酸钾标准贮备液（1/5KMnO₄浓度约 0.1mol/L）：称取 3.2g 高锰酸钾溶解于水中，稀释至 1 000mL，于 90℃～95℃水浴中加热此溶液 2h，冷却。存放两天后，倾出清液，贮于棕色瓶中。
7. 高锰酸钾标准溶液（1/5KMnO₄浓度约 0.01mol/L）：吸取 100mL 高锰酸钾贮备液于 1 000mL 容量瓶中，用水稀释至标线，摇匀，置于暗处保存。当天使用时校正。
8. （1＋3）硫酸溶液：将 1 份化学纯浓硫酸慢慢加到 3 份水中，煮沸，滴加高锰酸钾溶液至硫酸溶液保持微红色。

四、实训步骤

1. 于 250mL 锥形瓶内，加入 100mL 水样或已稀释的水样，加 5mL（1＋3）硫酸，混匀，用滴定管准确加入约 0.01mol/L 高锰酸钾溶液 10mL，摇匀后置于沸水浴中加热 30±2min（水浴沸腾开始计时）。

2. 取下锥形瓶后，立刻准确加入 10mL 0.01mol/L 草酸钠标准溶液，趁热用 0.01mol/L 高锰酸钾标准溶液滴定至微红色，并保持 30s 不褪色，记录消耗的高锰酸钾的用量。

3. 高锰酸钾溶液浓度的校正。由于高锰酸钾浓度易于改变，因此每次做样品时，必须进行校正，求出校正系数 K。

校正系数 K 的求法：于上述滴定完水样的锥形瓶中趁热（70℃～80℃）加入 10mL 0.01mol/L 草酸钠标准溶液，再用约 0.01mol/L 高锰酸钾标准溶液滴至微红色，所用高锰酸钾体积为 V_1（mL），则高锰酸钾之校正系数 $K=10/V_1$。

4. 如水样稀释，须做空白试验：用 100mL 蒸馏水代替水样，测定步骤同水样测定。

五、数据处理

1. 水样不经稀释。

$$高锰酸盐指数(O_2, mg \cdot L^{-1}) = \frac{[(10+V_1)K-10] \cdot M \times 8 \times 1\,000}{100} \quad (1\!-\!15)$$

式中：V_1——滴定水样消耗高锰酸钾标准溶液量（mL）；

K——校正系数（每毫升高锰酸钾溶液相当于草酸钠标液的毫升数）；

M——草酸钠标液（$1/2Na_2C_2O_4$）浓度（mol·L⁻¹）；

8——氧（$1/2O$）的摩尔质量（g·mol⁻¹）；

100——取水样体积（mL）。

2. 水样经稀释。

$$高锰酸盐指数(O_2, mg \cdot L^{-1}) =$$
$$\frac{\{[(10+V_1)K-10]-[(10+V_0)K-10]f\} \cdot M \times 8 \times 1\,000}{V_2} \quad (1\!-\!16)$$

式中：V_0——空白实验中高锰酸钾标液消耗量（mL）；

V_2——分取水样体积（mL）；

f——稀释水样中含稀释水的比值（如 10.0mL 水样稀释至 100mL，则 $f=0.9$）。

其他符号同水样不经稀释计算式。

六、数据记录与计算结果

数据记录与计算结果见表 1—31。

表 1—31　　　　　　　　　　　　数据记录与计算结果表

样品序号	水样体积（mL）	稀释倍数	草酸钠标准溶液浓度	高锰酸盐指数计算公式			校正系数计算公式	
			V（$KMnO_4$）初/mL	V（$KMnO_4$）终/mL	V（$KMnO_4$）消耗/mL		高锰酸盐指数（O_2，mg/L）	|RE|
1								
2								
3								
4								
空白样品								
K 平均值＝		$K_1=$						
		$K_2=$						
		$K_3=$						

七、注意事项

1. 反应过程中严格控制酸度（1＋3）H_2SO_4 5mL、温度（60℃～80℃）和时间（水浴 30min）。应严格控制操作条件一致，高锰酸钾不能过早加好放在那里不加热。

2. 沸水浴的水面要高于锥形瓶内的液面。滴定时温度如低于 60℃，反应速度缓慢，因此应加热至 80℃左右。

3. 样品煮沸 30min 氧化后剩余的高锰酸钾为其加入量的 1/3～1/2 为宜。倘若煮沸过程中红色消失或变黄，说明水样中有机物或还原性物质过多，需将水样稀释后重做。回滴过量的草酸钠标准溶液所滴耗的高锰酸钾溶液的体积为 4～6mL，否则需重新再取适量水样测定。

4. 高锰酸钾法氧化率为 50％左右。

5. 新使用的玻璃器皿，须先用酸性高锰酸钾浸泡，然后再洗净。

八、技能训练评分标准

评分标准见表 1—32。

表 1—32　　　　　地表水中高锰酸盐指数的测定（酸性高锰酸钾法）评分标准

考核项目	评分点	分值	评分标准	扣分	得分
1. 洗涤（4分）	玻璃仪器的洗涤	4	选用的洗涤剂或毛刷等不正确，扣 2 分 未用蒸馏水或去离子水润洗，扣 2 分		

续前表

考核项目	评分点	分值	评分标准	扣分	得分
2. 标准溶液的配制（23分）	分析天平称量操作	7	未检查天平水平，扣1分 托盘未清扫，扣1分 干燥器盖子放置不正确，扣1分 试样撒落，扣1分 开关天平门操作不当，扣1分 天平内外不清洁，扣1分 未做使用记录，扣1分		
	转移溶液	6	没有进行容量瓶试漏检查，扣2分 烧杯没有沿玻棒向上提起，扣1分 玻棒放回烧杯操作不正确，扣1分 吹洗转移重复3次以上，否则扣2分		
	定容操作	10	加水至容量瓶约3/4体积时没有平摇，扣2分 加水至近标线约1cm处等待1min，没有等待，扣2分 逐滴加入蒸馏水至标线操作不当，扣2分 未充分混匀、中间未开塞，扣2分 持瓶方式不正确，扣2分		
3. 测定过程（28分）	水浴加热	6	水浴温度不正确，扣2分 水浴水面低于试样，扣2分 加热时间不在规定范围内，扣2分		
	滴定操作	22	滴定前管尖残液未除去，每出现一次扣1分，累计最高扣4分 加 $KMnO_4$ 前应将 $KMnO_4$ 摇匀，没有摇匀，扣2分 未双手配合或控制旋塞不正确，扣2分 操作不当造成漏液，扣3分 终点控制不准（非半滴到达、颜色不正确），每出现一次扣1分，累计最高扣5分 加入 $Na_2C_2O_4$ 前，没有摇匀 $Na_2C_2O_4$，扣2分 读数不正确，每出现一次扣1分，累计最高扣4分		
4. 数据记录与数据处理（15分）	原始数据记录	6	数据未用黑色水笔填写，扣1分 数据未直接填在记录单上，扣2分 缺少计量单位，扣2分 没有进行仪器使用登记，扣1分		
	数据结果	9	有效数字运算不规范，一次性扣2分 结果计算错误，扣5分 单位错误，扣2分		

续前表

考核项目	评分点	分值	评分标准	扣分	得分
5. 测定结果（20分）	标定结果精密度	5	｜极差/平均值｜≤0.15%，不扣分 0.15%＜｜极差/平均值｜≤0.25%，扣1分 0.25%＜｜极差/平均值｜≤0.35%，扣2分 0.35%＜｜极差/平均值｜≤0.45%，扣3分 ｜极差/平均值｜＞0.45%，扣5分		
	标定结果准确度	5	保证值±s内，不扣分 保证值±2s内，扣1分 保证值±3s内，扣3分 保证值±3s外，扣5分		
	测定结果精密度	5	｜极差/平均值｜≤3%，不扣分 3%＜｜极差/平均值｜≤5%，扣1分 5%＜｜极差/平均值｜≤7.5%，扣2分 7.5%＜｜极差/平均值｜≤10%，扣3分 ｜极差/平均值｜＞10%，扣5分		
	测定结果准确度	5	保证值±s内，不扣分 保证值±2s内，扣1分 保证值±3s内，扣3分 保证值±3s外，不得分		
6. 职业素质（10分）	文明操作	6	实训过程台面、地面脏乱，扣2分 实训结束未清洗仪器或试剂物品未归位，扣2分 仪器损坏，一次性扣2分		
	实训态度	4	合作发生不愉快，扣2分 工作不主动，扣2分		
合计					

思考与练习

1. 高锰酸钾滴定草酸钠时应注意哪些反应条件？在什么情况下应用碱性高锰酸钾法测定高锰酸盐指数，为什么？

2. 取50mL均匀环境水样，加50mL蒸馏水，用酸性高锰酸钾法测高锰酸盐指数，消耗5.54mL高锰酸钾溶液。同时以100mL蒸馏水做空白滴定，消耗1.42mL高锰酸钾溶液。已知草酸钠标准浓度 c（$1/2Na_2C_2O_4$）＝0.01mol/L，标定高锰酸钾溶液时，10mL高锰酸钾溶液需要上述草酸钠标准溶液10.86mL。问：该环境水样的高锰酸盐指数是多少？

项目二　　　　　污水监测

任务1　污水监测方案的制定

 学习目标

一、知识目标

1. 熟悉污水监测方案的制定程序与内容；
2. 学会布设监测点位。

二、技能目标

1. 能依据《地表水和污水监测技术规范》制定污水监测方案；
2. 能规范布设采样点位与采样数量；
3. 能根据监测目的选择监测项目与分析方法。

三、素质目标

1. 培养爱岗敬业的职业道德；
2. 培养良好的团队合作精神；
3. 培养分析问题与解决问题的能力。

知识学习

一、监测方案设计思路

制定污水监测方案取决于监测对象与监测目的。首先必须进行实地污染源调查与收集资料，然后确定监测项目，设计采样点，合理安排采样时间和采样频率，选定采样方法和分析测定方法，提出监测报告要求，制定质量保证措施和方案的实施计划等。

二、现场调查与资料收集

污水包括工业废水、生活污水和医院污水等。在制定监测方案时，首先进行调查研究，收集有关资料，查清用水情况、废水或污水的类型、主要污染物、排污去向和排放量，确定车间、工厂或地区的排污口数量及位置，了解废水处理情况。然后进行综合分析，确定监测项目、监测点位、采样方案、分析方法、质量保证措施等。

三、监测点位的布设

必须在全面掌握与污染源污水排放有关的工艺流程、污水类型、排放规律、污水管网走向等情况的基础上确定采样点位。

（1）第一类污染物采样点位一律设在车间或车间处理设施的排放口或专门处理此类污染物设施的排放口。

（2）第二类污染物采样点位一律设在排污单位的外排口。

（3）进入集中式污水处理厂和进入城市污水管网的污水采样点位应根据地方环境保护行政主管部门的要求确定。

（4）污水处理设施效率监测采样点的布设：

1）对整体污水处理设施效率监测时，在各种进入污水处理设施的入口和污水设施的总排口设置采样点。

2）对各污水处理单元效率监测时，在各种进入污水处理设施单元的入口和设施单元的排口设置采样点。

四、监测项目

工业废水监测项目见《地表水和污水监测技术规范》（HJ/T 91—2002）。

污染源监测项目执行《污水综合排放标准》（GB 8978—2002）及有关行业水污染物排放标准。

五、分析方法

污水的监测分析方法见《地表水和污水监测技术规范》（HJ/T 91—2002）和《水

和废水监测分析方法（第四版）》（中国环境出版社，2002）。

六、采样时间与采样频次

（1）监督性监测：地方环境监测站对污染源的监督性监测每年不少于1次；如被国家或地方环境保护行政主管部门列为年度监测的重点排污单位，应增加到每年2~4次；因管理或执法的需要所进行的抽查性监测或对企业的加密监测由各级环境保护行政主管部门确定。

（2）企业自我监测：工业废水按生产周期和生产特点确定监测频率。一般每个生产日至少3次。

（3）对于污染治理、环境科研、污染源调查和评价等工作中的污水监测，其采样频次可以根据工作方案的要求另行确定。

（4）排污单位为了确认自行监测的采样频次，应在正常生产条件下的一个生产周期内进行加密监测：周期在8h以内的，每小时采1次样；周期大于8h的，每2h采1次样，但每个生产周期采样次数不少于3次。采样的同时测定流量。

根据管理需要进行污染源调查性监测时，也按此频次采样。

（5）排污单位如有污水处理设施并能正常运转使污水能稳定排放，监督监测可以采瞬时样；对于不稳定排放污水，则采集混合水样。正常情况下，混合样品的单元采样不得少于两次。如排放污水的流量、浓度甚至组分都有明显变化，则在各单元采样时的采样量应与当时的污水流量成比例，以使混合样品更有代表性。

七、污水采样方法

（一）单独采样

在分时间单元采集样品时，测定pH值、COD、BOD_5、DO、硫化物、油类、有机物、余氯、粪大肠菌群、悬浮物、放射性等项目的样品，不能混合采样，只能单独采样。

（1）浅水采样：可用容器直接采集，或用聚乙烯塑料长把勺采集。

（2）深层水采样：使用专制的深层采水器采集，也可将聚乙烯筒固定在重架上，沉入要求深度的水下采集。

（二）自动采样

自动采样用自动采样器进行，有时间比例采样和流量比例采样。当污水排放量较稳定时可采用时间比例采样，否则必须采用流量比例采样。

（三）采样位置

采样位置应在采样断面的中心。当水深大于1m时，应在表层下1/4深度处采样；水深小于或等于1m时，在水深的1/2处采样。

（四）注意事项

（1）用样品容器直接采样时，必须用水样冲洗三次后再行采样。但当水面有浮油时，不能用水样冲洗容器。

（2）采样时应注意除去水面的杂物、垃圾等漂浮物。

（3）用于测定悬浮物、BOD₅、硫化物、油类、余氯的水样，必须单独定容采样，全部用于测定。

（4）在选用特殊的专用采样器（如油类采样器）时，应按照该采样器的使用方法采样。

（5）采样时应认真填写"污水采样记录表"，表中应有：污染源名称、监测目的、监测项目、采样点位、采样时间、样品编号、污水性质、污水流量、采样人姓名及其他有关事项等。

（6）凡需现场监测的项目，应进行现场监测。

八、污水样品的保存、运输和记录

污水样品的组成比较复杂，其稳定性通常比地表水样更差，应尽快测定。对不同的监测项目应选用的容器材质、加入的保存剂及其用量与保存期、应采集的水样体积和容器的洗涤方法等见《地表水和污水监测技术规范》（HJ/T 91—2002）中的表 4—4。

采样后要在每个样品瓶上贴一标签，标明点位编号、采样日期和时间、测定项目和保存方法等。

九、监测结果的表示方法

（一）瞬时浓度

污染物排放单位的污水排放渠道，在已知其"浓度—时间"排放曲线波动较小，用瞬时浓度代表平均浓度所引起的误差可以容许时（小于10%），在某时段内的任意时间采样所测得的浓度，均可作为平均浓度。

（二）等体积混合浓度

如"浓度—时间"排放曲线虽有波动但有规律，用等时间间隔的等体积混合样的浓度代表平均浓度所引起的误差可以容许时，可等时间间隔采集等体积混合样，测其平均浓度。

（三）等比例浓度

如"浓度—时间"排放曲线既有波动又无规律，则必须以"比例采样器"作连续采样。即确定某一比值，在连续采样中能使各瞬时采样量与当时的流量之比均为此比值。以此种"比例采样器"在任一时段内采得的混合样所测得的浓度即为该时段内的平均浓度。

 技能训练

校园污水监测方案的制定

一、实训目的

1. 能现场调查污水源和收集校园监测区域资料；
2. 能制定校园污水监测方案。

二、实训要求

1. 两位同学一组，以组为单位进行；
2. 小组团结合作，共同提交一份监测方案，方案尽量用表格形式清晰表达。

三、实训步骤

1. 现场调查和资料收集。

（1）收集和绘制校园平面位置图。

（2）调查校园内污染源名称和位置、污水排放量、污水排放方向和主要污染物质。

（3）调查校园周边污染源名称和位置、污水排放量、污水排放方向和主要污染物质。

（4）调查校园用水现状和污水排放状况。

2. 采样点位的布设。

（1）根据各污染源位置与污水排放方向设置监测采样点。

（2）在校园污水总外排口设置监测采样点。

（3）在校园平面位置图上标注监测点位及其编号。

3. 监测项目与分析方法的确定。

（1）根据收集的资料与污染源调查分析，确定监测项目。

（2）污染物分析方法选用国家标准或行业分析方法，注明方法代码与检出下限。

4. 采样时间与采样频次。

根据污水排放时间与排放量确定采样时间与频次。

四、数据记录

1. 污染源调查表，见表 2—1。

表 2—1　　　　　　　　　　　　　污染源调查表

编号	污染源	类型	位置	用水量（t/h）	排水量（t/h）	排放方式	主要污染物	治理措施
1								
2								
3								

2. 监测点布设记录表，见表 2—2。

表 2—2　　　　　　　　　　　　　监测点布设记录表

序号	监测点位	点位平面分布图

3. 监测项目与污染物分析方法，见表 2—3。

表 2—3 监测项目与污染物分析方法

序号	监测项目	分析方法	方法代码	检出下限

4. 监测结果，见表 2—4。

表 2—4 监测结果汇总表

序号	监测项目 \\ 监测结果（单位）	采样点位置					

五、技能训练评分标准

校园污水监测方案的制定评分标准同表 1—11 校园附近某地表水监测方案的制定评分标准。

 思考与练习

1. 试分析我校污水的主要来源与治理对策。
2. 从哪些方面考虑制定工业废水监测方案？

任务 2　悬浮物的测定

学习目标

一、知识目标

1. 掌握总残渣、总可滤残渣和不可滤残渣的概念与测定方法；
2. 掌握总残渣、总可滤残渣和不可滤残渣的测定原理与数据处理方法。

二、技能目标

1. 能用重量法测定各类残渣量；
2. 能规范进行过滤与恒重操作。

三、素质目标

1. 培养阅读说明书的工作习惯；
2. 培养良好的独立工作能力；

3. 培养分析问题与解决问题的能力。

知识学习

残渣分为总残渣、总可滤残渣和总不可滤残渣三种。它们是表征水中溶解性物质、不溶性物质含量的指标。

一、总残渣

（一）定义

水和废水在一定的温度下蒸发、烘干后剩余的物质为总残渣，包括总不可滤残渣和总可滤残渣。

（二）测定方法

取适量（如50mL）振荡均匀的水样于称至恒重的蒸发皿中，在蒸汽浴或水浴上蒸干，移入103℃～105℃烘箱内烘至恒重，增加的重量即为总残渣。

（三）结果计算

$$总可滤残渣(mg/L) = \frac{(A-B) \times 1\,000 \times 1\,000}{V} \tag{2—1}$$

式中：A——总残渣和蒸发皿重（g）；

B——蒸发皿重（g）；

V——水样体积（mL）。

二、总可滤残渣

（一）定义

总可滤残渣指能通过过滤器并于103℃～105℃烘干至恒重的固体。

（二）测定方法

取适量过滤后的振荡均匀水样于恒重的蒸发皿中蒸干，然后在103℃～105℃烘箱内烘至恒重，残渣的重量即为总可滤残渣。

（三）结果计算

$$总可滤残渣(mg \cdot L^{-1}) = \frac{(A-B) \times 1\,000 \times 1\,000}{C} \tag{2—2}$$

式中：A——残渣和蒸发皿重（g）；

B——蒸发皿重（g）；

C——取用滤液体积（mL）。

三、总不可滤残渣（悬浮物，SS）

（一）定义

水样经过滤后留在过滤器上的固体物质，于103℃～105℃烘至恒重得到的物质量称为总不可滤残渣量，又称悬浮物。

（二）测定方法

取适量混匀水样过滤，滤纸连同残渣于103℃～105℃烘至恒重，残渣重量即为总不可滤残渣。

（三）结果计算

$$总不可滤残渣(mg \cdot L^{-1}) = \frac{(A-B) \times 1\,000 \times 1\,000}{C} \qquad (2-3)$$

式中：A——滤纸加残渣重（g）；

B——滤纸重（g）；

C——水样体积（mL）。

 技能训练

污水中悬浮物的测定（重量法）

一、实训目的

1. 熟练使用电子分析天平与烘箱；
2. 学会规范的过滤、洗涤和恒重操作；
3. 能规范采集与保存水样。

二、实训原理

将水样过滤后，于103℃～105℃烘干固体残留及滤料，将所称重量减去滤料重量，即为该水样的悬浮物。

三、仪器与设备

1. 电热恒温烘箱；
2. 电子分析天平；
3. 玻璃干燥器；
4. 中速定量滤纸；
5. 漏斗、漏斗架、废液杯；
6. 称量瓶（内径50mm）；
7. 无齿扁嘴镊子。

四、实训步骤

1. 水样的采集。

（1）采样前，先用洗涤剂洗净采样容器，再用自来水和蒸馏水冲洗干净。

（2）采样时，用采集的水样清洗容器 3 次后，采集水样，并盖严瓶塞。

2. 水样的保存。

采集的水样应尽快分析测定。如需放置，应在 1℃～4℃贮存，时间不超过 14 天。

3. 水样的测定。

（1）用镊子将中速定量滤纸放在称量瓶中，打开瓶盖，在 103℃～105℃烘干 2h，取出冷却至室温后盖上瓶盖称重，直至恒重（前后两次称量相差不超过 0.2mg）。

（2）将恒重后的滤纸置于漏斗上，漏斗置于配套的漏斗架上，固定好。

（3）剧烈振荡水样，迅速用量筒取 100mL 水样，并使之全部通过滤纸，用蒸馏水洗涤残渣 3～5 次，如样品中含油脂，用少量石油醚淋洗残渣。如悬浮物质太少，可增加所取水样体积。

（4）用镊子小心取出载有悬浮物的滤纸，将滤纸连同悬浮物置于称量瓶中，打开瓶盖，在 103℃～105℃烘干 2h，取出冷却至室温后盖上瓶盖称重，直至恒重（前后两次称量相差不超过 0.2mg）。

五、数据处理

$$SS(mg/L) = \frac{(A-B) \times 1\,000 \times 1\,000}{C} \qquad (2-4)$$

式中：A——滤纸＋残渣重＋称量瓶（g）；

B——滤纸重＋称量瓶（g）；

C——过滤水样的体积（mL）。

六、数据记录

数据记录与结果，见表 2—5。

表 2—5　　　　　　　　　　数据记录与结果表

样品编号	取样量（mL）	始重 B（g）		末重 A（g）		SS（mg/L）
		B_1（第一次恒重）	B_2（恒重）	A_1（第一次恒重）	A_2（恒重）	

七、注意事项

1. 漂浮或浸没的不均匀固体物质不属于悬浮物质，应从水样中除去。

2. 如水样清澈，可多取水样，最好能使固体量在 50～100mg；如水样中有腐蚀性物质，会腐蚀滤纸影响测定结果，可以使用 0.45μm 滤膜过滤。

3. 滤纸上固体太多，会残留水分，应延长烘干时间。

4. 含大量钙、镁、氯化物、硫酸盐的高度矿化水可能吸潮，需延长烘干时间，并迅速称重。

5. 如废水黏度高时，可加 2～4 倍蒸馏水稀释，振荡均匀，待沉淀物下降后再过滤。

6. 烘干与称量操作时，取放称量瓶不能用手直接接触，须戴手套操作。

7. 该法适用于地面水、地下水中悬浮物的测定，也适用于污水中悬浮物的测定。

八、技能训练评分标准

评分标准见表2—6。

表 2—6 　　　　　　　　　　污水中悬浮物的测定（重量法）评分标准

考核项目	评分点	分值	评分标准	扣分	得分
1. 水样的采集与保存（20分）	水样的采集	8	将采样器用水样润洗2~3遍，不合格扣2分 没有用水样润洗，扣2分 没有达到采样深度，扣2分 没有装满容器，扣2分		
	水样的保存	12	没有采集空白样或采集错误，扣3分 没有采集平行样或采集错误，扣3分 采样器进水被污染，扣2分 运输中没有采取防护措施，扣2分 超过保存时间后分析，扣2分		
2. 分析天平的操作（20分）	称量前准备	4	未检查天平水平，扣2分 托盘未清扫，扣2分		
	分析天平称量操作	10	干燥器盖子放置不正确，扣2分 未戴手套取放称量瓶，扣2分 称量瓶称量时未盖盖子，扣2分 开关天平门操作不当，扣2分 读数及记录错误，扣2分		
	称量后处理	6	未关天平门，扣2分 凳子未归位，扣2分 未做使用记录，扣2分		
3. 水样的测定（30分）	烘干操作	8	烘干温度不在103℃~105℃，扣2分 烘干时，称量瓶盖子未半开，扣2分 未冷却至室温称重，扣2分 未称量至恒重，扣2分		
	水样的量取	6	水样量取时未摇均匀，扣2分 水样的取用量不适合，扣4分		
	水样的过滤操作	16	过滤装置安装不合理，扣2分 未用玻璃棒引流，扣2分 玻璃棒高于滤纸边缘，扣2分 烧杯没有沿玻璃棒向上提起，扣2分 玻璃棒放回烧杯操作不正确，扣2分 烧杯洗涤没有达到3~4次，扣2分 残渣洗涤次数没有达到3~5次，扣2分 取出滤纸时未用镊子，扣2分		

续前表

考核项目	评分点	分值	评分标准	扣分	得分
4. 数据记录与处理（18分）	原始数据记录	6	数据未用黑色水笔填写，扣2分 数据未直接填在记录单上，一次性扣2分 数据不全、有空项、字迹不工整，一次性扣2分		
	数据处理	12	有效数字运算不规范，一次性扣4分 结果计算错误，扣6分 单位错误，扣2分		
5. 职业素质（12分）	文明操作	6	实训过程中台面、地面脏乱，扣2分 实训结束未先清洗仪器或试剂物品未归位，扣2分 仪器损坏，一次性扣2分		
	实训态度	6	合作发生不愉快，扣3分 工作不主动，扣3分		
合计					

 思考与练习

1. 测定悬浮物时，出现 $A<B$ 情况的原因是什么？如何处理？
2. 分析产生悬浮物测定误差的主要原因。

任务3　汞的测定

 学习目标

一、知识目标

1. 学习汞测定方法及其适用范围；
2. 掌握汞测定方法原理。

二、技能目标

1. 能根据水样特征选择预处理方法；
2. 能测定水中汞的含量。

三、素质目标

1. 培养阅读说明书，规范操作仪器的习惯；
2. 培养良好的团队合作精神；

3. 培养分析问题与解决问题的能力。

 知识学习

总汞指未经过滤的样品经消解后测得的汞，包括无机汞和有机汞。汞及其化合物属于剧毒物质，特别是有机汞化合物，由食物链进入人体，引起人体中毒。天然水含汞极少，一般不超过 0.1μg/L，地表水的汞污染主要来源于工业废水。

一、冷原子吸收法

（一）样品的采集和保存

（1）采集水样时，样品应尽量充满样品瓶，以减少器壁吸附。工业废水和生活污水样品采集量应不少于 500mL，地表水和地下水样品采集量应不少于 1 000mL。

（2）采样后应立即以每升水样中加入 10mL 浓盐酸的比例对水样进行固定，固定后水样的 pH 值应小于 1，否则应适当增加浓盐酸的加入量，然后加入 0.5g 重铬酸钾，若橙色消失，应适当补加重铬酸钾，使水样呈持久的淡橙色，密塞，摇匀。在室温阴凉处放置，可保存 1 个月。

（二）适用范围

该方法适用于地表水、地下水、工业废水和生活污水中总汞的测定。

（三）方法原理

先把水样消解，消解后的样品中所含汞全部转化为二价汞，用盐酸羟胺将过剩的氧化剂还原，再用氯化亚锡将二价汞还原成金属汞。在室温下通入空气或氮气，将金属汞气化，载入冷原子吸收汞分析仪，于 253.7nm 波长处测定响应值，汞的含量与响应值成正比。

（四）测定要点

1. 水样的预处理（消解）方法。

（1）加热条件下，用高锰酸钾和过硫酸钾在硫酸—硝酸介质中消解样品。

1）近沸保温法：该消解方法适用于地表水、地下水、工业废水和生活污水。

2）煮沸法：该消解方法适用于含有机物和悬浮物较多、组成复杂的工业废水和生活污水。

（2）溴酸钾—溴化钾混合剂在硫酸介质中消解样品，该方法适用于地表水、地下水，也适用于含有机物（特别是洗净剂）较少的工业废水和生活污水。

（3）硝酸—盐酸介质中用微波消解仪消解样品，该方法适用于含有机物较多的工业废水和生活污水。

2. 校准曲线的绘制。

依照水样介质条件，配制汞标准系列。分别吸取适量汞标准溶液于还原瓶内，加入氯化亚锡溶液，迅速通入载气，由低浓度到高浓度测定响应值。以经过空白校正的各测量值（吸光度）为纵坐标，相应标准溶液的汞浓度为横坐标，绘制出校准曲线。

3. 水样的测定。

取适量消解好的水样于还原瓶中，按照标准系列溶液测定方法测其吸光度，经空白校正后，求得汞的浓度。按与样品测定相关步骤做空白试验。

（五）测定仪器

冷原子吸收汞分析仪。

二、冷原子荧光法

（一）适用范围

适用于地表水、地下水及氯离子含量较低的水样中汞的测定。该方法最低检出浓度为 $0.0015\mu g/L$，测定下限为 $0.0060\mu g/L$，测定上限为 $1.0\mu g/L$。

（二）方法原理

水样中的汞离子被还原剂还原为单质汞，形成汞蒸气。其基态汞原子受到波长 $253.7nm$ 的紫外光激发，当激发态汞原子去激发时便辐射出相同波长的荧光。在给定的条件下和较低的质量浓度范围内，荧光强度与汞的质量浓度成正比。

（三）测定仪器

数字荧光测汞仪。

三、双硫腙分光光度法

（一）适用范围

适用于工业废水和受汞污染的地面水中总汞的测定。汞的最低检出浓度为 $2\mu g/L$，测定上限为 $40\mu g/L$。

（二）方法原理

水样于 $95℃$，在酸性介质中用高锰酸钾和过硫酸钾消解，将无机汞和有机汞转变为二价汞。用盐酸羟胺还原过剩的氧化剂，加入双硫腙溶液，与汞离子生成橙色螯合物，用三氯甲烷或四氯化碳萃取，再用碱溶液洗去过量的双硫腙，于 $485nm$ 波长处测定吸光度，以标准曲线法定量。

 技能训练

水中汞的测定（冷原子荧光法）

一、实训目的

1. 巩固与理解冷原子荧光法测定水中汞的原理；
2. 学会通过阅读说明书按步骤操作冷原子荧光测汞仪。

二、实训原理

同"知识学习"中冷原子荧光法测定原理。

三、仪器与试剂

1. 冷原子荧光测汞仪。

2. 小烘箱（测汞专用）。

3. $50\mu L$ 与 1mL 进样器。

4. 高锰酸钾溶液（50g/L）：将 50g 高锰酸钾（$KMnO_4$，优级纯，必要时重结晶精制）用去离子水溶解，稀释至 1 000mL。

5. 盐酸羟胺溶液（100g/L）：将 10g 盐酸羟胺用去离子水溶解，稀释至 100mL。将此溶液每次加入 10mL 含双硫腙（$C_{13}H_{12}N_4S$）20mg/L 的苯（C_6H_6）溶液萃取 3～5 次。

6. 氯化亚锡还原剂：称取 10g 氯化亚锡（$SnCl_2 \cdot 2H_2O$）溶于 10mL 盐酸，加热溶解，冷却后定容为 100mL。

7. 汞标准固定液（简称固定液）：将 0.5g 重铬酸钾溶于 950mL 去离子水中，再加 50mL 硝酸。

8. 汞标准溶液 50ng/mL：准确称取充分干燥过的氯化汞 0.135 4g，用固定液溶解后，再用固定液定容为 2 000mL。

9. 硫酸：$\rho(H_2SO_4)_{20} = 1.84g/mL$，优级纯。

四、实训步骤

1. 水样的预处理。

（1）将新采水样充分摇匀后，立即准确吸取 10mL 注入 10mL 具塞比色管中。

（2）于比色管中用滴管加 4 滴浓硫酸、1 滴高锰酸钾溶液，以能保持水样呈紫红色为准，如果不能至少在 15min 维持紫色，则混合后再补加适量高锰酸钾溶液，以使颜色维持紫色。加塞摇匀，置金属架上，放于专用烘箱内，在比色管上加一个瓷盘盖，防止水样受热管塞跳出，于 105℃消化 1h，取出冷却。

（3）临近测定时，边摇边滴加 1 滴盐酸羟胺溶液，摇动直至刚好将过剩的高锰酸钾褪色为止。取 1.0mL 上机测定。

2. 样品的测定。

（1）仪器准备。根据仪器说明书设置仪器参数并预热仪器。

（2）标准系列的测定。取 10mL 具塞比色管 6 支，加入 10mL 去离子水，用 $50\mu L$ 微量注射器分别加入 50ng/mL 汞标准使用溶液 0、10.0、20.0、30.0、40.0、50.0μL，摇匀。分别加入 4 滴浓硫酸、1 滴高锰酸钾溶液，摇匀，再用盐酸羟胺溶液 1 滴还原。取 1mL 溶液测定，测定前还原瓶中先加入 0.5mL 氯化亚锡还原剂。

（3）样品测定。先加入 0.5mL 氯化亚锡还原剂于还原瓶中，然后用 1mL 进样器将预处理清澈水样注入汞发生器测定。

五、数据处理

$$Hg(mg/L)=(相当标准系列的 ng/水样 mL 数)\times10^{-3} \tag{2—5}$$

六、注意事项

1. 测定下一样品前，应先向汞发生器加入还原剂 0.5mL，排空气路中的废汞，回零。

2. 汞发生器加入的试剂总量不得超过 1.5mL。

3. 测定完需用还原剂清洗汞发生器数次，以消除汞污染。

4. 测定完毕，打开排汞泵 20min，将荧光池中的废汞排净。

七、技能训练评分标准

评分标准见表 2—7。

表 2—7　　　　　　　　水中汞的测定（冷原子荧光法）评分标准

考核项目	评分点	分值	评分标准	扣分	得分
1. 洗涤（4分）	玻璃仪器的洗涤	4	选用的洗涤剂或毛刷等不正确，扣2分 未用蒸馏水或去离子水润洗，扣2分		
2. 水样的预处理（6分）	水样的预处理	6	水样被污染未预处理，扣2分 预处理方法选择不当，扣2分 预处理效果不好，扣2分		
3. 样品的测定（50分）	仪器准备	14	参数设置有误，扣4分 未预热，扣2分 未阅读说明书，扣4分 测定前未熟悉仪器操作，扣4分		
	标准系列的测定	14	每个点取液应从零分度开始，出现错误，一次扣1分，累计不超过6分（工作液可放回剩余溶液中再取液） 标准曲线取点不得少于6点，不符合扣1分 只选用一支吸量管移取标液，不符合扣1分 摇匀不充分，中间未开塞，扣2分 试剂加入顺序和加入量错误，扣2分 测定时未加氯化亚锡还原剂，扣2分		
	水样的测定	12	水样稀释不当，扣2分 未做平行双样，扣2分 测定前未用氯化亚锡还原剂洗涤，扣2分 测定时未加氯化亚锡还原剂，扣2分 汞发生器加入的试剂超过1.5mL，扣4分		
	测定后的处理	10	台面不清洁，扣2分 测定完未用还原剂清洗汞发生器，扣2分 未关闭仪器电源，扣2分 测定完毕，未打开排汞泵排汞，扣4分		

续前表

考核项目	评分点	分值	评分标准	扣分	得分
4. 数据记录与数据处理（12分）	原始数据记录	4	数据未及时记录，扣2分 缺少计量单位，扣1分 没有进行仪器使用登记，扣1分		
	校准曲线线性相关性	8	$\gamma \geqslant 0.9999$，不扣分 $\gamma = 0.9991 \sim 0.9998$，扣8～1分 $\gamma < 0.999$，不得分		
5. 测定结果（18分）	数据结果	8	有效数字运算不规范，一次性扣2分 结果计算错误，扣4分 单位错误，扣2分		
	测定结果精密度	10	$\lvert RE \rvert \leqslant 1\%$，不扣分 $1\% < \lvert RE \rvert \leqslant 2\%$，扣3分 $2\% < \lvert RE \rvert \leqslant 3\%$，扣6分 $3\% < \lvert RE \rvert \leqslant 4\%$，扣9分 $\lvert RE \rvert > 4\%$，不得分		
6. 职业素质（10分）	文明操作	6	实训过程中台面、地面脏乱，扣2分 实训结束未清洗仪器或试剂物品未归位，扣2分 仪器损坏，一次性扣2分		
	实训态度	4	合作发生不愉快，扣2分 工作不主动，扣2分		
合计					

 思考与练习

1. 测定污水中的汞，有哪几种预处理方法？各适用于怎样的水样？
2. 测定过程中，氯化亚锡溶液起何作用？

任务4 六价铬和总铬的测定

学习目标

一、知识目标

1. 了解六价铬和总铬测定方法及其适用范围；
2. 掌握二苯碳酰二肼分光光度法测定六价铬与总铬的原理。

二、技能目标

1. 能根据水样特征选择总铬测定方法；
2. 能用分光光度法测定六价铬与总铬。

三、素质目标

1. 培养爱护仪器设备、规范操作仪器设备的职业素质；
2. 培养继续学习能力、自主探索解决实践中遇到的问题。

知识学习

在水体中，铬主要以三价和六价态出现。六价铬一般以CrO_4^{2-}、$HCr_2O_7^-$、$Cr_2O_7^{2-}$三种阴离子形式存在，受水体 pH 值、温度、氧化还原物质、有机物等因素的影响，三价铬和六价铬化合物可以相互转化。六价铬具有强毒性，为致癌物质，易蓄积。对人体而言，六价铬的毒性比三价铬大 100 倍；对鱼类而言，三价铬的毒性比六价铬大。

水中铬的测定方法主要有二苯碳酰二肼分光光度法、原子吸收分光光度法、等离子体发射光谱法和硫酸亚铁铵滴定法等。分光光度法是国内外的标准方法，滴定法适用于含铬量较高的水样。

一、六价铬的测定——二苯碳酰二肼分光光度法

（一）适用范围
该法最低检出浓度为 0.004mg/L，测定上限为 1mg/L。

（二）方法原理
在酸性介质中，六价铬与二苯碳酰二肼（DPC）反应，生成紫红色络合物，于540nm波长处进行比色测定。

（三）测定要点
（1）配制铬系列标准溶液，按照水样测定步骤操作。将测得的吸光度经空白校正后，绘制吸光度对六价铬含量的标准曲线。

（2）取适量清洁水样或经过预处理的水样，加酸、显色、定容，以水作参比测其吸光度并作空白校正，从标准曲线上查得并计算水样中六价铬的含量。

二、总铬的测定

（一）二苯碳酰二肼分光光度法
1. 适用范围。

该法最低检出浓度为 0.004mg/L，测定上限为 1mg/L。

2. 方法原理。

在酸性溶液中，首先，将水样中的三价铬用高锰酸钾氧化成六价铬，过量的高锰酸钾用亚硝酸钠分解，过量的亚硝酸钠用尿素分解。然后，加入二苯碳酰二肼显色，于 540nm 处进行分光光度测定。

清洁地面水可直接用高锰酸钾氧化后测定；水样中含大量有机物时，用硝酸—硫酸消解。

（二）硫酸亚铁铵滴定法

1. 适用范围。

本法适用于总铬浓度大于 1mg/L 的废水。

2. 方法原理。

在酸性介质中，以银盐作催化剂，用过硫酸铵将三价铬氧化成六价铬。加少量氯化钠并煮沸，除去过量的过硫酸铵和反应中产生的氯气。以苯基代邻氨基苯甲酸作指示剂，用硫酸亚铁铵标准溶液滴定，至溶液呈亮绿色。

 技能训练

污水中六价铬的测定（二苯碳酰二肼分光光度法）

一、实训目的

1. 熟练操作可见光分光光度计；
2. 掌握水样预处理方法；
3. 练习用绘图法与回归曲线法处理分析数据。

二、实训原理

同"知识学习"中六价铬测定原理。

三、仪器与试剂

1. 可见光分光光度计。
2. 50mL 具塞比色管。
3. 丙酮。
4. (1+1) 硫酸，(1+1) 磷酸。
5. 氢氧化钠溶液（2g/L）。
6. 氢氧化锌共沉淀剂：称取七水硫酸锌（$ZnSO_4 \cdot 7H_2O$）8g，溶于 100mL 水中；称取氢氧化钠 2.4g，溶于 120mL 水中。将以上两种溶液混合。
7. 铬标准贮备液（含铬 0.100mg/mL）：溶解 0.282 9g 预先在 120℃烘干的重铬酸钾（优级纯）于水中，转入 1 000mL 容量瓶中，加水稀释至标线，摇匀。

8. 铬标准使用液（含铬 $1.00\mu g/mL$）：吸取 $5.00mL$ 六价铬标准贮备液于 $500mL$ 容量瓶中，用水稀释至标线，摇匀。

9. 二苯碳酰二肼溶液：溶解 $0.20g$ 二苯碳酰二肼于 $100mL95\%$ 的乙醇中，一边搅拌，一边加入 $400mL(1+9)$ 硫酸，存放于冰箱中，可用一个月。

10. 高锰酸钾溶液（$40g/L$）。

11. 尿素溶液（$200g/L$）。

12. 亚硝酸钠溶液（$20g/L$）。

四、实训步骤

1. 水样的预处理。

（1）对不含悬浮物、低色度的清洁地面水，可直接进行测定。

（2）如果水样有色但颜色不深，可进行色度校正。即另取一份试样，加入除显色剂以外的各种试剂，以 $2mL$ 丙酮代替显色剂，用此溶液为测定样品溶液吸光度的参比溶液。

（3）对浑浊、色度较深的水样，应加入氢氧化锌共沉淀剂并进行过滤处理。

（4）水样中存在次氯酸盐等氧化性物质时，干扰测定，可加入尿素和亚硝酸钠消除。

（5）水样中存在低价铁、亚硫酸盐、硫化物等还原性物质时，可将六价铬还原为三价铬，此时，调节水样 pH 值至 8，加入显色剂溶液，放置 5min 后再酸化显色，并以同法作标准曲线。

2. 校准曲线的绘制。

取 8 支 $50mL$ 具塞比色管依次加入 0，0.20，0.50，1.00，2.00，4.00，6.00，8.00mL 六价铬标准使用液（$1.00\mu g/mL$），用水稀释至标线。分别加入（$1+1$）硫酸 $0.5mL$、（$1+1$）磷酸 $0.5mL$，摇匀，加入 $2mL$ 二苯碳酰二肼溶液，摇匀。5～10 分钟后，于 540nm 波长处，用 1cm 比色皿，以水为参比，测定吸光度并做空白校正。以吸光度为纵坐标，以相应六价铬含量为横坐标绘制校准曲线。

3. 水样的测定。

取适量水样于 $50mL$ 比色管中，用水稀释至标线，以水为参比并做空白校正，测定步骤同标准系列，由测定吸光度从校准曲线和一元线性回归分别求得六价铬的含量。

五、数据处理

1. 绘制曲线法。

$$六价铬(mg/L) = \frac{m}{V} \qquad\qquad (2—6)$$

式中：m——从校准曲线查得的六价铬量（μg）；

V——水样的体积（mL）。

2. 一元线性回归法。

$$\rho_{六价铬}=\frac{A_s-A_b-a}{b\times V} \qquad (2—7)$$

式中：$\rho_{六价铬}$——水样中六价铬的质量浓度（mg/L）

A_s——水样的吸光度；

A_b——空白试验的吸光度；

a——校准曲线的截距；

b——校准曲线的斜率；

V——水样体积（mL）。

六、数据记录与计算结果

1. 吸收池配套性检查，见表 2—8。

表 2—8   吸收池配套性检查表

序号	1	2	3
A			
所选比色皿			

2. 校准曲线的绘制与样品测定，见表 2—9。

表 2—9   校准曲线的绘制与样品测定结果

标液编号	0	1	2	3	4	5	6	7
标液用量（mL）								
六价铬（μg）								
A								
A 校正								
样品编号								
样品相当于标准曲线的质量（μg）								
六价铬（mg/L）								
由一元性回归直线求得六价铬质量（μg）								
六价铬（mg/L）								

七、注意事项

1. 六价铬与二苯碳酰二肼反应时，硫酸浓度一般控制在 0.05～0.3M，浓度在 0.2M 时显色最好。显色前，水样应调至中性。

2. 温度和放置时间对显色有影响，温度 15℃、放量 5～15min 时颜色即可稳定。

八、技能训练评分标准

评分标准见表2—10。

表2—10　　　　污水中六价铬的测定（二苯碳酰二肼分光光度法）评分标准

考核项目	评分点	分值	评分标准	扣分	得分
1. 水样的预处理（6分）	水样的预处理	6	水样被污染而未预处理，扣2分 预处理方法选择不当，扣2分 预处理效果不好，扣2分		
2. 样品的测定（20分）	标准系列的配制	12	同表1—30 水中氨氮的测定（纳氏试剂分光光度法）评分标准		
	水样的测定	8	同表1—30 水中氨氮的测定（纳氏试剂分光光度法）评分标准		
3. 分光光度计的使用（25分）	测定前的准备	4	同表1—30 水中氨氮的测定（纳氏试剂分光光度法）评分标准		
	测定操作	13	同表1—30 水中氨氮的测定（纳氏试剂分光光度法）评分标准		
	仪器被溶液污染	4	同表1—30 水中氨氮的测定（纳氏试剂分光光度法）评分标准		
	测定后的处理	4	同表1—30 水中氨氮的测定（纳氏试剂分光光度法）评分标准		
4. 数据记录与数据处理（15分）	原始数据记录	5	同表1—30 水中氨氮的测定（纳氏试剂分光光度法）评分标准		
	标准曲线绘制	10	同表1—30 水中氨氮的测定（纳氏试剂分光光度法）评分标准		
5. 测定结果（24分）	数据结果	6	有效数字运算不规范，一次性扣2分 结果计算错误，扣3分 单位错误，扣1分		
	校准曲线线性相关性	8	$\gamma \geq 0.9999$，不扣分 $\gamma = 0.9991 \sim 0.9998$，扣8~1分 $\gamma < 0.999$，不得分		
	测定结果精密度	10	$\lvert RE \rvert \leq 1\%$，不扣分； $1\% < \lvert RE \rvert \leq 2\%$，扣3分 $2\% < \lvert RE \rvert \leq 3\%$，扣6分 $3\% < \lvert RE \rvert \leq 4\%$，扣9分 $\lvert RE \rvert > 4\%$，不得分		
6. 职业素质（10分）	文明操作	6	同表1—30 水中氨氮的测定（纳氏试剂分光光度法）评分标准		
	实训态度	4	同表1—30 水中氨氮的测定（纳氏试剂分光光度法）评分标准		
合计					

思考与练习

1. 二苯碳酰二肼分光光度法测定污水中六价铬时，如何预处理有色、浑浊的水样？
2. 为什么二苯碳酰二肼试剂要新鲜配制或配制后需贮于冰箱中？

任务 5　镉、铜、铅、锌的测定

学习目标

一、知识目标

1. 了解水中镉、铜、铅和锌的测定方法；
2. 掌握原子吸收分光光度法的原理。

二、技能目标

1. 能根据水样特征选择分析测定方法；
2. 能操作原子吸收分光光度仪。

三、素质目标

1. 培养安全规范操作仪器的工作习惯；
2. 培养学习新方法、新技术的能力。

知识学习

镉、铜、铅和锌的测定方法有原子吸收分光光度法、分光光度法、阳极溶出伏安法和电感耦合等离子体发射光谱法等。这里仅重点介绍前两种方法。

一、原子吸收分光光度法

原子吸收分光光度法又可分为火焰原子吸收法与石墨炉原子吸收法。

方法原理：将含待测元素的溶液通过原子化系统喷成细雾，随载气进入火焰，在火焰中解离成基态原子。当空心阴极灯辐射出待测元素的特征波长光通过火焰时，因被火焰中待测元素的基态原子吸收而减弱。在一定条件下，特征波长光强的变化与火焰中待测元素基态原子的浓度有定量关系，从而与试样中待测元素的浓度（c）有定量关系，即

$$A=k'c \tag{2—8}$$

式中：k'——常数；

A——待测元素的吸光度；

c——待测元素的浓度。

原子吸收分光光度仪主要部件有：光源、原子化系统、分光系统、检测系统，见图2—1。

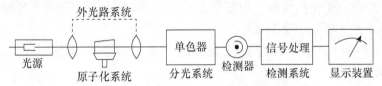

图 2—1 原子吸收分光光度仪基本构造示意图

原子吸收分光光度法在环境监测中主要用于金属元素的测定，具有干扰少、准确度高、灵敏度高、测定范围广、操作简便和分析速度快的优点。

（一）直接吸入火焰原子吸收法测定镉、铜、铅和锌

1. 适用范围。

本法适用于测定地面水、地下水和污水中的镉、铜、铅和锌。清洁水样可不经预处理直接测定，污水需用硝酸或硝酸—高氯酸钾消解，并进行过滤、定容。

2. 方法原理。

将试样溶液直接吸入喷雾于火焰中原子化，测量各元素对其特征光产生的吸收，用标准曲线法或标准加入法定量。

测定条件和方法适用浓度范围见表2—11。

表 2—11　　　　Cd、Cu、Pb 和 Zn 的原子吸收法测定条件及测定浓度范围

元素	分析线（nm）	火焰类型	测定浓度范围（mg·L^{-1}）
Cd	228.8	乙炔—空气，氧化型	0.05～1
Cu	324.7	乙炔—空气，氧化型	0.05～5
Pb	283.3	乙炔—空气，氧化型	0.2～10
Zn	213.8	乙炔—空气，氧化型	0.05～1

（二）萃取火焰原子吸收法测定微量镉、铜和铅

1. 适用范围。

本方法适用于待测元素含量较低，需进行富集后测定的水样。

2. 方法原理。

清洁水样或经消解的水样中待测金属离子在酸性介质中与吡咯烷二硫代氨基甲酸铵（APDC）生成络合物，用甲基异丁基甲酮（MIBK）萃取后吸入火焰进行原子吸收分光光度测定。当水样中的铁含量较高时，采用碘化钾—甲基异丁基甲酮（KI-MIBK）萃取体系的效果更好。其操作条件同直接吸入火焰原子吸收法。

（三）离子交换火焰原子吸收法测定微量镉、铜和铅

1. 适用范围。

该方法适用于较清洁地表水的监测。该方法的最低检出浓度：镉 $0.1\mu g \cdot L^{-1}$，铜 $0.93\mu g \cdot L^{-1}$，铅 $1.4\mu g \cdot L^{-1}$。

2. 方法原理。

用强酸型阳离子交换树脂吸附富集水样中的镉、铜、铅离子，再用酸作为洗脱液洗脱后吸入火焰进行原子吸收测定。

（四）石墨炉原子吸收分光光度法测定痕量镉、铜和铅

1. 适用范围。

该法灵敏度高，但基体干扰比较复杂，适合分析清洁水。

2. 方法原理。

将清洁水样和标准溶液直接注入石墨炉内，用电加热方式使石墨炉升温，样品蒸汽离解形成原子蒸汽，对来自光源的特征电磁辐射产生吸收。将测得的样品吸光度和标准吸光度进行比较，确定样品中被测金属的含量。

二、分光光度法

（一）双硫腙分光光度法测定镉

1. 适用范围。

本法适用于受镉污染的天然水和污水中镉的测定，测定前应对水样进行消解处理。本法最低检出浓度为 $0.001mg \cdot L^{-1}$，测定上限为 $0.06mg \cdot L^{-1}$。

2. 方法原理。

在强碱性介质中，镉离子与双硫腙生成红色螯合物，用三氯甲烷萃取分离后，于 518 nm 处测其吸光度，与标准溶液比较定量。

（二）双硫腙分光光度法测定铅

1. 适用范围。

该方法适用于地面水和污水中痕量铅的测定，最低检测浓度可达 0.01mg/L，测定上限为 0.3mg/L。

2. 方法原理。

在 pH 值为 8.5~9.5 的氨性柠檬酸盐—氰化物的还原介质中，铅与双硫腙反应生成红色螯合物，用三氯甲烷（或四氯化碳）萃取后于 510nm 波长处比色测定。

（三）双硫腙分光光度法测定锌

1. 适用范围。

该法适用于测定天然水和轻度污染的地表水中的锌。

2. 方法原理。

在 pH 值为 4.0~5.5 的乙酸缓冲介质中，锌离子与双硫腙反应生成红色螯合物，用四氯化碳或三氯甲烷萃取后，于其最大吸收波长 535nm 处，以四氯化碳作参比，测其经空白校正后的吸光度，用标准曲线法定量。

（四）二乙氨基二硫代甲酸钠萃取分光光度法测定铜

1. 适用范围。

该方法用于地面水和污水中铜的测定。该方法最低检测浓度为 0.01mg/L，测定上限可达 2.0mg/L。

2. 方法原理。

在 pH 值为 9～10 的氨性溶液中，铜离子与二乙氨基二硫代甲酸钠（铜试剂，简写为 DDTC）作用，生成摩尔比为 1∶2 的黄棕色胶体络合物，即该络合物可被四氯化碳或三氯甲烷萃取，其最大吸收波长为 440nm。

 技能训练

污水中镉的测定（原子吸收分光光度法）

一、实训目的

1. 掌握水样的预处理方法；
2. 掌握待测元素测定条件的选择；
3. 学会操作原子吸收分光光度仪。

二、实训原理

将消解后的水样直接喷入空气—乙炔火焰，在火焰中形成的基态镉原子对特征电磁辐射产生吸收，将测得的样品吸光度和镉标准溶液的吸光度进行比较，确定样品中被测元素镉的浓度。

三、仪器与试剂

1. 原子吸收分光光度仪。
2. 镉空心阴极灯。
3. 50mL 容量瓶。
4. 1.00mg/mL 镉标准贮备液：称取 1.000 0g 光谱纯镉粉于 100mL 烧杯中，加 25mL（1＋1）硝酸微热溶解完全，冷却后，用水定容至 1 000mL。
5. 0.10mg/mL 镉标准使用液：吸取 1.00mg/mL 镉标准储备液 10.00mL 于 100mL 容量瓶中，用 0.2%硝酸定容至标线，摇匀备用。
6. 硝酸。
7. 0.2%硝酸。

四、实训步骤

1. 水样的预处理。

取适量水样于 150mL 烧杯中，加入 5mL 浓硝酸，于电热板上加热消解，蒸至

10mL 左右，再加入 5mL 硝酸和 5mL 高氯酸，继续加热至大量白烟冒出，如试样颜色较深，则补加少量硝酸，继续加热至白烟冒尽，切忌蒸干。冷却后，加入 2mL（1+1）硝酸溶解残渣，冷却后移入 50mL 容量瓶中，用去离子水定容至标线，摇匀备用。

2. 空白试验。

用去离子水代替水样，预处理方法同水样的预处理。

3. 标准系列配制。

吸取 0.10mg/mL 镉标准使用液 0，0.25，0.50，0.75，1.00，1.25，1.50mL 至 50mL 容量瓶中，用 0.2％硝酸溶液定容，摇匀。此系列镉浓度依次为：0，0.50，1.00，1.50，2.00，2.50，3.00mg/L。

4. 仪器准备。

(1) 测定条件选择见表 2—12。

表 2—12　　　　　　　　　　　测定条件选择

元素	镉
测定波长/nm	228.8
通带宽度/nm	1.3
灯电流/mA	2.0
火焰性质	氧化性

(2) 仪器预热 15～30min。

5. 测定。

(1) 标准系列的测定。以标准系列的 0 管校正零点，由低至高浓度测定标准系列吸光度，并绘制校准曲线。

(2) 样品的测定。以空白试样校正零点，测定样品中镉吸光度，读取镉含量。

五、数据处理

$$Cd(mg/L)=CD \qquad\qquad (2—9)$$

式中：C——仪器读取浓度（mg/L）；

D——稀释倍数。

六、注意事项

1. 使用原子吸收分光光度仪时注意乙炔的使用：先开空气，再开乙炔；先关乙炔，后关空气。

2. 废液管通过贮水器排除。

3. 测定样品应透明、无沉淀物，以免堵塞毛细管。

七、技能训练评分标准

评分标准见表 2—13。

表 2—13　　　　　　　　　污水中镉的测定（原子吸收分光光度法）评分标准

考核项目	评分点	分值	评分标准	扣分	得分
1. 标准溶液的配制（14分）	转移溶液	4	没有进行容量瓶试漏检查，扣1分 烧杯没有沿玻棒向上提起，扣1分 玻棒放回烧杯操作不正确，扣1分 吹洗转移重复3次以上，否则扣1分		
	移取溶液	5	润洗溶液过多，扣1分 润洗方法不正确，扣1分 移液管插入溶液前或调节液面前未用吸水纸擦拭管尖部，一次性扣1分 移液管插入液面下1cm左右，不正确扣1分 将溶液吸入吸耳球内，扣1分。		
	定容操作	5	加水至容量瓶约3/4体积时没有平摇，扣1分 加水至近标线约1cm处等待1min，没有等待，扣1分 逐滴加入蒸馏水至标线操作不当，扣1分 未充分混匀、中间未开塞，扣1分 持瓶方式不正确，扣1分		
2. 样品的预处理（12分）	样品预处理	10	样品的取用量不适当，扣2分 样品消解不完全，扣2分 白烟未冒尽，扣2分 样品蒸干，扣2分 样品未冷却即定容，扣2分		
	空白试验	2	未做空白试验，扣2分		
3. 标准系列的配制（15分）	溶液的移取	5	每个点取液应从零分度开始，出现不正确项1次扣0.5分，累计不超过4分（工作液可放回剩余溶液中再取液，辅助试剂可在移液管吸干后从原试剂中取液） 只选用一支吸量管移取标液，不符合扣1分		
	标准系列溶液配制过程	10	标准液或其他溶液使用前未摇匀，扣1分 移液管未润洗或润洗方法不正确，扣1分 移液管插入溶液前或调节液面前未处理管尖溶液，扣1分 移液管管尖触底，扣1分 移液出现吸空现象，扣1分 移液管放液不规范，扣1分 洗瓶管尖接触容器，扣1分 容量瓶加水至近标线未等待，扣1分 容量瓶未充分混匀或中间未开塞，扣1分 持瓶方式不正确，扣1分		

续前表

考核项目	评分点	分值	评分标准	扣分	得分
4. 原子吸收分光光度计的使用（21分）	测定前的准备	9	开机顺序不正确，扣1分 空心阴极灯的选择不正确，扣1分 分析线波长的选择不正确，扣1分 灯电流的选择不符合要求，扣1分 空气流量的选择不正确，扣1分 乙炔流量的选择不正确，扣1分 狭缝宽度的选择不正确，扣1分 燃烧器高度的选择不正确，扣1分 助燃比的选择不正确，扣1分		
	测定操作	6	标准系列未从低浓度到高浓度测定，扣2分 没有扣去空白吸光度，扣2分 毛细管堵塞，扣2分		
	测定后的处理	6	测定完毕后没有用去离子水喷雾，扣2分 测定完毕后关机的顺序不正确，扣2分 未关闭气路和仪器电源，扣2分		
5. 测定结果（28分）	数据结果	8	有效数字运算不规范，一次性扣2分 结果计算错误，扣4分 单位错误，扣2分		
	校准曲线线性	10	$\gamma \geqslant 0.9999$，不扣分 $\gamma = 0.9990 \sim 0.9998$，扣9~1分 $\gamma < 0.999$，不得分		
	测定结果精密度	10	$|RE| \leqslant 1\%$，不扣分 $1\% < |RE| \leqslant 2\%$，扣3分 $2\% < |RE| \leqslant 3\%$，扣6分 $3\% < |RE| \leqslant 4\%$，扣9分 $|RE| > 4\%$，不得分		
6. 职业素质（10分）	文明操作	6	同表1—30 水中氨氮的测定（纳氏试剂分光光度法）评分标准		
	实训态度	4	同表1—30 水中氨氮的测定（纳氏试剂分光光度法）评分标准		
合计					

思考与练习

1. 阐述水中镉、铜、铅和锌的来源及危害。

2. 用原子吸收分光光度仪测定污水中金属元素时，如何预处理悬浮物多、有机质高的水样？

3. 简述原子吸收分光光度仪的组成。

任务 6 化学需氧量的测定

 学习目标

一、知识目标

1. 了解化学需氧量的测定方法及其原理；
2. 掌握重铬酸钾法测定化学需氧量技术。

二、技能目标

1. 能根据水中氯化物含量选择分析方法；
2. 学会回流装置的安装与操作。

三、素质目标

1. 培养安全规范操作职业习惯；
2. 培养环境监测员职业素质。

 知识学习

化学需氧量反映了水中受还原性物质污染的程度。基于水体被有机物污染是很普遍的现象，该指标也作为有机物相对含量的综合指标之一。

对污水化学需氧量的测定，我国规定采用重铬酸钾法，其他方法有氯气校正法、碘化钾碱性高锰酸钾法、微生物传感器快速测定法和快速消解分光光度法。

一、重铬酸钾法（COD_{Cr}）

重铬酸钾法是指在一定条件下，经重铬酸钾氧化处理时，水样中的溶解性物质和悬浮物所消耗的重铬酸盐相对应的氧的质量浓度。

（一）适用范围

用 0.25mol/L 浓度的重铬酸钾溶液可测定大于 50mg/L 的 COD 值，对未经稀释的水样的测定上限为 700mg/L，用 0.025mol/L 浓度的重铬酸钾溶液可测定 5～50mg/L 的 COD 值，但低于 10mg/L 时测量准确度较差。

（二）方法原理

在强酸性溶液中，用重铬酸钾氧化水样中的还原性物质，过量的重铬酸钾以试亚铁灵作为指示剂，用硫酸亚铁铵标准溶液回滴，根据其用量计算水样中还原性物质消耗氧的量。

反应式如下：

$$Cr_2O_7^{2-} + 14H^+ + 6e \rightarrow 2Cr^{3+} + 7H_2O$$

$$Cr_2O_7^{2-} + 14H^+ + 6Fe^{2+} \rightarrow 6Fe^{3+} + 2Cr^{3+} + 7H_2O$$

（三）测定过程

水样 20.00mL（原样或经稀释）于锥形瓶中

↓←HgSO₄ 0.4g（消除 Cl^- 干扰）

混匀

↓←0.25.00mol/L（1/6K₂Cr₂O₇）10.00mL

←沸石（或玻璃珠）数粒

混匀，接上回流装置（若溶液颜色变绿，表明水样中有机物含量高，需适当减少水样量）

↓←自冷凝管上口加入 Ag₂SO₄-H₂SO₄ 溶液 30mL（Ag₂SO₄ 起催化剂作用）

混匀

↓

回流加热 2h

↓

冷却

↓←自冷凝管上口加入 90mL 水于反应液中

取下锥形瓶

↓←加试亚铁灵指示剂 3 滴

用约 0.1mol/L（NH₄）₂Fe（SO₄）₂ 标液滴定，终点由蓝绿色变成红棕色。

二、氯气校正法

（一）适用范围

该法适用于氯离子含量大于 1 000mg/L、小于 20 000mg/L 的高氯废水中化学需氧量的测定，方法检出限为 30mg/L。该法还适用于油田、沿海炼油厂、油库、氯碱厂、废水深海排放等废水中 COD 的测定。

（二）方法原理

在水样中加入已知量的重铬酸钾溶液及硫酸汞溶液，并在强酸介质下以硫酸银做催化剂，经 2h 沸腾回流后，以 1，10-邻菲罗啉为指示剂，用硫酸亚铁铵滴定水样中未被还原的重铬酸钾，由消耗的硫酸亚铁铵的量换算成消耗氧的质量浓度，即为表观 COD。将水样中未络合而被氧化的那部分氯离子所形成的氯气导出，再用氢氧化钠溶液吸收后，加热碘化钾，用硫酸调节 pH 值为 3～2，以淀粉为指示剂，用硫代硫酸钠标准滴定溶液滴定，消耗的硫代硫酸钠的量换算成氧的质量浓度，即为氯离子校正值，表现 COD 与氯离子校正值之差，即为所测水样真实的 COD。

三、碘化钾碱性高锰酸钾法

（一）适用范围

本方法适用于油气田和炼化企业氯离子含量高达几万至十几万毫克每升高氯废水中的化学需氧量（COD）的测定。方法的最低检出限为 0.2mg/L，测定上限为 62.5mg/L。

（二）方法原理

在碱性条件下，加一定量高锰酸钾溶液于水样中，并在沸水浴上加热反应一定时间，以氧化水中的还原性物质。加入过量的碘化钾还原剩余的高锰酸钾，以淀粉做指示剂，用硫代硫酸钠滴定释放出的碘，换算成氧的浓度，用 $COD_{OH \cdot KI}$ 表示。

四、微生物传感器快速测定法

（一）适用范围

本方法适用于地表水、生活污水和不含对微生物有明显毒害作用的工业废水中 BOD 的测定。

（二）方法原理

测定水中 BOD 的微生物传感器由氧电极和微生物菌膜构成，当含有饱和溶解氧的样品进入流通池中与微生物传感器接触，样品中溶解性可生化降解的有机物受到微生物菌膜中菌种的作用，而消耗一定量的氧，使扩散到氧电极表面上氧的质量减少。当样品中可生化降解的有机物向菌膜扩散速度（质量）达到恒定时，扩散到氧电极表面上氧的质量也达到恒定，因此产生一个恒定电流。由于恒定电流的差值与氧的减少量存在定量关系，据此可换算出样品中生化需氧量。

五、快速消解分光光度法

（一）适用范围

本方法适用于地表水、地下水、生活污水和工业废水中化学需氧量（COD）的测定。对未经稀释的水样，其 COD 测定下限为 15mg/L，测定上限为 1 000mg/L，其氯离子浓度不应大于 1 000mg/L。对于化学需氧量（COD）大于 1 000mg/L 或氯离子含量大于 1 000mg/L 的水样，可经适当稀释后进行测定。

（二）方法原理

试样中加入已知量的重铬酸钾溶液，在强硫酸介质中，以硫酸银作为催化剂，经高温消解后，用分光光度法测定 COD 值。

生活污水中化学需氧量的测定（重铬酸钾法）

一、实训目的

1. 能采集与保存样品；
2. 学会回流装置的安装及操作；
3. 掌握重铬酸钾法测定化学需氧量技术。

二、实训原理

同"知识学习"中重铬酸钾法原理。

三、设备与试剂

1. 500mL 全玻璃回流装置。

2. 加热装置（电炉）。

3. 25mL 或 50mL 酸式滴定管、锥形瓶、移液管、容量瓶等。

4. 重铬酸钾标准溶液（C1/6$K_2Cr_2O_7$＝0.250 0mol/L）；称取预先在 120℃烘干2h 的基准或优质纯重铬酸钾 12.258g 溶于水中，移入 1 000mL 容量瓶，稀释至标线，摇匀。

5. 试亚铁灵指示液：称取 1.485g 邻菲罗啉（$C_{12}H_8N_2 \cdot H_2O$）、0.695g 硫酸亚铁（$FeSO_4 \cdot 7H_2O$）溶于水中，稀释至100mL，贮于棕色瓶中。

6. 硫酸亚铁铵标准溶液［$C(NH_4)_2Fe(SO_4)_2 \cdot 6H_2O \approx 0.1mol/L$］：称取 39.5g 硫酸亚铁铵溶于水中，边搅拌边缓慢加入 20mL 浓硫酸，冷却后移入 1 000mL 容量瓶中，加水稀释至标线，摇匀。临用前，用重铬酸钾标准溶液标定。

7. 硫酸—硫酸银溶液：于 500mL 浓硫酸中加入 5g 硫酸银，放置 1～2d，不时摇动使其溶解。

8. 硫酸汞：结晶或粉末。

四、实训步骤

1. 样品的采集与保存。

水样采集于玻璃瓶中，尽快分析。如不能及时分析可加硫酸将水样酸化至 pH 值小于 2，于 4℃下存放，5d 内分析。

2. 硫酸亚铁铵溶液标定。

准确吸取 10mL 重铬酸钾标准溶液于 250mL 锥形瓶中，加水稀释至 110mL 左右，缓慢加入 30mL 浓硫酸，摇匀。冷却后，加入 3 滴试亚铁灵指示液（约 0.15mL），用硫酸亚铁铵溶液滴定，溶液的颜色由黄色经蓝绿色至红褐色即为终点。

$$C = \frac{0.2500 \times 10.0}{V} \qquad (2{-}10)$$

式中：C——硫酸亚铁铵标准溶液的浓度（mol/L）；

V——硫酸亚铁铵标准溶液的用量（mL）。

需平行标定三份，求得硫酸亚铁铵溶液浓度算术平均值，结果保留有效数字4位。

3. 样品测定。

（1）取 20mL 混合均匀的水样（或适量水样稀释至 20mL）置于 250mL 磨口的回流锥形瓶中，准确加入 10mL 重铬酸钾标准溶液及数粒小玻璃珠或沸石，连接磨口回流冷凝管，从冷凝管上口慢慢地加入 30mL 硫酸—硫酸银溶液，轻轻摇动锥形瓶使溶液混匀，加热回流 2h（自开始沸腾计时）。

对于化学需氧量高的废水样，可先取上述操作所需体积的 1/10 的废水样和试剂于 15mm×150mm 硬质玻璃试管中，摇匀，加热后观察是否呈绿色。如果溶液呈绿色，再适当减少废水取样量，直至溶液不变绿色为止，从而确定废水样分析时应取用的体积。稀释时，所取废水样量不得少于 5mL，如果化学需氧量很高，则废水样应多次稀释。废水中氯离子含量超过 30mg/L 时，应先把 0.4g 硫酸汞加入回流锥形瓶中，再加入 20mL 废水（或适量废水稀释至 20mL），摇匀。

（2）冷却后，用 90mL 水冲洗冷凝管壁，取下锥形瓶。溶液总体积不得少于 140mL，否则因酸度太大，滴定终点不明显。

（3）溶液再度冷却后，加 3 滴试亚铁灵指示液，用硫酸亚铁铵标准溶液滴定，溶液的颜色由黄色经蓝绿色至红褐色即为终点，记录硫酸亚铁铵标准溶液的用量。

（4）测定水样的同时，取 20mL 重蒸馏水，按同样操作步骤作空白实验。记录滴定空白时硫酸亚铁铵标准溶液的用量。

五、数据处理

$$COD_{Cr}(O_2, mg/L) = \frac{(V_0 - V_1) \cdot C \times 8 \times 1\,000}{V} \qquad (2{-}11)$$

式中：C——硫酸亚铁铵标准溶液的浓度（mol/L）；

V_0——滴定空白时硫酸亚铁铵标准溶液用量（mL）；

V_1——滴定水样时硫酸亚铁铵标准溶液用量（mL）；

V——水样的体积（mL）；

8——氧（1/2O）摩尔质量（g/mol）。

结果一般保留三位有效数字，对 COD 小于 10mg/L 的水样，结果表示为"COD<10mg/L"。

六、数据记录与计算结果

1. 硫酸亚铁铵溶液的标定，见表 2—14。

表 2—14 硫酸亚铁铵溶液的标定

重铬酸钾标准溶液浓度			计算公式		
序号	v(硫酸亚铁铵)初/mL	v(硫酸亚铁铵)终/mL	v(硫酸亚铁铵)消耗/mL	硫酸亚铁铵(mol/L)	∣RE∣
1					
2					
3					
硫酸亚铁铵溶液浓度平均值（mol/L）					

2. 数据记录与计算结果，见表 2—15。

表 2—15 样品测定结果

硫酸亚铁铵溶液浓度（mol/L）					COD_{Cr} 计算公式		
样品序号	水样体积(mL)	稀释倍数	V(硫酸亚铁铵)初/mL	V(硫酸亚铁铵)终/mL	V(硫酸亚铁铵)消耗/mL	COD_{Cr}(mol/L)	∣RE∣
1							
2							
3							
4							

七、注意事项

1. 重铬酸钾氧化性很强，可将大部分有机物氧化，但吡啶不被氧化，芳香族有机物不易被氧化；挥发性直链脂肪组化合物、苯等存在于蒸气相，不能与氧化剂液体接触，氧化不明显。

2. 氯离子能被重铬酸钾氧化，并与硫酸银作用生成沉淀，可加入适量硫酸汞络合。使用 0.4g 硫酸汞络合氯离子的最高量可达 40mg，如取用 20mL 水样，即最高可络合 2 000mg/L 氯离子浓度的水样。若氯离子的浓度较低，也可少加硫酸汞，使保持硫酸汞∶氯离子＝10∶1（W/W）。若出现少量氯化汞沉淀，并不影响测定。

3. 水样取用体积可在 10～50mL 范围内，但试剂用量及浓度需按表 2—16 进行相应调整，也可得到满意的结果。

4. 对于化学需氧量小于 50mg/L 的水样，应改用 0.025 0mol/L 重铬酸钾标准溶液，回滴时用 0.01mol/L 硫酸亚铁铵标准溶液。

表 2—16		水样取用量和试剂用量表				
水样体积（mL）	0.250 0mol/L $K_2Cr_2O_7$ 溶液（mL）	H_2SO_4-Ag_2SO_4 溶液（mL）	$HgSO_4$（g）	$(NH_4)_2Fe(SO_4)_2$（mol/L）	滴定前总体积（mL）
10.0	5.0	15	0.2	0.050	70
20.0	10.0	30	0.4	0.100	140
30.0	15.0	45	0.6	0.150	210
40.0	20.0	60	0.8	0.200	280
50.0	25.0	75	1.0	0.250	350

5. 水样加热回流后，溶液中重铬酸钾剩余量应为加入量的 1/5～4/5。

6. 用邻苯二甲酸氢钾标准溶液检查试剂的质量和操作技术时，由于每克邻苯二甲酸氢钾的理论 COD_{Cr} 为 1.176g，所以溶解 0.425 1g 邻苯二甲酸氢钾（$HOOCC_6H_4COOK$）于重蒸馏水中，转入 1 000mL 容量瓶，用重蒸馏水稀释至标线，使之成为 500mg/L 的 COD_{Cr} 标准溶液，用时新配。

7. 每次实验时，应对硫酸亚铁铵标准滴定溶液进行标定，室温较高时尤其要注意其浓度的变化。

八、技能训练评分标准

评分标准见表 2—17。

表 2—17　　　　　生活污水中化学需氧量的测定（重铬酸钾法）评分标准

考核项目	评分点	分值	评分标准	扣分	得分
1. 洗涤（4分）	玻璃仪器的洗涤	4	同表 1—32 地表水中高锰酸盐指数的测定（酸性高锰酸钾法）评分标准		
2. 标准溶液的配制（23分）	分析天平称量操作	7	同表 1—32 地表水中高锰酸盐指数的测定（酸性高锰酸钾法）评分标准		
	转移溶液	6	同表 1—32 地表水中高锰酸盐指数的测定（酸性高锰酸钾法）评分标准		
	定容操作	10	同表 1—32 地表水中高锰酸盐指数的测定（酸性高锰酸钾法）评分标准		
3. 测定过程一（16分）	样品采集与保存	6	未用玻璃瓶装样，扣2分 未及时分析，扣2分 样品保存条件不当，扣2分		
	回流操作	10	回流装置安装不正确，扣4分 未加玻璃珠或沸石，扣2分 加入硫酸—硫酸银方法不正确，扣2分 未回流 2h，扣2分		

续前表

考核项目	评分点	分值	评价标准	扣分	得分
4. 测定过程二（12分）	滴定操作	12	滴定前管尖残液未除去，每出现一次扣0.5分，最多扣2分 加重铬酸钾前没有摇匀，扣1分 未双手配合或控制旋塞不正确，扣1分 操作不当造成漏液，扣1分 终点控制不准（非半滴到达、颜色不正确），每出现一次扣0.5分，累计不超过2分 加入硫酸亚铁铵溶液前没有摇匀，扣1分 读数不正确，每出现一次扣0.5分，累计最高扣2分 原始数据未及时记录在报告单上，扣2分		
5. 数据记录与数据处理（15分）	原始数据记录	6	同表1—32 地表水中高锰酸盐指数的测定（酸性高锰酸钾法）评分标准		
	数据结果	9	同表1—32 地表水中高锰酸盐指数的测定（酸性高锰酸钾法）评分标准		
6. 测定结果（20分）	标定结果精密度	5	同表1—32 地表水中高锰酸盐指数的测定（酸性高锰酸钾法）评分标准		
	标定结果准确度	5	同表1—32 地表水中高锰酸盐指数的测定（酸性高锰酸钾法）评分标准		
	测定结果精密度	5	同表1—32 地表水中高锰酸盐指数的测定（酸性高锰酸钾法）评分标准		
	测定结果准确度	5	同表1—32 地表水中高锰酸盐指数的测定（酸性高锰酸钾法）评分标准		
7. 职业素质（10分）	文明操作	6	同表1—32 地表水中高锰酸盐指数的测定（酸性高锰酸钾法）评分标准		
	实训态度	4	同表1—32 地表水中高锰酸盐指数的测定（酸性高锰酸钾法）评分标准		
合计					

💡 思考与练习

1. 为什么要做空白实验？在做空白实验时应注意哪些问题？

2. 加入硫酸银和硫酸汞的目的是什么？

3. 试分析回流时溶液颜色变绿的原因。如何处理？

任务 7　生化需氧量的测定

 学习目标

一、知识目标

1. 掌握溶解氧测定方法及其原理；
2. 掌握生化需氧量测定方法及其原理。

二、技能目标

1. 能用碘量法测定水中溶解氧；
2. 能用接种与稀释法测定生化需氧量。

三、素质目标

1. 培养安全规范操作的职业习惯；
2. 培养团队合作精神；
3. 培养细致耐心的工作作风。

 知识学习

一、溶解氧的测定

溶解于水中的分子态氧称为溶解氧。测定水中溶解氧的方法有碘量法及其修正法和电化学探头法。清洁水用碘量法测定，受污染的地面水和工业废水必须用修正的碘量法或电化学探头法测定。

（一）碘量法

1. 方法原理。

在水样中加入硫酸锰和碱性碘化钾，水中的溶解氧将二价锰氧化成四价锰，并生成氢氧化物沉淀。加酸后，沉淀溶解，四价锰又可氧化碘离子而释放出与溶解氧量相当的游离碘。以淀粉为指示剂，用硫代硫酸钠标准溶液滴定释放出的碘，可计算出溶解氧含量。

反应式如下：

$MnSO_4 + 2NaOH = Na_2SO_4 + Mn(OH)_2 \downarrow$

$$2Mn(OH)_2 + O_2 = 2MnO(OH)_2 \downarrow$$
$$(棕色沉淀)$$
$$MnO(OH)_2 + 2H_2SO_4 = Mn(SO_4)_2 + 3H_2O$$
$$Mn(SO_4)_2 + 2KI = MnSO_4 + K_2SO_4 + I_2$$
$$2Na_2S_2O_3 + I_2 = Na_2S_4O_6 + 2NaI$$

2. 结果计算。

$$DO(O_2, mg/L) = \frac{8MV \times 1\,000}{V_水} \qquad (2-12)$$

式中：M——硫代硫酸钠标准溶液浓度（mol/L）；

V——滴定消耗硫代硫酸钠标准溶液体积（mL）；

$V_水$——水样体积（mL）；

8——氧换算值（g）。

（二）修正的碘量法

当水中含有氧化性物质、还原性物质及有机物时，会干扰测定，应预先消除并根据不同的干扰物质采用修正的碘量法。

1. 叠氮化钠修正法。

水样中含有亚硝酸盐会干扰碘量法测定溶解氧，可用叠氮化钠将亚硝酸盐分解后再用碘量法测定。

分解亚硝酸盐的反应式如下：

$$2NaN_3 + H_2SO_4 = 2HN_3 + Na_2SO_4$$
$$HNO_2 + HN_3 = N_2O + N_2 + H_2O$$

亚硝酸盐能与碘化钾作用释放出游离碘而产生正干扰，即

$$2HNO_2 + 2KI + H_2SO_4 = K_2SO_4 + 2H_2O + N_2O_2 + I_2$$

当水样和空气接触时，新溶入的氧将和 N_2O_2 作用，形成亚硝酸盐：

$$2N_2O_2 + 2H_2O + O_2 = 4HNO_2$$

如此循环，不断地释放出碘，将会引入相当大的误差。

当水样中三价铁离子含量较高时，干扰测定，可加入氟化钾或用磷酸代替硫酸酸化来消除。同时应当注意，叠氮化钠是剧毒、易爆试剂，不能将碱性碘化钾—叠氮化钠溶液直接酸化，以免产生有毒的叠氮酸雾。

2. 高锰酸钾修正法。

用高锰酸钾氧化亚铁离子，消除干扰，过量的高锰酸钾用草酸钠溶液除去，生成的高价铁离子用氟化钾掩蔽，其他同碘量法。该方法适用于含大量亚铁离子、不含其他还原剂及有机物的水样。

（三）电化学探头法

1. 适用范围。

该法适用地表水、地下水、生活污水、工业废水和盐水中溶解氧的测定。

2. 方法原理。

溶解氧电化学探头是一个用选择性薄膜封闭的小室，室内有两个金属电极并充有电解质。氧和一定数量的其他气体及亲液物质可透过这层薄膜，但水和可溶性物质的离子几乎不能透过这层膜。将探头浸入水中进行溶解氧的测定时，由于电池作用或外加电压在两个电极间产生电位差，使金属离子在阳极进入溶液，同时氧气通过薄膜扩散在阴极获得电子被还原，产生的电流与穿过薄膜和电解质层的氧的传递速度成正比，即在一定的温度下该电流与水中氧的分压（或浓度）成正比。

二、生化需氧量的测定

生化需氧量是指在有溶解氧的条件下，好氧微生物在分解水中有机物的生物化学氧化过程中所消耗的溶解氧量。同时亦包括如硫化物、亚铁等还原性无机物质氧化所消耗的氧量，但这部分通常占很小的比例。

微生物分解有机物是一个缓慢的过程，要把可分解的有机物全部分解掉常需要 20 天以上的时间。通常规定 20℃时 5 天中所消耗氧量，以 BOD_5 表示，单位为 $mg \cdot L^{-1}$。

生化需氧量的测定方法有稀释与接种法和微生物传感器快速测定法。

（一）稀释与接种法（HJ 505—2009）

1. 适用范围。

该法适用于地表水、工业废水和生活污水中五日生化需氧量 BOD_5 的测定。方法的检出限为 0.5mg/L，测定下限为 2mg/L，非稀释法和非稀释接种法的测定上限为 6mg/L，稀释与稀释接种法的测定上限为 6 000mg/L。

2. 方法原理。

水样充满完全密闭的溶解氧瓶中，在（20±1）℃的暗处培养 5d±4h 或（2+5）d±4h ［先在 0℃～4℃的暗处培养 2d，接着在（20±1）℃的暗处培养 5d，即培养（2+5）d］，分别测定培养前后水样中溶解氧的质量浓度，由培养前后溶解氧的质量浓度之差，计算每升样品消耗的溶解氧量，以 BOD_5 表示。

3. 测定方法。

（1）非稀释法。

1）非稀释法测定：若样品中的有机物含量较少，BOD_5 的质量浓度不大于 6mg/L，且样品中有足够的微生物。

2）非稀释接种法测定：若样品中的有机物含量较少，BOD_5 的质量浓度不大于 6mg/L，但样品中无足够的微生物，如酸性废水、碱性废水、高温废水、冷冻保存的废水或经过氯化处理等的废水。

（2）稀释与接种法。

1）稀释法测定：若样品中的有机物含量较多，BOD_5 的质量浓度大于 6mg/L，且样品中有足够的微生物。

2）稀释接种法测定：若样品中的有机物含量较多，BOD_5 的质量浓度大于 6mg/L，但试样中无足够的微生物。

4. 水样稀释倍数的确定。

样品稀释的程度应使消耗的溶解氧质量浓度不小于 2mg/L，培养后样品中剩余溶解氧质量浓度不低于 2mg/L，且试样中剩余的溶解氧的质量浓度为开始浓度的 1/3～2/3 为最佳。

稀释倍数可根据样品的总有机碳（TOC）、高锰酸盐指数（I_{Mn}）或化学需氧量（COD_{Cr}）的测定值，按表 2—18 列出的 BOD_5 与总有机碳（TOC）、高锰酸盐指数（I_{Mn}）或化学需氧量（COD_{Cr}）的比值 R 估计 BOD_5 的期望值（R 与样品的类型有关），再根据表 2—19 确定稀释因子。当不能准确地选择稀释倍数时，一个样品做 2～3 个不同的稀释倍数。

表 2—18　　　　　　　　　　　　　典型的比值 R

水样的类型	总有机碳 R（BOD_5/TOC）	高锰酸盐指数 R（BOD_5/I_{Mn}）	化学需氧量 R（BOD_5/COD_{Cr}）
未处理的废水	1.2～2.8	1.2～1.5	0.35～0.65
生化处理的废水	0.3～1.0	0.5～1.2	0.20～0.35

由表 2—18 中选择适当的 R 值，按式（2—13）估算 BOD_5 的期望值，按表 2—19 确定样品的稀释倍数。

$$\rho = R \cdot Y \tag{2—13}$$

式中：ρ——五日生化需氧量浓度的期望值（mg/L）；

Y——总有机碳（TOC）、高锰酸盐指数（I_{Mn}）或化学需氧量（COD_{Cr}）的值（mg/L）。

表 2—19　　　　　　　　　　　　BOD_5 测定的稀释倍数

BOD_5 的期望值，氧 mg/L	稀释倍数	水样类型
6～12	2	河水，生物净化的城市污水
10～30	5	河水，生物净化的城市污水
20～60	10	生物净化的城市污水
40～120	20	澄清的城市污水或轻度污染的工业废水
100～300	50	轻度污染的工业废水或原城市污水
200～600	100	轻度污染的工业废水或原城市污水
400～1 200	200	重度污染的工业废水或原城市污水
1 000～3 000	500	重度污染的工业废水
2 000～6 000	1 000	重度污染的工业废水

（二）微生物传感器快速测定法

1. 适用范围。

该法适用于地表水、生活污水和不含对微生物有明显毒害作用的工业废水中 BOD 的测定。

2. 方法原理。

测定水中 BOD 的微生物传感器是由氧电极和微生物菌膜构成，其原理是当含有饱和溶解氧的样品进入流通池中与微生物传感器接触，样品中溶解性可生化降解的有机物受到微生物菌膜中菌种的作用而消耗一定量的氧，使扩散到氧电极表面上氧的质量减少。当样品中可生化降解的有机物向菌膜扩散速度（质量）达到恒定时，扩散到氧电极表面上的质量也达到恒定，因此产生一个恒定电流。由于恒定电流的差值与氧的减少量存在定量关系，据此可换算出样品中的生化需氧量。

 技能训练

生活污水中生化需氧量的测定（稀释与接种法）

一、实训目的

1. 能规范采集与保存水样；
2. 能预处理水样；
3. 学会配制接种稀释水；
4. 熟悉稀释与接种法测定生化需氧量（BOD_5）方法。

二、实训原理

生化需氧量是指在规定条件下，微生物分解存在于水中的某些可氧化物质，主要是有机物质所进行的生物化学过程中消耗溶解氧的量。水样充满完全密闭的溶解氧瓶中，在 $(20\pm1)℃$ 的暗处培养 $5d\pm4h$，分别测定培养前后水样中溶解氧的质量浓度，由培养前后溶解氧的质量浓度之差，计算每升样品消耗的溶解氧量，以 BOD_5 形式表示。

三、设备与试剂

1. 恒温培养箱。
2. $5\sim20L$ 细口玻璃瓶；孔径为 $1.6\mu m$ 的滤膜。
3. $1\,000\sim2\,000mL$ 量筒。
4. 玻璃搅棒：棒长应比所用量筒高度长 20cm。在棒的底端固定一个直径比量筒直径略小，并带有几个小孔的硬橡胶板或不锈钢板。
5. 虹吸管：供分取水样和添加稀释水用。
6. 溶解氧瓶：$200\sim300mL$，带有磨口玻璃塞并具有供水封用的钟形口。
7. 曝气装置：多通道空气泵或其他曝气装置，曝气可能带来有机物、氧化剂和金属，导致空气污染，如有污染，空气应通过活性炭吸附过滤清洗。
8. 磷酸盐缓冲溶液：将 8.5g 磷酸二氢钾（KH_2PO_4）、21.8g 磷酸氢二钾

（K_2HPO_4）33.4g 磷酸氢二钠（$Na_2HPO_4 \cdot 7H_2O$）和 1.7g 氯化铵（NH_4Cl）溶于水中，稀释至 1 000mL，此溶液在 0℃～4℃可稳定保存 6 个月。此溶液的 pH 值应为 7.2。

9. 硫酸镁溶液，$\rho(MgSO_4)=11.0g/L$：将 22.5g 七水合硫酸镁（$MgSO_4 \cdot 7H_2O$）溶于水中，稀释至 1 000mL，此溶液在 0℃～4℃可稳定保存 6 个月，若发现任何沉淀或微生物生长应弃去。

10. 氯化钙溶液，$\rho(CaCl_2)=27.6g/L$：将 27.6g 无水氯化钙（$CaCl_2$）溶于水中，稀释至 1 000mL，此溶液在 0℃～4℃可稳定保存 6 个月，若发现任何沉淀或微生物生长应弃去。

11. 氯化铁溶液，$\rho(FeCl_3)=0.15g/L$：将 0.25g 六水合氯化铁（$FeCl_3 \cdot 6H_2O$）溶于水中，稀释至 1 000mL，此溶液在 0℃～4℃可稳定保存 6 个月，若发现任何沉淀或微生物生长应弃去。

12. 盐酸溶液，$C(HCl)=0.5mol/L$：将 40mL 浓盐酸（HCl）溶于水中，稀释至 1 000mL。

13. 氢氧化钠溶液，$C(NaOH)=0.5mol/L$：将 20g 氢氧化钠溶于水中，稀释至 1 000mL。

14. 亚硫酸钠溶液，$C(Na_2SO_3)=0.025mol/L$：将 1.575g 亚硫酸钠（Na_2SO_3）溶于水中，稀释至 1 000mL。此溶液不稳定，需现用现配。

15. 葡萄糖—谷氨酸标准溶液：将葡萄糖（$C_6H_{12}O_6$，优级纯）和谷氨酸（HOOC—CH_2—CH_2—$CHNH_2$—COOH，优级纯）在 130℃干燥 1h，各称取 150mg 溶于水中，在 1 000mL 容量瓶中稀释至标线。此溶液的 BOD_5 为（210±20）mg/L，现用现配。该溶液也可少量冷冻保存，融化后立刻使用。

16. 稀释水的配制：在 5～20L 的玻璃瓶中加入一定量的蒸馏水，控制水温在（20±1）℃，先通入经活性炭吸附及水洗处理的空气，曝气至少 1 小时，使稀释水中的溶解氧达到 8mg/L 以上。使用前加入氯化钙、氯化铁、硫酸镁及磷酸盐缓冲溶液各 1.0mL，混匀，20℃保存备用。在曝气的过程中要防止污染，特别是防止带入有机物、金属、氧化物或还原物。

稀释水中氧的浓度不能过饱和，使用前需开口放置 1 小时，且应在 24 小时内使用，剩余的稀释水应弃去。

17. 接种液的配制：可购买接种微生物的接种物质，接种液的配制和使用按说明书的要求操作，也可按以下方法获得接种液。

（1）未受工业废水污染的生活污水：化学需氧量不大于 300mg/L，总有机碳不大于 100mg/L。

（2）含有城镇污水的河水或湖水。

（3）污水处理厂的出水。

（4）分析含有难降解物质的工业废水时，在其排污口下游适当取水样作为废水的驯化接种液。也可取中和或经适当稀释后的废水进行连续曝气，每天加入少量该种废水，同时加入少量生活污水，使适应该种废水的微生物大量繁殖。当水中出现大量的絮状物时，表明微生物已繁殖，可用作接种液。一般驯化过程需 3～8d。

18. 接种稀释水的配制：如水样中无微生物，则应于稀释水中接种微生物。根据接种液的来源不同，每升稀释水中加入适量接种液：城市生活污水和污水处理厂出水 1～10mL，河水或湖水 10～100mL，将接种稀释水存放在（20±1）℃的环境中，当天配制当天使用。接种稀释水 pH 值为 7.2，BOD_5 应小于 1.5mg/L。

19. 实验用水为 3 级蒸馏水，水中铜离子的质量浓度不高于 0.01mg/L，不含有氯或氯胺等物质。

20. 丙烯基硫脲硝化抑制剂，$\rho(C_4H_8N_2S)=1.0g/L$：溶解 0.20g 丙烯基硫脲 ($C_4H_8N_2S$) 于 200mL 水中混合，4℃保存，此溶液可稳定保存 14d。

21. 乙酸溶液，1+1。

22. 碘化钾溶液，$\rho(KI)=100g/L$：将 10g 碘化钾（KI）溶于水中，稀释至 100mL。

23. 淀粉溶液，$\rho=5g/L$：将 0.50g 淀粉溶于水中，稀释至 100mL。

四、实训步骤

1. 水样的采集与保存。

采集的样品应充满并密封于棕色玻璃瓶中，样品量不少于 1 000mL，在 0℃～4℃的暗处运输和保存，并于 24h 内尽快分析。24h 内不能分析，可冷冻保存（冷冻保存时避免样品瓶破裂）。冷冻样品分析前需解冻、均质化和接种。

2. 水样的预处理。

（1）pH 值调节。

若样品或稀释后样品 pH 值不在 6～8 范围内，应用盐酸溶液或氢氧化钠溶液调节其 pH 值至 6～8。

（2）余氯和结合氯的去除。

若样品中含有少量余氯，一般在采样后放置 1～2h，游离氯即可消失。对在短时间内不能消失的余氯，可加入适量亚硫酸钠溶液去除样品中存在的余氯和结合氯，加入的亚硫酸钠溶液的量由下述方法确定：取已中和好的水样 100mL，加入乙酸溶液 10mL、碘化钾溶液 1mL，混匀，暗处静置 5min。用亚硫酸钠溶液滴定析出的碘至淡黄色，加入 1mL 淀粉溶液使其呈蓝色。再继续滴定至蓝色刚刚褪去，即为终点，记录所用亚硫酸钠溶液体积，由亚硫酸钠溶液消耗的体积，计算出水样中应加亚硫酸钠溶液的体积。

（3）样品均质化。

含有大量颗粒物、需要较大稀释倍数的样品或经冷冻保存的样品，测定前均需将样品搅拌均匀。

（4）样品中有藻类。

若样品中有大量藻类存在，BOD$_5$的测定结果会偏高。当分析结果精度要求较高时，测定前应用滤孔为 1.6μm 的滤膜过滤，检测报告中注明滤膜滤孔的大小。

（5）含盐量低的样品。

若样品含盐量低，非稀释样品的电导率小于 125μS/cm 时，需加入适量相同体积的氯化钙、氯化铁、硫酸镁及磷酸盐缓冲溶液，使样品的电导率大于 125μS/cm。每升样品中至少需加入各种盐的体积 V 按下式计算：

$$V = (\Delta K - 12.8)/113.6 \qquad\qquad (2\text{—}14)$$

式中：V——需加入各种盐的体积（mL）；

$\quad\quad\ \Delta K$——样品需要提高的电导率值（μS/cm）。

3. 试样准备。

测定前待测试样的温度达到（20$\pm$2）℃，若样品中溶解氧浓度低，需要用曝气装置曝气 15min，充分振摇赶走样品中残留的空气泡；若样品中氧过于饱和，将容器 2/3 体积充满样品，用力振荡赶出过饱和氧，然后根据试样中微生物含量情况确定测定方法。

4. 水样的测定。

（1）非稀释法。

1）非稀释法。可直接测定水样。

2）非稀释接种法。

水样准备：每升水样中加入适量的接种液待测定。若试样中含有硝化细菌，有可能发生硝化反应，需在每升试样中加入 2mL 丙烯基硫脲硝化抑制剂。

空白试样：每升稀释水中加入与试样中相同量的接种液作为空白试样，需要时每升试样中加入 2mL 丙烯基硫脲硝化抑制剂。

3）碘量法测定试样中的溶解氧。将试样充满两个溶解氧瓶中，使试样少量溢出，防止试样中的溶解氧质量浓度改变，使瓶中存在的气泡靠瓶壁排出。将一瓶盖上瓶盖，加上水封，在瓶盖外罩上一个密封罩，防止培养期间水封水蒸发干，在恒温培养箱中培养 5d$\pm$4h 后测定试样中溶解氧的质量浓度。另一瓶 15min 后测定试样在培养前溶解氧的质量浓度。

同样方法测定空白试样的溶解氧。

（2）稀释与接种法。

1）稀释法。

试样准备：确定好稀释倍数后，用稀释水稀释后测定。

空白试样：空白试样为稀释水，需要时每升稀释水中加入 2mL 丙烯基硫脲硝化抑制剂。

2）稀释接种法。

试样准备：确定好稀释倍数后，用接种稀释水稀释样品。若样品中含有硝化细菌，有可能发生硝化反应，需在每升试样培养液中加入 2mL 丙烯基硫脲硝化抑制剂。

空白试样：空白试样为接种稀释水，必要时每升接种稀释水中加入 2mL 丙烯基硫脲硝化抑制剂。

3）碘量法测定试样中的溶解氧。按照确定的稀释倍数，将一定体积的试样或处理后的试样用虹吸管加入已加部分稀释水或接种稀释水的稀释容器中，加稀释水或接种稀释水至刻度，轻轻用搅棒混合，避免残留气泡，待测定。若稀释倍数超过 100 倍，可进行两步或多步稀释。

试样分装溶解氧瓶与溶解氧测定步骤同非稀释法。

五、数据处理与结果表示

1. 非稀释法。

$$\rho = \rho_1 - \rho_2 \tag{2—15}$$

式中：ρ——五日生化需氧量质量浓度（mg·L^{-1}）；

　　　ρ_1——水样在培养前的溶解氧质量浓度（mg·L^{-1}）；

　　　ρ_2——水样在培养后的溶解氧质量浓度（mg·L^{-1}）。

2. 非稀释接种法。

$$\rho = (\rho_1 - \rho_2) - (\rho_3 - \rho_4) \tag{2—16}$$

式中：ρ——五日生化需氧量质量浓度，（mg·L^{-1}）；

　　　ρ_1——接种水样在培养前的溶解氧质量浓度（mg·L^{-1}）；

　　　ρ_2——接种水样在培养后的溶解氧质量浓度（mg·L^{-1}）；

　　　ρ_3——空白样在培养前的溶解氧质量浓度（mg·L^{-1}）；

　　　ρ_4——空白样在培养后的溶解氧质量浓度（mg·L^{-1}）。

3. 稀释与接种法。

$$\rho = \frac{(\rho_1 - \rho_2) - (\rho_3 - \rho_4) \cdot f_1}{f_2} \tag{2—17}$$

式中：ρ——五日生化需氧量质量浓度（mg·L^{-1}）；

　　　ρ_1——稀释水样（或接种稀释水）在培养前的溶解氧质量浓度（mg·L^{-1}）；

　　　ρ_2——稀释水样（或接种稀释水）在培养后的溶解氧质量浓度（mg·L^{-1}）；

　　　ρ_3——空白样在培养前的溶解氧质量浓度（mg·L^{-1}）；

　　　ρ_4——空白样在培养后的溶解氧质量浓度（mg·L^{-1}）；

　　　f_1——稀释水（或接种稀释水）在培养液中所占比例；

　　　f_2——原水样在培养液中所占比例。

4. 结果表示。

对稀释与接种法，如果有几个稀释倍数的结果满足要求，结果取这些稀释倍数结果的平均值。结果小于 100mg/L，保留一位小数；结果在 100～1 000mg/L，取整数位；结果大于 1 000mg/L，则以科学计数法报出。结果报告中应注明：样品是否经过过滤、冷冻或均值化处理。

六、数据记录与计算结果

1. 硫代硫酸钠溶液的标定，见表2—20。

表 2—20 硫代硫酸钠溶液的标定

重铬酸钾标准溶液浓度			计算公式		
序号	V（硫代硫酸钠）初（mL）	V（硫代硫酸钠）终（mL）	V（硫代硫酸钠）消耗（mL）	硫代硫酸钠（mol/L）	｜RE｜
1					
2					
3					
硫代硫酸钠溶液浓度的平均值（mol/L）					

2. 数据记录与计算结果，见表2—21。

表 2—21 样品测定数据记录与结果表

硫代硫酸钠标准溶液的浓度（mol/L）					BOD₅计算公式		
样品序号	水样稀释比	水样培养前消耗硫代硫酸钠（mL）	水样培养后消耗硫代硫酸钠（mL）	空白样培养前消耗硫代硫酸钠（mL）	空白样培养后消耗硫代硫酸钠（mL）	BOD_5（mg/L）	｜RE｜
1							
2							
3							

七、注意事项

1. 测定一般水样的 BOD_5 时，硝化作用很不明显或根本不发生。但对于生物处理池出水，则含有大量硝化细菌。因此，在测定 BOD_5 时也包括了部分含氮化合物的需氧量。对于这种水样，如只需测定有机物的需氧量，应加入硝化抑制剂，如丙烯基硫脲（ATU，$C_4H_8N_2S$）等。

2. 若试样中有微生物毒性物质，应配制几个不同稀释倍数的试样，选择与稀释倍数无关的结果，并取其平均值。

3. 空白试样：每一批样品做两个分析空白试样，稀释法空白试样的测定结果不能超过 0.5mg/L，非稀释接种法和稀释接种法空白试样的测定结果不能超过 1.5mg/L，否则应检查可能的污染来源。

4. 稀释水和接种液质量的检查：每一批样品要求做一个标准样品，样品的配制方法为：将 20.0mL 葡萄糖—谷氨酸标准溶液用接种稀释水稀释至 1 000mL，测其 BOD₅，其结果应在 180～230mg/L。否则，应检查接种液、稀释水或操作技术是否存在问题。

5. 平行样品：每一批样品至少做一组平行样，计算相对百分偏差 RP。当 BOD₅ 小于 3mg/L 时，RP 值应小于（等于）±15％；当 BOD₅ 为 3～100mg/L 时，RP 值应小于（等于）±20％；当 BOD₅ 大于 100mg/L 时，RP 值应小于（等于）±25％。计算公式如下：

$$RP = \frac{\rho_1 - \rho_2}{\rho_1 + \rho_2} \qquad (2-18)$$

式中：RP——相对百分偏差（％）；

　　　ρ_1——第一个样品 BOD₅ 的质量浓度（mg/L）；

　　　ρ_2——第二个样品 BOD₅ 的质量浓度（mg/L）。

八、碘量法测定水中溶解氧

1. 设备与试剂。

（1）25mL 滴定管，250mL 碘量瓶。

（2）溶解氧瓶：200～300mL，带有磨口玻璃塞并具有供水封用的钟形口。

（3）硫酸锰溶液：称取 480g 硫酸锰（$MnSO_4 \cdot 4H_2O$）溶于水，用水稀释至 1 000mL。此溶液加至酸化过的碘化钾溶液中，遇淀粉不得产生蓝色。

（4）碱性碘化钾溶液：先称取 500g 氢氧化钠溶解于 300～400mL 水中，再称取 150g 碘化钾溶于 200mL 水中，待氢氧化钠溶液冷却后，将两溶液合并，混匀，用水稀释至 1 000mL。如有沉淀，则放置过夜后，倾出上层清液，贮于棕色瓶中，用橡皮塞塞紧，避光保存。此溶液酸化后，遇淀粉应不呈蓝色。

（5）（1+5）硫酸溶液。

（6）1％（m/V）淀粉溶液：称取 1g 可溶性淀粉，用少量水调成糊状，再用刚煮沸的水稀释至 100mL。冷却后，加入 0.1g 水杨酸或 0.4g 氯化锌防腐。

（7）0.025 00 mol/L（Cl/6K₂Cr₂O₇）重铬酸钾标准溶液：称取于 105℃～110℃烘干 2h 并冷却的重铬酸钾 1.225 8g，溶于水，移入 1 000mL 容量瓶中，用水稀释至标线，摇匀。

（8）硫代硫酸钠溶液：称取 6.2g 硫代硫酸钠（$Na_2S_2O_3 \cdot 5H_2O$）溶于煮沸放冷的水中，加入 0.2g 碳酸钠，用水稀释至 1 000mL，贮于棕色瓶中，使用前用 0.025 00mol/L 重铬酸钾标准溶液标定。

标定如下：于 250mL 碘量瓶中加入 100mL 水和 1g 碘化钾，加入 10.0mL 0.025 00mol/L 重铬酸钾标准溶液、5mL（1+5）硫酸溶液密塞，摇匀，于暗处静置 5min 后，用待标定的硫代硫酸钠溶液滴定至溶液呈淡黄色，加入 1mL 淀粉溶液，继续滴定至黄色刚好褪去为止，记录 V。则：

$$M = \frac{10 \times 0.025\,00}{V} \tag{2—19}$$

式中：M——硫代硫酸钠标准溶液浓度（mol/L）；

V——滴定时消耗硫代硫酸钠标准溶液的用量（mL）。

（9）硫酸（$\rho = 1.84\text{g/cm}^3$）。

2．测定步骤。

（1）溶解氧的固定：用吸液管插入溶解氧瓶的液面下，加入 1mL 硫酸锰溶液、2mL 碱性碘化钾溶液，盖好瓶塞，颠倒混合数次，静置。一般在取样现场固定。

（2）打开瓶塞，立即用吸液管插入液面下加入 2mL 硫酸。盖好瓶塞，颠倒混合摇匀，至沉淀物全部溶解，放于暗处静置 5min。

（3）吸取 100mL 上述溶液于 250mL 锥形瓶中，用硫代硫酸钠标准溶液滴定至溶液呈淡黄色，加入 1mL 淀粉溶液，继续滴定至蓝色刚好褪去，记录硫代硫酸钠溶液用量。

3．数据处理。

$$\text{溶解氧}(\mathrm{O_2}, \mathrm{mg/L}) = \frac{M \cdot V \times 8 \times 1\,000}{100} \tag{2—20}$$

式中：M——硫代硫酸钠标准溶液的浓度（mol/L）；

V——滴定消耗硫代硫酸钠标准溶液体积（mL）。

4．注意事项。

（1）采样时，注意瓶内不能留有空气泡，密封，立即送回实验室。

（2）用虹吸法把水样转移到溶解氧瓶内，并使水样从瓶口溢流出数秒。

（3）用定量吸管插入液面下，加入 1mL 硫酸锰溶液和 2mL 碱性碘化钾溶液，盖好瓶塞，勿使瓶内有气泡，颠倒混合数次，静置。

（4）如水样中含有氧化性物质（如游离氯大于 0.1mg/L 时），应预先加入相当量的硫代硫酸钠去除。即用两个溶解氧瓶各取一瓶水样，在其中一瓶加入 5mL（1+5）硫酸和 1g 碘化钾，摇匀，此时游离出碘。以淀粉作指示剂，用硫代硫酸钠溶液滴定至蓝色刚褪，记下用量。于另一瓶水样中，加入同样量的硫代硫酸钠溶液，摇匀后，按上述步骤进行固定和测定。

（5）水样中如含有大量悬浮物，由于吸附作用要消耗较多的碘而干扰测定，可在采样瓶中，用吸管插入液面下，加入 1mL10％明矾（$\mathrm{KAl(SO_4)_2 \cdot 12H_2O}$）溶液，再加入 1～2mL 浓氨水，盖好瓶塞，颠倒混合。放置 10min 后，将上清液虹吸至溶解氧瓶中，进行固定和测定。

（6）水样中如含有较多亚硝酸盐氮和亚铁离子，由于它们的还原作用而干扰测定，可采用叠氮化钠修正法或高锰酸钾修正法进行测定。

九、技能训练评分标准

评分标准见表 2—22。

表 2—22　　　　　　　生活污水中生化需氧量的测定（稀释与接种法）评分标准

考核项目	评分点	分值	评分标准	扣分	得分
1. 测定前准备工作（29分）	样品采集与保存	5	未用棕色玻璃瓶装样，扣1分 未及时分析，扣2分 样品保存条件不当，扣2分		
	水样的预处理	8	样品 pH 值不在 6～8，扣2分 采样后未放置 1～2h 去游离氯，扣2分 样品未搅拌均匀，扣2分 水样中未过滤藻类，扣2分		
	样品的准备	8	试样的温度未达到（20±2）℃，扣2分 样品中溶解氧浓度低，未曝气 15min，扣2分 未充分振摇赶走样品中残留的空气泡，扣2分 样品中氧气过饱和，未用力振荡赶出过饱和氧，扣2分		
	稀释倍数的确定	8	未根据 COD 或高锰酸盐指数确定 R 值，扣2分 BOD_5 期望值计算不正确，扣2分 稀释倍数确定不正确，扣2分 一个样品未做 2～3 个不同的稀释倍数，扣2分		
2. 样品的测定（26分）	样品的稀释	10	未用虹吸法取样，扣2分 在稀释容器中加部分稀释水（接种稀释水），不正确扣2分 用虹吸管将试样加入，不正确扣2分 加稀释水（接种稀释水）至刻度，不正确扣2分 轻轻混合避免残留气泡，不正确扣2分		
	样品的测定	16	试样充满溶解氧瓶时，试样未少量溢出，扣2分 瓶壁未排除瓶中存在的气泡，扣2分 瓶盖上未水封，扣2分 在瓶盖外未罩上一个密封罩，扣2分 在恒温培养箱中于（20±1）℃培养 5d±4h，不正确扣2分 空白试液为稀释水或接种稀释水，不正确扣2分 培养后用碘量法测定溶解氧的质量浓度，不正确扣2分 另 1 瓶培养前 15min 后测定溶解氧的质量浓度，不正确扣2分		

续前表

考核项目	评分点	分值	评分标准	扣分	得分
3. 数据记录与数据处理（15分）	原始数据记录	6	同表 1—32 地表水中高锰酸盐指数的测定（酸性高锰酸钾法）评分标准		
	数据结果	9	同表 1—32 地表水中高锰酸盐指数的测定（酸性高锰酸钾法）评分标准		
4. 测定结果（20分）	标定结果精密度	5	同表 1—32 地表水中高锰酸盐指数的测定（酸性高锰酸钾法）评分标准		
	标定结果准确度	5	同表 1—32 地表水中高锰酸盐指数的测定（酸性高锰酸钾法）评分标准		
	测定结果精密度	5	同表 1—32 地表水中高锰酸盐指数的测定（酸性高锰酸钾法）评分标准		
	测定结果准确度	5	同表 1—32 地表水中高锰酸盐指数的测定（酸性高锰酸钾法）评分标准		
5. 职业素质（10分）	文明操作	6	同表 1—32 地表水中高锰酸盐指数的测定（酸性高锰酸钾法）评分标准		
	实训态度	4	同表 1—32 地表水中高锰酸盐指数的测定（酸性高锰酸钾法）评分标准		
合计					

 思考与练习

1. 测定溶解氧时干扰物质有哪些？如何处理？
2. 本实训误差的主要来源是什么？如何保证 BOD_5 测试的准确度？
3. 什么类型的水样测试 BOD_5 时需用接种稀释水稀释？如何配制接种稀释水？

任务 8 挥发酚的测定

 学习目标

一、知识目标

1. 掌握挥发酚测定时水样干扰去除方法；
2. 掌握挥发酚测定方法及其原理。

二、技能目标

1. 能根据水质特征选择干扰去除方法；
2. 能根据水质特征选择挥发酚测定方法；
3. 能测定水中挥发酚含量。

三、素质目标

1. 树立环境保护理念；
2. 培养科学监测工作作风；
3. 培养环境监测员职业素质。

 知识学习

　　酚是芳香族羟基化合物，可分为苯酚、萘酚。按照苯环上所取代的羟基数目多少，可分为一元酚、二元酚、三元酚。酚类化合物由于分子间形成氢键，所以沸点都较高。沸点在230℃以下的酚可随水蒸气蒸出，为挥发性；沸点在230℃以上的酚则不能随水蒸气蒸出，为不挥发性酚。一元酚中除对硝基酚以外，其他各种酚沸点都在230℃以下，属于挥发性酚。二元酚和三元酚的沸点均在230℃以上，属于不挥发性酚。我国规定的各种水质指标中，酚类指标指的是挥发性酚，测定结果均以苯酚（C_6H_5OH）表示。

　　测定水中挥发酚的主要方法有溴化容量法和4-氨基安替比林分光光度法。

一、溴化容量法

　　（一）适用范围

　　该法适用于含高浓度挥发酚工业废水中挥发酚的测定。方法检测限为0.1mg/L，测定下限为0.4mg/L，测定上限为45.0mg/L。

　　（二）方法原理

　　用蒸馏法使挥发性酚类化合物蒸馏出，并与干扰物质和固定剂分离。由于酚类化合物的挥发速度是随馏出液体积而变化，因此，馏出液体积必须与试样体积相等。

　　在含过量溴（由溴酸钾和溴化钾所产生）的溶液中，被蒸馏出的酚类化合物与溴生成三溴酚，并进一步生成溴代三溴酚。在剩余的溴与碘化钾作用、释放出游离碘的同时，溴代三溴酚与碘化钾反应生成三溴酚和游离碘，用硫代硫酸钠溶液滴定释出的游离碘，并根据其消耗量，计算出挥发酚的含量。

（三）结果计算

试样中挥发酚质量浓度（以苯酚计），按式（2—21）计算：

$$\rho = \frac{(V_1 - V_2) \times c \times 15.68 \times 1\,000}{V} \qquad (2-21)$$

式中：ρ——试样中挥发酚质量浓度（mg/L）；

V_1——空白试验中硫代硫酸钠溶液的用量（mL）；

V_2——滴定试样时硫代硫酸钠溶液的用量（mL）；

c——硫代硫酸钠溶液浓度（mol/L）；

V——试样体积（mL）；

15.68——酚（1/6 C_6H_5OH）摩尔质量（g/mol）。

当计算结果小于 10mg/L 时，保留到小数点后 1 位；大于等于 10mg/L 时，保留三位有效数字。

（四）注意事项

测定时必须严格控制实验条件，如浓盐酸和 $KBrO_3$-KBr 溶液的加入量、反应时间和温度等，使空白滴定和样品滴定条件完全一致。

二、4-氨基安替比林分光光度法

（一）适用范围

（1）地表水、地下水和饮用水宜用萃取分光光度法测定，检出限为 0.000 3mg/L，测定下限为 0.001mg/L，测定上限为 0.04mg/L。

（2）工业废水和生活污水宜用直接分光光度法测定，检出限为 0.01mg/L，测定下限为 0.04mg/L，测定上限为 2.50mg/L。

（二）方法原理

1. 萃取分光光度法。

用蒸馏法使挥发性酚类化合物蒸馏出，并与干扰物质和固定剂分离。由于酚类化合物的挥发速度是随馏出液体积而变化，因此，馏出液体积必须与试样体积相等。

被蒸馏出的酚类化合物，于 pH（10.0±0.2）介质中，在铁氰化钾存在下，与 4-氨基安替比林反应生成橙红色的安替比林染料，用三氯甲烷萃取后，在 460nm 波长下测定吸光度。

2. 直接分光光度法。

用蒸馏法使挥发性酚类化合物蒸馏出，并与干扰物质和固定剂分离。由于酚类化合物的挥发速度是随馏出液体积而变化，因此，馏出液体积必须与试样体积相等。

被蒸馏出的酚类化合物，于 pH（10.0±0.2）介质中，在铁氰化钾存在下，与 4-氨基安替比林反应生成橙红色的安替比林染料。显色后，在 30min 内，于 510nm 波长测定吸光度。

技能训练

污水中挥发酚的测定（4-氨基安替比林分光光度法）

一、实训目的

1. 能规范采集与保存水样；
2. 学会蒸馏法消除水样中干扰物的操作方法；
3. 熟练运用标准曲线定量法。

二、实训原理

同"知识学习"中 4-氨基安替比林分光光度法原理。

三、仪器与试剂

1. 500mL 全玻璃蒸馏器。

2. 分光光度计。

3. 实验用水应为无酚水：于 1 000mL 水中加入 0.2g 经 200℃活化 0.5h 的活性炭粉末，充分振摇后，放置过夜。用双层中速滤纸过滤，或加入氢氧化钠使水呈强碱性，并滴加高锰酸钾溶液至紫红色，移入蒸馏瓶中加热蒸馏，收集馏出液备用。

注：无酚水应贮于玻璃瓶中，取用时避免与橡胶制品（橡皮塞或乳胶管）接触。

4. 硫酸铜溶液：称取 50g 硫酸铜（$CuSO_4 \cdot 5H_2O$）溶于水，稀释至 500mL。

5. 磷酸溶液：量取 50mL 磷酸（密度 20℃＝1.69g/mL），用水稀释至 500mL。

6. 甲基橙指示液：称取 0.05g 甲基橙溶于 100mL 水中。

7. 苯酚标准贮备液：称取 1.00g 精制苯酚溶于水，移入 1 000mL 容量瓶中，稀释至标线。置于冰箱内保存，至少稳定一个月。

8. 苯酚标准中间液：取适量苯酚贮备液，用水稀释至每毫升含 10μg 苯酚。使用时当天配制。

9. 溴酸钾—溴化钾标准参考溶液（$c1/6KBrO_3＝0.1mol/L$）：称取 2.784g 溴酸钾（$KBrO_3$）溶于水，加入 10g 溴化钾（KBr），使其溶解，移入 1 000mL 容量瓶中，稀释至标线。

10. 碘酸钾标准参考溶液（$c1/6KIO_3＝0.012\,5mol/L$）：称取预先经 180℃烘干的碘酸钾 0.445 8g 溶于水，移入 1 000 mL 容量瓶中，稀释至标线。

11. 硫代硫酸钠标准溶液 $[c(Na_2S_2O_3 \cdot 5H_2O)≈0.012\,5mol/L]$：称取 3.1g 硫代硫酸钠溶于煮沸放冷的水中，加入 0.2g 碳酸钠，稀释至 1 000mL，临用前，用碘酸钾溶液标定。

12. 淀粉溶液：称取 1g 可溶性淀粉，用少量水调成糊状，加沸水至 100mL，冷却后置于冰箱内保存。

13. 缓冲溶液（pH＝10.7）：称取 20g 氯化铵（NH_4Cl）溶于 100mL 氨水中，加塞，置于冰箱内保存。

注：应避免氨挥发所引起 pH 值的改变，注意在低温下保存和取用后立即加塞盖严，并根据使用情况适量配置。

14. 2%（m/V）4-氨基安替比林溶液：称取 4-氨基安替比林（$C_{11}H_{13}N_3O$）2g 溶于水，稀释至 100mL。然后将 100mL 配制好的 4-氨基安替比林溶液置于干燥烧杯中，加入 10g 硅镁型吸附剂（弗罗里硅土，60～100 目，600℃烘制 4h），用玻璃棒充分搅拌，静置片刻，将溶液在中速定量滤纸上过滤，收集滤液，置于棕色试剂瓶内，于 4℃下保存。

15. 8%（m/V）铁氰化钾溶液：称取 8g 铁氰化钾〔$K_3[Fe(CN)_6]$〕溶于水，稀释至 100mL，置于冰箱内保存。可使用一周。

16. 淀粉—碘化钾试纸：称取 1.5g 可溶性淀粉，用少量水搅成糊状，加入 200mL 沸水，混匀，放冷，加 0.5g 碘化钾和 0.5g 碳酸钠，用水稀释至 250mL，将滤纸条浸渍后，取出晾干，盛于棕色瓶中，密塞保存。

17. 乙酸铅试纸：称取乙酸铅 5g，溶于水中，并稀释至 100mL。将滤纸条浸入上述溶液中，1h 后取出晾干，盛于广口瓶中，密塞保存。

18. 硫酸亚铁（$FeSO_4 \cdot 7H_2O$）。

19. 碘化钾（KI）。

20. 乙醚（$C_4H_{10}O$）。

21. 硫酸溶液，（1＋4）。

22. 氢氧化钠溶液：$\rho(NaOH)=100g/L$。称取氢氧化钠 10g 溶于水，稀释至 100 mL。

23. 精制苯酚：取一定量苯酚（C_6H_5OH）于具有空气冷凝管的蒸馏瓶中，加热蒸馏，收集 182℃～184℃的馏出部分，馏分冷却后应为无色晶体，贮于棕色瓶中，于冷暗处密闭保存。

24. 氨水：$\rho(NH_3 \cdot H_2O)=0.90g/mL$。

25. 盐酸：$\rho(HCl)=1.19g/mL$。

四、实训步骤

1. 样品的采集与保存。

（1）样品的采集。

1）在样品采集现场，用淀粉—碘化钾试纸检测样品中有无游离氯等氧化剂的存在。若试纸变蓝，应及时加入过量硫酸亚铁去除。

2）样品采集量应大于 500mL，贮于硬质玻璃瓶中。

3）采集后的样品应及时加磷酸酸化至 pH 值约为 4.0，并加适量硫酸铜，使样品中硫酸铜质量浓度约为 1g/L，以抑制微生物对酚类的生物氧化作用。

（2）样品的保存。

采集后的样品应在 4℃ 下冷藏，24h 内进行测定。

2. 干扰及其消除。

水中氧化剂、油类、硫化物、有机或无机还原性物质和苯胺类干扰酚的测定。

（1）氧化剂（如游离氯）的消除。

样品滴于淀粉—碘化钾试纸上出现蓝色，说明存在氧化剂，可加入过量的硫酸亚铁去除。

（2）硫化物的消除。

当样品中有黑色沉淀时，可取一滴样品放在乙酸铅试纸上，若试纸变黑色，说明有硫化物存在。此时样品继续加磷酸酸化，置通风橱内进行搅拌曝气，直至生成的硫化氢完全逸出。

（3）甲醛、亚硫酸盐等有机或无机还原性物质的消除。

分取适量样品于分液漏斗中，加硫酸溶液使其呈酸性，分次加入 50、30、30mL 乙醚以萃取酚，合并乙醚层于另一分液漏斗，分次加入 4、3、3mL 氢氧化钠溶液进行反萃取，使酚类转入氢氧化钠溶液中。合并碱萃取液，移入烧杯中，置水浴上加温，以除去残余乙醚，然后用无酚水将碱萃取液稀释到原分取样品的体积。同时应以无酚水做空白试验。

（4）油类的消除。

样品静置分离出浮油后，按照"甲醛、亚硫酸盐等有机或无机还原性物质的消除"操作步骤进行。

（5）苯胺类的消除。

苯胺类可与 4-氨基安替比林发生显色反应而干扰酚的测定，一般在酸性（pH<0.5）条件下，可以通过预蒸馏分离。

3. 水样的预蒸馏。

（1）取 250mL 水样移入 500mL 全玻璃蒸馏器中，加 25mL 无酚水，加数粒玻璃珠以防暴沸，再加数滴甲基橙指示液，若试样未显橙红色，则需继续补加磷酸溶液。

（2）连接冷凝器，加热蒸馏，收集馏出液 250mL 至容量瓶中。

（3）蒸馏过程中，若发现甲基橙红色褪去，应在蒸馏结束后，放冷，再加 1 滴甲基橙指示液。若发现蒸馏后残液不呈酸性，则应重新取样，增加磷酸溶液加入量，进行蒸馏。

4. 标准溶液的标定。

（1）硫代硫酸钠标准溶液的标定。

取 10mL 碘酸钾溶液置于 250mL 容量瓶中，加水稀释至 100mL，加 1g 碘化钾，再加 5mL（1+5）硫酸，加塞，轻轻摇匀。置暗处放置 5min，用硫代硫酸钠溶液滴定至淡黄色，加 1mL 淀粉溶液，继续滴定至蓝色刚褪去为止，记录硫代硫酸钠溶液用量。按下式计算硫代硫酸钠溶液浓度（mol/L）：

$$c(\mathrm{Na_2S_2O_3 \cdot 5H_2O}) = \frac{0.012\,5 \times V_4}{V_3} \tag{2—22}$$

式中：V_3——硫代硫酸钠标准溶液消耗量（mL）；

V_4——移取碘酸钾标准参考溶液量（mL）；

0.012 5——碘酸钾标准参考溶液浓度（mol/L）。

（2）苯酚标准贮备液的标定。

1）吸取 10mL 酚贮备液于 250mL 碘量瓶中，加水稀释至 100mL，加 10mL 0.1mol/L 溴酸钾—溴化钾溶液，立即加入 5mL 浓盐酸，盖好瓶盖，轻轻摇匀，于暗处放置 15min。加入 1g 碘化钾，密塞，再轻轻摇匀，放置暗处 5min。用 0.012 5mol/L 硫代硫酸钠标准滴定溶液滴定至淡黄色，加入 1mL 淀粉溶液，继续滴定至蓝色刚好褪去，记录用量。

2）同时以无酚水代替苯酚贮备液作空白试验，记录硫代硫酸钠标准溶液滴定溶液用量。

3）苯酚贮备液浓度由下式计算：

$$\rho = \frac{(V_1 - V_2) \times c \times 15.68}{V} \tag{2—23}$$

式中：ρ——酚贮备液质量浓度（mg/L）；

V_1——空白试验中硫代硫酸钠溶液的用量（mL）；

V_2——滴定酚贮备液时硫代硫酸钠溶液的用量（mL）；

V——取用苯酚贮备液体积（mL）；

c——硫代硫酸钠标准滴定溶液浓度（mol/L）；

15.68——苯酚摩尔（$1/6C_6H_5OH$）质量（g/mol）。

5. 样品的测定。

（1）校准曲线的绘制。

于一组 8 支 50mL 比色管中，分别加入 0.00、0.50、1.00、3.00、5.00、7.00、10.00、12.50mL 酚标准中间液（10μg /mL），加水至 50mL 标线。加 0.5mL 缓冲溶液，混匀，此时 pH 值为 10.0±0.2，加 4-氨基安替比林 1mL，混匀。再加 1mL 铁氰化钾，充分混匀后，放置 10min 立即（30min 内）于 510nm 波长，以水为参比，测量吸光度。经空白校正后，绘制吸光度对苯酚含量的校准曲线。

（2）水样的测定。

分取适量馏出液 50mL 放入 50mL 比色管中，用无酚水稀释至刻度，用与绘制校准曲线相同的步骤测定吸光度，最后减去空白实验所得吸光度。

（3）空白试验。

以无酚水代替水样，经蒸馏后，按水样测定步骤进行测定，以其结果作为水样测定的空白校正值。

五、数据处理

试样中挥发酚的质量浓度（以苯酚计），按下式计算：

$$\rho = \frac{A_s - A_b - a}{bV} \times 1\,000 \qquad\qquad (2-24)$$

式中：ρ——试样中挥发酚的质量浓度（mg/L）

$\qquad$ A_s——试样的吸光度值；

$\qquad$ A_b——空白试验的吸光度值；

$\qquad$ a——校准曲线的截距值；

$\qquad$ b——校准曲线的斜率；

$\qquad$ V——试样的体积（mL）。

当计算结果小于 1mg/L 时，保留到小数点后 3 位；大于或等于 1mg/L 时，保留 3 位有效数字。

六、数据记录与计算结果

（1）硫代硫酸钠溶液的标定，见表 2—23。

表 2—23 硫代硫酸钠溶液的标定

碘酸钾标准参考溶液浓度			计算公式		
序号	V（硫代硫酸钠）初（mL）	V（硫代硫酸钠）终（mL）	V（硫代硫酸钠）消耗（mL）	硫代硫酸钠（mol/L）	|RE|
1					
2					
3					
硫代硫酸钠溶液的平均值（mol/L）					

（2）苯酚标准贮备液的标定，见表 2—24。

表 2—24 苯酚标准贮备液的标定

硫代硫酸钠标准滴定溶液浓度			计算公式		
序号	V（苯酚标准贮备液）初（mL）	V（苯酚标准贮备液）终（mL）	V（苯酚标准贮备液）消耗（mL）	苯酚标准贮备液（mol/L）	|RE|
1					
2					
3					
空白试验					
苯酚标准贮备液（mol/L）					

（3）比色皿的配套性检查，见表 2—25。

表 2—25 比色皿的配套性检查

序号	1	2	3
A			
所选比色皿			

（4）校准曲线的绘制与样品测定结果，见表 2—26。

表 2—26 校准曲线的绘制与样品测定结果

标液编号	0	1	2	3	4	5	6	7
标液用量（mL）								
酚（μg）								
A								
A校正								
样品编号								
由回归直线求得酚的质量（μg）								
挥发酚（mg/L）								
一元线性回归直线方程								

七、注意事项

（1）如水样含挥发酚较高，移取适量水样并加至 250mL 进行蒸馏，则在计算时应乘以稀释倍数。

（2）如水样中挥发酚浓度低时，采用 4-氨基安替比林萃取分光光度法。

（3）预蒸馏时，使用的蒸馏设备不宜与测定工业废水或生活污水的蒸馏设备混用。每次试验前后，应清洗整个蒸馏设备。不得用橡胶塞、橡胶管连接蒸馏瓶及冷凝器，以防止对测定产生干扰。

八、技能训练评分标准

评分标准见表 2—27。

表 2—27 污水中挥发酚的测定（4-氨基安替比林分光光度法）

考核项目	评分点	分值	评分标准	扣分	得分
1. 样品测定前准备（15 分）	样品采集与保存	5	未去除游离氯离子干扰，扣 1 分 未贮于硬质玻璃瓶中，扣 2 分 未在 24h 内及时分析，扣 2 分		
	干扰及其消除	5	未去除氧化剂的干扰，扣 1 分 未去除硫化物的干扰，扣 1 分 未去除还原性物质的干扰，扣 1 分 未去除油类的干扰，扣 1 分 未去除苯胺类的干扰，扣 1 分		
	水样的预蒸馏	5	未加数粒玻璃珠，扣 1 分 预蒸馏方法不当，扣 2 分 预处理效果不好，扣 2 分		

续前表

考核项目	评分点	分值	评分标准	扣分	得分
2. 标准溶液的配制与标定（10分）	标准溶液的配制	6	称取试剂不规范，扣2分 转移溶液不当，扣2分 定容方法不当，扣2分		
	标定	4	未赶气泡，扣1分 操作不当造成漏液，扣1分 终点控制不准，扣1分 读数不正确，扣1分		
3. 样品的测定（20分）	标准系列的配制	12	同表1—30 水中氨氮的测定（纳氏试剂分光光度法）评分标准		
	水样的测定	8	同表1—30 水中氨氮的测定（纳氏试剂分光光度法）评分标准		
4. 分光光度计的使用（25分）	测定前的准备	4	同表1—30 水中氨氮的测定（纳氏试剂分光光度法）评分标准		
	测定操作	13	同表1—30 水中氨氮的测定（纳氏试剂分光光度法）评分标准		
	仪器被溶液污染	4	同表1—30 水中氨氮的测定（纳氏试剂分光光度法）评分标准		
	测定后的处理	4	同表1—30 水中氨氮的测定（纳氏试剂分光光度法）评分标准		
5. 数据记录与测定结果（20分）	原始数据记录	5	数据未用黑色水笔填写，扣1分 数据未直接填在记录单上，出现一次扣0.5分 数据不全、有空项、字迹不工整，累计最多扣2分 缺少计量单位，一次性扣1分 没有进行仪器使用登记，扣1分		
	数据结果	5	有效数字运算不规范，一次性扣2分 结果计算错误，扣2分 单位错误，扣1分		
	校准曲线线性	5	$\gamma \geqslant 0.9999$，不扣分 $\gamma = 0.9990 \sim 0.9998$，扣5～1分 $\gamma < 0.999$，不得分		
	测定结果精密度	5	$\lvert RE \rvert \leqslant 0.5\%$，不扣分 $0.5\% < \lvert RE \rvert \leqslant 0.6\%$，扣0.5分 $0.6\% < \lvert RE \rvert \leqslant 0.7\%$，扣1分 $0.7\% < \lvert RE \rvert \leqslant 0.8\%$，扣1.5分，依此类推 $1.3\% < \lvert RE \rvert \leqslant 1.4\%$，扣5分 $\lvert RE \rvert > 1.4\%$，不得分		
6. 职业素质（10分）	文明操作	6	同表1—30 水中氨氮的测定（纳氏试剂分光光度法）评分标准		
	实训态度	4	同表1—30 水中氨氮的测定（纳氏试剂分光光度法）评分标准		
合计					

💡 思考与练习

1. 采集测定挥发酚的水样时，为什么应及时加入磷酸？
2. 当预蒸馏两次，馏出液仍混浊时如何预处理水样？
3. 测定挥发酚时，水样进行蒸馏时应呈酸性还是碱性？

项目三 　　　　　环境空气监测

任务 1　　环境空气监测方案的制定

 学习目标

一、知识目标

1. 掌握大气样品的布点与采样方法；
2. 掌握环境空气监测分析方法的选择。

二、技能目标

1. 能收集资料和进行现场调查；
2. 能制定环境空气监测方案。

三、素质目标

1. 培养良好的团队合作精神；
2. 培养分析与解决问题的能力；
3. 培养做中学、学中做的能力。

知识学习

一、大气污染物

（一）定义

人群、植物、动物和建筑物所暴露的室外空气为环境空气。人类活动和一些自然因素导致大量有害物质排放到环境空气中，当其达到一定浓度并持续一定时间时，大气正常的物理、化学和生态平衡体系受到破坏，从而对人类健康、生物生长发育和生态平衡等产生不利影响甚至危害，即为大气污染。引起大气污染的各种有害物质称为大气污染物。

（二）分类

1. 根据污染物产生的原因分类。

根据污染物产生的原因，分为一次污染物和二次污染物。

（1）一次污染物：指直接从各种排放源排入大气的气体、蒸气及尘粒。这类污染物主要由燃料燃烧产生的，如烟气中的硫氧化物（SO_2）、氮氧化物（NO、NO_2）、各类碳氢化合物、碳氧化物（CO、CO_2）等，还有被风吹起的尘土，火山爆发喷出的灰尘（含有害物质），海水浪花携带的各种盐类等。

（2）二次污染物：一次污染物进入大气后，由于相互作用或与大气正常组分发生种种化学反应而产生的污染物。它们颗粒很小，一般在 $0.01\sim1.0\mu m$，其毒性往往比一次污染物高，如硫酸盐、硝酸盐、含氧碳氢化合物、臭氧等。

2. 根据污染物在大气中的存在状态分类。

根据污染物在大气中的存在状态，分为分子状态污染物和颗粒状态污染物。

（1）分子状态污染物：常温常压下以气体分子形式分散在大气中，如 CO、SO_2、NO_2 和 Cl_2 等，有些污染物如苯、汞、氯仿等，在常温常压下是液体，但易挥发，常以蒸气形式存在于大气中。气体和蒸气都以分子状态分散于大气中。

（2）颗粒状态污染物：飘浮在大气中、粒径大小在 $0.01\sim100\mu m$、由微小液滴或固体微粒组成的复杂非均匀体系污染物。按颗粒物在重力下的沉降特性，颗粒状态污染物又分为降尘、总悬浮微粒、可吸入颗粒物（或飘尘）。粒径较大，在重力作用下能较快从大气中沉降下来的称为降尘。

二、监测项目

存在于大气中的污染物质多种多样，应根据优先监测的原则，选择那些危害大、涉及范围广、已建立成熟的测定方法并有标准可比的项目进行监测。

（一）基本概念

1. 环境空气质量评价城市点。

以监测城市建成区的空气质量整体状况和变化趋势为目的而设置的监测点，参与城市环境空气质量评价。其设置的最少数量根据城市建成区面积和人口数量确定。每个环境空气质量评价城市点的代表范围一般为半径 500～4 000 米，有时也可扩大到半径 4 千米至几十千米（如对于空气污染物浓度较低，其空间变化较小的地区）的范围。环境空气质量评价城市点可简称为城市点。

2. 环境空气质量评价区域点。

以监测区域范围空气质量状况和污染物区域传输及影响范围为目的而设置的监测点，参与区域环境空气质量评价。其代表范围一般为半径几十千米。可简称为区域点。

3. 环境空气质量背景点。

以监测国家或大区域范围的环境空气质量本底水平为目的而设置的监测点。其代表范围一般为半径 100 千米以上。可简称为背景点。

4. 污染监控点。

为监测本地区主要固定污染源及工业园区等污染源聚集区对当地环境空气质量的影响而设置的监测点，代表范围一般为半径 100～500 米，也可扩大到半径 500～4 000 米（如考虑较高的点源对地面浓度的影响时）。

5. 路边交通点。

为监测道路交通污染源对环境空气质量影响而设置的监测点，代表范围为人们日常生活和活动场所中受道路交通污染源排放影响的道路两旁及其附近区域。

（二）监测项目

（1）依据《环境空气质量标准》（GB 3095—2012），监测项目分为基本项目和其他项目，见表 3—1。

表 3—1　　　　　　　　　　　　　基本项目及其分析方法

监测项目	污染物项目	手工分析方法		自动分析方法
		分析方法	标准编号	
基本项目	二氧化硫（SO_2）	甲醛吸收—副玫瑰苯胺分光光度法	HJ 482	紫外荧光法、差分吸收光谱分析法
		四氯汞盐吸收—副玫瑰苯胺分光光度法	HJ 483	
其他项目	二氧化氮（NO_2）	盐酸萘乙二胺分光光度法	HJ 479	化学发光法、差分吸收光谱分析法
	一氧化碳（CO）	非分散红外法	GB 9801	气体滤波相关红外吸收法、非分散红外吸收法
	臭氧（O_3）	靛蓝二磺酸钠分光光度法	HJ 504	紫外荧光法、差分吸收光谱分析法
		紫外光度法	HJ 590	
	颗粒粒径小于等于 $10\mu m$	重量法	HJ 618	微量振荡天平法、β射线法
	颗粒粒径小于等于 $2.5\mu m$	重量法	HJ 618	微量振荡天平法、β射线法

续前表

监测项目	污染物项目	手工分析方法		自动分析方法
		分析方法	标准编号	
其他项目	总悬浮颗粒物（TSP）	重量法	GB/T 15432	—
	氮氧化物（NO_x）	盐酸萘乙二胺分光光度法	HJ 479	化学发光法、差分吸收、光谱分析法
	铅（Pb）	石墨炉原子吸收分光光度法（暂行）	HJ 539	—
		火焰原子吸收分光光度法	GB/T 15264	
	苯并［a］芘（BaP）	乙酰化滤纸层析荧光分光光度法	GB 8971	
		高效液相色谱法	GB/T 15439	

（2）除《环境空气质量标准》（GB 3095—2012）中规定的基本项目外，由国务院环境保护行政主管部门根据国家环境管理需求和点位实际情况增加其他特征监测项目，包括湿沉降、有机物、温室气体、颗粒物主要物理化学特征等，具体见表3—2。

表3—2　　　　　　　　环境空气质量评价区域点、背景点监测项目

监测类型	监测项目
基本项目	二氧化硫（SO_2）、二氧化氮（NO_2）、一氧化碳（CO）、臭氧（O_3）、可吸入颗粒物（PM_{10}）、细颗粒物（$PM_{2.5}$）
湿沉降	降雨量、pH、电导率、氯离子、硝酸根离子、硫酸根离子、钙离子、镁离子、钾离子、钠离子、铵离子等
有机物	挥发性有机物 VOCs、持久性有机物 POPs 等
温室气体	二氧化碳（CO_2）、甲烷（CH_4）、氧化亚氮（N_2O）、六氟化硫（SF_6）、氢氟碳化物（HFCs）、全氟化碳（PFCs）
颗粒物主要物理化学特性	颗粒物数浓度谱分布、$PM_{2.5}$ 或 PM_{10} 中的有机碳、元素碳、硫酸盐、硝酸盐、氯盐、钾盐、钙盐、钠盐、镁盐、铵盐等

（3）污染监控点和路边交通点可根据监测目的及所针对污染源的排放特征，由地方环境保护行政主管部门确定监测项目。

三、大气样品的采集

（一）收集资料和现场调查

1. 污染源分布及排放情况。

调查监测区域内的污染源类型、数量、位置，排放的主要污染物及排放量，同时还要了解所用的原料、燃料及消耗量。要注意将高烟囱排放的较大污染源与低烟囱排放的小污染源区别开来，也应区别一次污染物和由于光化学反应产生的二次污染物。

2. 气象资料。

污染物在大气中的扩散、输送和一系列的物理、化学变化在很大程度上取决于当时的气象条件。因此，要收集监测区域的风向、风速、气温、气压、降水量、日照时间、相对湿度、温度梯度、逆温层底部高度等资料。

3. 地形、土地利用和功能区划分。

地形对当地的风向、风速和大气稳定情况等有影响，监测区域的地形越复杂，要求布设的监测点越多。监测区域内土地利用情况及功能区划分也是设置监测网点应考虑的重要因素。不同功能区的污染状况是不同的，如工业区、商业区、混合区、居民区等。

4. 人口分布及健康情况。

环境保护的目的是维护自然环境的生态平衡，保护人群的健康，因此，掌握监测区域的人口分布、居民和动植物受大气污染危害情况及流行性疾病等资料，对制定监测方案、分析判断监测结果是有益的。此外，对于监测区域以往的大气监测资料等也应尽量收集，供制定监测方案时参考。

（二）采样点的布设

1. 监测点位布设原则。

（1）代表性：具有较好的代表性，能客观反映一定空间范围内的环境空气质量水平和变化规律，客观评价城市、区域环境空气状况，以及污染源对环境空气质量的影响，满足为公众提供环境空气状况健康指引的需求。

（2）可比性：同类型监测点设置条件尽可能一致，使各个监测点获取的数据具有可比性。

（3）整体性：环境空气质量评价城市点应考虑城市自然地理、气象等综合环境因素，以及工业布局、人口分布等社会经济特点，在布局上应反映城市主要功能区和主要大气污染源的空气质量现状及变化趋势，从整体出发，合理布局，监测点之间相互协调。

（4）前瞻性：应结合城乡建设规划考虑监测点的布设，使确定的监测点能兼顾未来城乡空间格局变化趋势。

（5）稳定性：监测点位置一经确定，原则上不应变更，以保证监测资料的连续性和可比性。

2. 监测点周围环境要求。

（1）应采取措施保证监测点附近1千米内的土地使用状况相对稳定。

（2）点式监测仪器采样口周围，监测光束附近或开放光程监测仪器发射光源到监测光束接收端之间，不能有阻碍环境空气流通的高大建筑物、树木或其他障碍物。从采样口或监测光束到附近最高障碍物之间的水平距离，应为该障碍物与采样口或监测光束高度差的两倍以上，或从采样口至障碍物顶部与地平线夹角应小于30°。

（3）采样口周围水平面应保证270°以上的捕集空间，如果采样口一边靠近建筑物，采样口周围水平面应有 180°以上的自由空间。

（4）监测点周围环境状况相对稳定，所在地质条件需长期稳定和足够坚实，所在地点应避免受山洪、雪崩、山林火灾和泥石流等局地灾害影响，安全和防火措施有保障。

（5）监测点附近无强大的电磁干扰，周围有稳定可靠的电力供应和避雷设备，通信线路容易安装和检修。

（6）区域点和背景点周边向外的大视野需 360°开阔，1～10 000 方圆距离内应没有明显的视野阻断。

（7）监测点位设置在机关单位及其他公共场所时，应考虑保证通畅、便利的出入通道及条件，在出现突发状况时，可及时赶到现场进行处理。

3. 采样口位置要求。

（1）对于手工采样，其采样口离地面的高度应在 1.5～15 米。

（2）对于自动监测，其采样口或监测光束离地面的高度应在 3～20 米。

（3）对于路边交通点，其采样口离地面的高度应在 2～5 米。

（4）在保证监测点具有空间代表性的前提下，若所选监测点位周围半径 300～500 米，建筑物平均高度在 25 米以上，无法按满足（1）、（2）条的高度要求设置时，其采样口高度可以在 20～30 米选取。

（5）在建筑物上安装监测仪器时，监测仪器的采样口离建筑物墙壁、屋顶等支撑物表面的距离应大于 1 米。

（6）使用开放光程监测仪器进行空气质量监测时，在监测光束能完全通过的情况下，允许监测光束从日平均机动车流量少于 10 000 辆的道路上空、对监测结果影响不大的小污染源和少量未达到间隔距离要求的树木或建筑物上空穿过，穿过的合计距离不能超过监测光束总光程长度的 10%。

（7）当某监测点需设置多个采样口时，为防止其他采样口干扰颗粒物样品的采集，颗粒物采样口与其他采样口之间的直线距离应大于 1 米。若使用大流量总悬浮颗粒物（TSP）采样装置进行监测，其他采样口与颗粒物采样口的直线距离应大于 2 米。

（8）对于环境空气质量评价城市点，采样口周围至少 50 米范围内无明显固定污染源，为避免车辆尾气等直接对监测结果产生干扰，采样口与道路之间最小间隔距离应按表 3—3 的要求确定。

表 3—3　　　　　　　　　仪器采样口与交通道路之间最小间隔距离

道路日平均机动车流量（日平均车辆数）	采样口与交通道路边缘之间最小距离（m）	
	PM_{10}、$PM_{2.5}$	SO_2、NO_2、CO 和 O_3
≤3 000	25	10
3 000～6 000	30	20
6 000～15 000	45	30
15 000～40 000	80	60
>40 000	150	100

（9）开放光程监测仪器的监测光程长度的测绘误差应在±3 米内（当监测光程长度小于 200 米时，光程长度的测绘误差应小于实际光程的±1.5%）。

（10）开放光程监测仪器发射端到接收端之间的监测光束仰角不应超过 15°。

4．采样点数目。

（1）环境空气质量评价城市点。各城市环境空气质量评价城市点的最少监测点位数量应符合表 3—4 的要求。按建成区城市人口和建成区面积确定的最少监测点位数不同时，取两者中的较大值。

表 3—4　　　　　　　　　　环境空气质量评价城市点设置数量要求

建成区城市人口（万人）	建成区面积（km²）	最少监测点数
＜25	＜20	1
25～50	20～50	2
50～100	50～100	4
100～200	100～200	6
200～300	200～400	8
＞300	＞400	按每 50～60km² 建成区面积设 1 个监测点，且不少于 10 个点

（2）环境空气质量评价区域点、背景点。区域点的数量由国家环境保护行政主管部门根据国家规划，兼顾区域面积和人口因素设置。各地方可根据环境管理的需要，申请增加区域点数量。背景点的数量由国家环境保护行政主管部门根据国家规划设置。位于城市建成区之外的自然保护区、风景名胜区和其他需要特殊保护的区域，其区域点和背景点的设置优先考虑监测点位代表的面积。

（3）污染监控点。污染监控点的数量由地方环境保护行政主管部门组织各地环境监测机构，根据本地区环境管理的需要设置。

（4）路边交通点。路边交通点的数量由地方环境保护行政主管部门组织各地环境监测机构，根据本地区环境管理的需要设置。

5．布点方法。

（1）功能区布点法。将监测区域划分为工业区、商业区、居住区、工业和居住混合区、交通稠密区、文化区、清洁区和对照区等。在各功能区放置一定数量的采样点，在污染较集中的工业区和人口较密集的居住区可多设采样点。按功能区划分布点法多用于区域性常规监测。

（2）网格布点法。网格布点法是将监测区域地面划分成若干均匀网状方格，采样点设在两条直线的交点处或方格中心（见图 3—1）。网格大小视污染源强度、人口分布及人力、物力条件等确定。若主导风向明显，下风向设点应多一些，一般约占采样点总数的 60%。

在监测地区的范围内有多个污染源且污染源分布较均匀，常采用此法布设采样点。

（3）同心圆布点法。首先确定污染群的中心，以此为圆心在周围画若干个同心圆，再从圆心引若干条放射线,将放射线与同心圆的交点作为采样点(见图3—2)。不同圆周上的采样点数目不一定相等或均匀分布,常年主导风向的下风向比上风向多设一些点。例如,同心圆半径分别取4km、10km、20km、40km,从里向外各圆周上分别设4、8、6、4个采样点。

同心圆布点法主要用于监测多个污染源构成污染群,且大污染源较集中的地区。

(4)扇形布点法。扇形布点法以点源所在位置为顶点,主导风向为轴线,在下风向地面上画出一个扇形区作为布点范围。扇形的角度一般为45°,也可取60°,一般不超过90°。采样点设在扇形平面内距点源不同距离的若干弧线上(见图3—3)。每条弧线上设3~4个采样点,相邻两点与顶点连线的夹角一般取10°~20°,并在上风向设对照点。

扇形布点法适用于监测孤立的高架点源,且主导风向明显的地区。

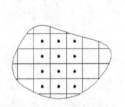 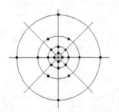 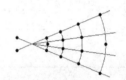

图3—1 网格布点法　　　图3—2 同心圆布点法　　　图3—3 扇形布点法

(5)平行布点法。平行布点法适用于线性污染源,如公路等。在距公路两侧1m左右布设监测网点,然后在距公路100m左右的距离布设与前面监测点对应的监测点,目的是了解污染物经过扩散后对环境产生的影响。

在采用同心圆和扇形布点法时,应考虑高架点源排放污染物的扩散特点,在不计污染物本底浓度时,点源脚下的污染物浓度为零,随着距离的增加,很快出现浓度最大值,然后按指数规律下降。因此,同心圆或弧线不宜等距离划分,而是靠近最大浓度值的地方密一些,以免漏测最大浓度的位置。

以上几种布点方法可以单独使用,也可综合使用,目的就是要有代表性地反映污染物浓度,为大气环境监测提供可靠的样品。

(三)采样频次和采样时间

(1)对环境空气中的TSP、PM_{10}、Pb、B[a]P及氟化物,其采样频次及采样时间应根据《环境空气质量标准》(GB 3095—2012)中各污染物监测数据统计的有效性规定确定。

(2)对其他污染物的监测,其采样频次及采样时间,应根据监测目的、污染物浓度水平及监测分析方法的检出限确定。

(3)要获得1h平均浓度值,样品的采样时间应不少于45min。

(4)要获得日平均浓度值,气态污染物的累计采样时间应不少于18h,颗粒物的累计采样时间应不少于12h。

（四）大气样品的采集

1. 采样方法。

采集大气（空气）样品的方法可归纳为直接采样法和富集（浓缩）采样法两类。

（1）直接采样法。当大气中的被测组分浓度较高，或者监测方法灵敏度高时，从大气中直接采集少量气样即可满足监测分析要求。

1）注射器采样：常用 100mL 注射器采集有机蒸气样品。采样时，先用现场气体抽洗 2~3 次，然后抽取 100mL，密封进气口，带回实验室分析。样品存放时间不宜长，一般应当天分析完。

2）塑料袋采样：应选择与样气中污染组分既不发生化学反应，也不吸附、不渗漏的塑料袋。常用的有聚四氟乙烯袋、聚乙烯袋及聚酯袋等。

3）采气管采样：采气管是两端具有旋塞的管式玻璃容器，其容积为 100~500mL。采样时，打开两端旋塞，将二联球或抽气泵接在管的一端，迅速抽进比采气管容积大 6~10 倍的欲采气体，使采气管中原有气体被完全置换出，关上两端旋塞，采气体积即为采气管的容积。

4）真空瓶采样：真空瓶是一种用耐压玻璃制成的固定容器，容积为 500~1 000mL。采样前，先用抽真空装置将采气瓶（瓶外套有安全保护套）内抽至剩余压力达 1.33kPa 左右；如瓶内预先装入吸水液，可抽至溶液冒泡为止，关闭旋塞。采样时，打开旋塞，被采空气即充入瓶内，关闭旋塞，则采样体积为真空采气瓶的容积。

（2）富集（浓缩）采样法。大气中的污染物质浓度一般都比较低（10^{-6}~10^{-9} 数量级），直接采样法往往不能满足分析方法检测限的要求，故需要用富集采样法对大气中的污染物进行浓缩。富集采样时间一般比较长，测得结果代表采样时段的平均浓度，更能反映大气污染的真实情况。这种采样方法有溶液吸收法、固体阻留法、低温冷凝法及自然沉降法等。

1）溶液吸收法：该方法是采集大气中气态、蒸气态及某些气溶胶态污染物质的常用方法。采样时，用抽气装置将欲测空气以一定流量抽入装有吸收液的吸收管（瓶）。采样结束后，倒出吸收液进行测定，根据测得结果及采样体积计算大气中污染物的浓度。

溶液吸收法的吸收效率主要取决于吸收速度和样气与吸收液的接触面积。欲提高吸收速度，必须根据被吸收污染物的性质选择效能好的吸收液。常用的吸收液有水、水溶液和有机溶剂等。常用吸收管有：气泡吸收管、冲击式吸收管、多孔筛板吸收管（瓶）。

2）填充柱阻留法：填充柱是用一根长 6~10cm、内径 3~5mm 的玻璃管或塑料管，内装颗粒状填充剂制成。采样时，让气样以一定流速通过填充柱，则欲测组分因吸附、溶解或化学反应等作用被阻留在填充剂上，达到浓缩采样的目的。采样后，通过解吸或溶剂洗脱，使被测组分从填充剂上释放出来进行测定。根据填充剂阻留作用的原理，可分为吸附型、分配型和反应型三种类型。

3）滤料阻留法：该方法是将过滤材料（滤纸、滤膜等）放在采样夹上，滤料采集空气中气溶胶颗粒物基于直接阻截、惯性碰撞、扩散沉降、静电引力和重力沉降等作用。有的滤料以阻截作用为主,有的滤料以静电引力作用为主,还有的几种作用同时发生。滤料的采集效率除与自身性质有关外,还与采样速度、颗粒物的大小等因素有关。常用的滤料有纤维状滤料,如滤纸、玻璃纤维滤膜、过氯乙烯滤膜等;筛孔状滤料有微孔滤膜、核孔滤膜、银薄膜等。

4)低温冷凝法:大气中某些沸点比较低的气态污染物质,如烯烃类、醛类等,在常温下用固体填充剂等方法富集效果不好,而低温冷凝法可提高采集效率。

低温冷凝采样法是将 U 形或蛇形采样管插入冷阱中,当大气流经采样管时,被测组分因冷凝而凝结在采样管底部。如用气相色谱法测定,可将采样管与仪器进气口连接,移去冷阱,在常温或加热情况下气化,进入仪器测定。

5)自然积集法:这种方法是利用物质的自然重力、空气动力和浓差扩散作用来采集大气中的被测物质。

2. 降尘试样采集。

采集大气中降尘的方法分为湿法和干法两种,其中,湿法应用更为普遍。

(1)湿法采样:在一定大小的圆筒形玻璃(或塑料、瓷、不锈钢)缸中加入一定量的水,放置在距地面 5~15m 高、附近无高大建筑物及局部污染源的地方(如空旷的屋顶上),采样口距基础面 1.5m 以上,以避免顶面扬尘的影响。

我国集尘缸的尺寸为内径 15cm、高 30cm,一般加水 100~300mL(视蒸发量和降雨量而定),夏季需加入少量硫酸铜溶液,以抑制微生物及藻类的生长;冰冻季节需加入适量乙醇或乙二醇,以免结冰。采样时间为 30±2 天,多雨季节注意及时更换集尘缸,防止水满溢出。

(2)干法采样:一般使用标准集尘器,夏季也需加除藻剂。在缸底放入塑料圆环,圆环上再放置塑料筛板。

3. 硫酸盐化速率试样的采集。

排放到大气中的二氧化硫、硫化氢、硫酸蒸气等含硫污染物,经过一系列氧化演变和反应,最终形成危害更大的硫酸雾和硫酸盐雾的过程称为硫酸盐化速率。常用的采样方法有二氧化铅法和碱片法。

(1)二氧化铅采样法:将涂有二氧化铅糊状物的纱布绕贴在素瓷管上,制成二氧化铅采样管,将其放置在采样点上,则大气中的二氧化硫、硫酸雾等与二氧化铅反应生成硫酸铅。

(2)碱片法:将用碳酸钾溶液浸渍过的玻璃纤维滤膜置于采样点上,则大气中的二氧化硫、硫酸雾等与碳酸盐反应生成硫酸盐而被采集。

4. 采样仪器。

(1)组成部分。大气污染监测的采样仪器主要由收集器、流量计和采样动力三部分组成。

1)收集器:是捕集大气中欲测物质的装置。气体吸收管(瓶)、填充柱、滤料采样夹、低温冷凝采样管等都是收集器。要根据被捕集物质的存在状态、理化性质等选用适宜的收集器。

2）流量计：是测量气体流量的仪器。流量是计算采集气样体积必知的参数。常用的流量计有孔口流量计、转子流量计和限流孔等。

3）采样动力：应根据所需采样流量、采样体积、所用收集器及采样点的条件进行选择。一般应选择重量轻、体积小、抽气动力大、流量稳定、连续运行能力强及噪声小的采样动力。注射器、连续抽气筒、双连球等手动采样动力适用于采气量小、无市电供给的情况。对于采样时间较长和采样速度要求较大的场合，需要使用电动抽气泵。常用的有真空泵、刮板泵、薄膜泵及电磁泵等。

（2）专用采样装置。将收集器、流量计、抽气泵及气样预处理、流量调节、自动定时控制等部件组装在一起，就构成专用采样装置。有多种型号的大气采样器商品出售，按其用途可分为大气采样器、颗粒物采样器和个体采样器。

1）大气采样器：用于采集大气中气态和蒸气态物质，采样流量为 0.5～2.0L/min。

2）颗粒物采样器有以下两种：

总悬浮颗粒物采样器：按其采气流量大小分为大流量（1.1～1.7m³/min）和中流量（50～150L/min）两种类型。

飘尘采样器：采集飘尘（可吸入尘）广泛使用大流量采样器。在连续自动监测仪器中，可采用静电捕集法、β射线法或光散射法直接测定飘尘浓度。

3）个体采样器：近年来，为研究大气污染物对人体健康的危害，已研制出多种个体采样器，其特点是体积小、重量轻，便于携带在人体上，可以随人的活动连续地采样，经分析测定得出污染物的时间加权平均浓度，以反映人体实际吸入的污染物量。这种采样器有扩散式、渗透式等，但都只能采集挥发性较大的气态和蒸气态物质。

5. 采样记录。

采样人员应及时、准确地记录各项采样条件及参数，采样记录应内容完整、字迹清晰、书写工整、数据更正规范。

四、大气中污染物浓度表示方法与气体体积换算

（1）单位体积内所含污染物的质量数：单位常用 mg/m³ 或 μg/m³。这种表示方法对任何状态的污染物都适用。污染物体积与气样总体积的比值，单位为 mL/m³。

两种单位可以相互换算，其换算式如下：

$$c_v = \frac{22.4}{M} \cdot c_m \qquad (3—1)$$

式中：c_v——以 mL/m³ 表示的气体浓度（标准状况下）；

c_m——以 mg/m³ 表示的气体浓度；

M——气态物质的分子量（g）；

22.4——标准状态下（0℃，101.325kPa）气体的摩尔体积（L）。

对于大气悬浮颗粒物中的组分，可用单位质量悬浮颗粒物中所含某组分的质量数表示，即 μg/g 或 ng/g（相当于已废除的 ppm 和 ppb 浓度）。

（2）气体体积换算。气体的体积受温度和大气压力的影响，为使计算出的浓度具有可比性，需要将现场状态下的体积换算成标准状态下的体积。

根据气体状态方程，换算式如下：

$$V_0 = V_t \cdot \frac{273}{273+t} \cdot \frac{P}{101.325} \tag{3—2}$$

式中：V_0——标准状态下的采样体积（L 或 m³）；

　　　V_t——现场状态下的采样体积（L 或 m³）；

　　　t——采样时的温度（℃）；

　　　P——采样时的大气压力（kPa）。

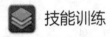 技能训练

校园空气质量监测方案的制定

一、实训目的

1. 学会收集资料和现场调查；
2. 学会采样点的布设、采样方法和分析方法的选择；
3. 能制定校园空气质量监测方案。

二、实训要求

1. 每 4 名同学为一组进行，选取校园空气作为监测对象；
2. 实训前提交一份监测方案，方案尽量采用表格形式。

三、实训步骤

1. 资料收集。

（1）气象资料：收集校园区域的风向、风速、气温、气压、降水量、日照时间和相对湿度等资料。

（2）土地利用和功能区划分：监测校园内土地利用情况及功能区划分。

（3）校园员工与学生数量，员工与学生健康情况。

（4）校园平面位置图。

2. 校园空气污染源调查。

（1）调查校园区域污染源类型、位置、排放方式及排放量和排放的主要污染物。

（2）调查污染源所用的原料、燃料及消耗量。

（3）调查校园周边空气污染源。

3. 监测项目与污染物分析方法的确定。

（1）根据收集的资料与污染源调查分析，确定监测项目。

（2）污染物分析方法选用国家标准或行业分析方法，注明方法代码与检出下限。

4. 监测点位的布设。

根据校园区域污染源位置、排放方式及校园地形、地貌和气象条件，结合校园功能区划分进行监测点位的布设，并在校园平面位置图上标注监测点位编号。

5. 样品的采集。

（1）采样前仪器设备准备与人员安排。

（2）采样准备，包括采样方法、采样工具、采样时间和频率、样品保存和运输。

四、数据记录

1. 污染源调查表，见表 3—5。

表 3—5　　　　　　　　　　污染源调查表

编号	污染源	类型	位置	燃料种类	燃料消耗量	污染物	排放方式	排放量	治理措施
1									
2									
3									

2. 监测项目与污染物分析方法，见表 3—6。

表 3—6　　　　　　　　　监测项目与污染物分析方法表

序号	监测项目	分析方法	方法代码	检出下限

3. 监测点位的布设表，见表 3—7。

表 3—7　　　　　　　　　监测点位布设表

序号	名称	位置	点位平面分布图

五、技能训练评分标准

校园空气质量监测方案的制定评分标准同表 1—11 校园附近某地表水监测方案的制定评分标准。

思考与练习

1. 阐述环境空气污染物来源及对应的预防措施。
2. 大气采样点的布设方法有哪几种？分别适用于什么样的环境条件？
3. 在环境空气样品采集方法中，直接采样和富集采样各适用于什么情况？怎样提高溶液吸收法的富集效率？

任务 2　颗粒物的测定

 学习目标

一、知识目标

1. 学会颗粒物相关概念；
2. 学会大气中颗粒物测定原理与测定方法。

二、技能目标

1. 能制定合理的监测方案；
2. 能规范安装滤膜和操作采样器；
3. 能规范记录数据和正确处理数据。

三、素质目标

1. 养成良好的安全生产意识；
2. 能够自觉按技术规范采样；
3. 培养分析问题和处理问题能力；
4. 提高实践动手能力和创新能力。

 知识学习

一、颗粒物的测定

空气中颗粒物的测定项目有：总悬浮颗粒物浓度、可吸入颗粒物浓度（PM$_{10}$）、细颗粒物浓度（PM$_{2.5}$）和降尘等。

环境空气中空气动力学当量直径小于等于 $100\mu m$ 的颗粒物称为总悬浮微粒，简称 TSP。

环境空气中空气动力学当量直径小于等于 $10\mu m$ 的颗粒物称为可吸入颗粒物 (Inhalable Particles，简称 IP 或 PM_{10})，这种微粒能在大气中长期飘浮而不沉降，因而也称飘尘。

环境空气中空气动力学当量直径小于等于 $2.5\mu m$ 的颗粒物为 $PM_{2.5}$，也称为细颗粒物。

以固体或液体微小颗粒分散于大气中的分散体系，称为气溶胶。我们通常遇到的气溶胶微粒的直径范围为 $0.1\sim10\mu m$，由此可见可吸入颗粒物属于气溶胶范畴。根据气溶胶存在的形式可分成雾、烟、尘。雾是液态的小微粒形成的气溶胶。

二、总悬浮颗粒物（TSP）浓度的测定——滤膜捕集重量法

（一）方法原理
用抽气动力抽取一定体积的空气通过已恒重的滤膜，则空气中的悬浮颗粒物被阻留在滤膜上，根据采样前后滤膜重量之差及采样体积，即可计算 TSP 的质量浓度。

（二）结果计算

$$TSP(mg/m^3)=\frac{(W-W_0)\times1\,000}{V_n} \tag{3—3}$$

式中：W——样品加滤膜重量（g）；

W_0——空白滤膜重量（g）；

V_n——换算为标准状况（0℃，101.325kPa）下的采气体积（m^3）。

（三）滤膜称重时的质量控制
取清洁滤膜若干张，在平衡室内平衡 24h，称重。每张滤膜称 10 次以上，则每张滤膜的平均值为该张滤膜的原始质量，称为"标准滤膜"。每次称清洁或样品滤膜的同时，称量两张"标准滤膜"，若称出的重量在原始重量±5mg 范围内，则认为该批样品滤膜称量合格，否则应检查称量环境是否符合要求，并重新称量该批样品滤膜。

三、PM_{10} 的测定

测定 PM_{10} 的方法有重量法、压电晶体振荡法、β 射线吸收法等。

（一）重量法（HJ 618—2011）

1. 适用范围。

该方法适用于环境空气中 PM_{10} 的手工测定，检出限为 $0.010mg/m^3$（以感量 0.1mg 分析天平，样品负载量为 1.0mg，采集 $108m^3$ 空气样品计）。

2. 方法原理。

分别通过具有一定切割特性的采样器，以恒速抽取定量体积空气，使环境空气中 PM_{10} 被截留在已知质量的滤膜上，根据采样前后滤膜的重量差和采样体积，计算出 PM_{10} 浓度。

3. 结果计算。

PM$_{10}$浓度按下式计算：

$$PM_{10}(mg/m^3) = \frac{(W - W_0) \times 1\ 000}{V_n}$$ (3—4)

式中：W——样品加滤膜重量（g）；

$\qquad W_0$——空白滤膜重量（g）；

$\qquad V_n$——换算为标准状况（0℃，101.325kPa）下的采气体积（m^3）。

计算结果保留 3 位有效数字，小数点后数字可保留到第 3 位。

（二）压电晶体振荡法

气样经粒子切割器剔除大颗粒物，而小于 10μm 的颗粒物进入测量气室。测量气室内有高压放电针、石英谐振器及电极构成的静电采样器，使气样中的颗粒物在石英谐振器电极表面放电并沉积，除尘后的气样流经参比室内排出。两振荡器频率之差（Δf）经信号处理系统转换成颗粒物浓度并在数显屏幕上显示，通过测量采样后两石英谐振器频率之差（Δf），即可得知颗粒物浓度。

（三）β射线吸收法

通过测定清洁滤带（未采尘）和采尘滤带（已采尘），对 β 射线吸收程度的差异来测定采尘量的。

四、PM$_{2.5}$的测定

测定 PM$_{2.5}$同 PM$_{10}$一样，也有重量法、压电晶体振荡法、β射线吸收法等。这里仅介绍重量法。

（一）方法原理

原理同 PM$_{10}$。

（二）样品采集

1. 采样环境。

(1) 采样器入口距地面或采样平台的高度不低于 1.5m，切割器流路应垂直于地面。

(2) 当多台采样器平行采样时，若采样器的采样流量≤200L/min 时，相互之间的距离 1m 左右；若采样器的采样流量>200L/min 时，相互之间的距离为 2～4m。

(3) 测定交通枢纽的 PM$_{2.5}$浓度值，采样点应布置在距人行道边缘外侧 1m 处。

2. 采样时间。

测定 PM$_{2.5}$日平均浓度，每日采样时间应不少于 20h。

3. 结果计算与表示。

PM$_{2.5}$浓度按下式计算：

$$PM_{2.5}(\mu g/m^3) = \frac{(W - W_0) \times 1\ 000}{V_n}$$ (3—5)

式中：W——样品加滤膜重量（mg）；

W_0——空白滤膜重量（mg）；

V_n——换算为标准状况（0℃，101.325kPa）下的采气体积（m³）。

$PM_{2.5}$浓度的计算结果保留到整数位（单位：$\mu g/m^3$）。

五、降尘的测定

环境空气中的降尘用重量法测定，方法的检出限为 $0.2t/km^2 \cdot 30d$。

（一）方法原理

空气中可沉降的颗粒物，沉降在装有乙二醇水溶液做收集液的集尘缸内，经蒸发、干燥、称重后，计算降尘量。

（二）测定方法

在集尘缸内加入适量乙二醇和水，置于采样点的固定架上。采样结束后带回实验室，剔除集尘缸中的树叶、小虫等异物，其余部分定量转移至500mL烧杯中，加热蒸发浓缩至10～20mL后，再转移至已恒重的瓷坩埚中，蒸干后于105±5℃恒重。同时做空白样品。

（三）结果计算与表示

$$降尘量[t/km^2 \cdot 30d] = \frac{W_1 - W_0 - W_a}{S \cdot n} \times 30 \times 10^4 \qquad (3—6)$$

式中：W_1——降尘和瓷坩埚的重量（g）；

　　　W_0——瓷坩埚的重量（g）；

　　　W_a——空白样品的重量（g）；

　　　S——集尘缸缸口的面积（cm²）；

　　　n——采样天数（精确到0.1d）。

计算结果保留一位小数。

（四）注意事项

（1）采样点附近不应有高大建筑物，并避开局部污染源。

（2）集尘缸放置高度应距离地面5～12m，如放置于屋顶平台上，采样口应距平台1～1.5m，以避免受平台扬尘的影响。

（3）在清洁区设置对照点。

（4）乙二醇的加入量以占满缸底为准。加乙二醇水溶液既可以防冻，又可以保持缸底湿润，还能抑制微生物及藻类的生长。

 技能训练

校园空气中颗粒物的测定

一、实训目的

1. 掌握大气中颗粒物（TSP、PM_{10}、$PM_{2.5}$）的测定原理与方法；

2. 学会使用中流量采样器采集样品。

二、实训原理

分别通过具有一定切割特性的采样器，以恒速抽取定量体积空气，使环境空气中 TSP（或 PM_{10} 或 $PM_{2.5}$）被截留在已知质量的滤膜上，根据采样前后滤膜的重量差和采样体积，计算出 TSP、PM_{10}、$PM_{2.5}$。

三、仪器与设备

1. 中流量采样器：流量 50～150L/min，滤膜直径 8～10cm；
2. TSP 切割器、PM_{10} 切割器、$PM_{2.5}$ 切割器；
3. 带温度计的气压表；
4. 分析天平；
5. 微孔滤膜；
6. 干燥器、镊子；
7. 恒温恒湿箱（室）。

四、实训步骤

1. 将选好的滤膜放在恒温恒湿箱（室）中平衡 24h。平衡条件为：温度取 15℃～30℃中任何一点，相对湿度控制在 45%～55%，记录平衡温度与湿度。

2. 从平衡室内取出滤膜，30s 内称完；记下滤膜的重量（精确至 0.1mg）。同一滤膜在恒温恒湿箱（室）中相同条件下再平衡 1h 后称重，两次重量之差分别小于 0.4mg。

3. 在规定的采样地点安装好空气采样泵，选好相应的切割器，取出滤膜夹，擦掉上面的灰尘。将已称重的滤膜用镊子放入洁净采样夹内的滤网上，滤膜毛面应朝进气（向上）方向，将滤膜牢固压紧至不漏气。采样结束后，用镊子取出。将有尘面两次对折，放入样品盒或纸袋，记录采样流量和采样时间，同时读取现场气温和气压。

4. 将样品盒或纸袋中的滤膜放在恒温恒湿箱（室）内平衡 24h，然后称重，称重要迅速，30s 内称完。同一滤膜在恒温恒湿箱（室）中相同条件下再平衡 1h 后称重，两次重量之差分别小于 0.4mg。

五、数据处理

$$\text{TSP}(PM_{10}\text{或 }PM_{2.5})(\text{mg/m}^3) = \frac{(W-W_0)\times 1\,000}{V_n} \tag{3—7}$$

式中：W——样品加滤膜重量（g）；

W_0——空白滤膜重量（g）；

V_n——换算为标准状况（0℃，101.325kPa）下的采气体积（m^3）。

$$V_n = V_t \cdot \frac{273}{273+t} \cdot \frac{P}{101.325} \tag{3—8}$$

式中：V_n——标准状态下的采样体积（L 或 m³）；

V_t——现场状态下的采样体积（L 或 m³）；

t——采样时的温度（℃）；

P——采样时的大气压力（kPa）。

六、数据记录与计算结果

1. 现场采样记录，见表 3—8。

表 3—8　　　　　　　　　　　现场采样记录表

样品号	采样时间		总采样时间	气温（℃）	大气压（kPa）	采样流量（L/min）	采样体积（L）	天气状况
	开始	结束						

2. 滤膜称量及计算结果，见表 3—9。

表 3—9　　　　　　　　　　滤膜称量及计算结果表

样序号	滤膜重量（g）			V_n（m³）	TSP（mg/m³）	PM₁₀（mg/m³）	PM₂.₅（mg/m³）
	W（g）	W_0（g）	$(W-W_0)$（g）				

七、注意事项

1. 采样器每次使用前需进行流量校准。

2. 滤膜使用前均需检查，不得有针孔或任何缺陷。滤膜采集后，如不能立即称重，应在 4℃条件下冷藏保存。滤膜称量时要消除静电的影响。

3. 滤膜上积尘较多或电源电压变化时，采样流量会有波动，应随时注意检查和调节流量。

4. 采样时，将已称重的滤膜用镊子放入洁净采样夹内的滤网上，滤膜毛面应朝进气方向。将滤膜牢固压紧至不漏气。如果测定任何一次浓度，每次需更换滤膜；如测日平均浓度，样品可采集在一张滤膜上。采样结束后，用镊子取出。将有尘面两次对折，放入样品盒或纸袋，并做好采样记录。

5. 抽气动力和排气口应放在滤膜采样夹的下风口，必要时将排气口垫高，以避免排气将地面尘土扬起。

6. 采样器入口距地面高度不得低于 1.5m，采样不宜在风速大于 8m/s 等天气条件下进行。采样点应避开污染源及障碍物。如果测定交通处 PM₁₀，采样点应布置在距人行道边缘外侧 1m 处。

7. 要经常检查采样头是否漏气。当滤膜安放正确，采样系统无漏气时，采样后滤膜上颗粒物与四周白边之间界线应清晰，如出现界线模糊时，则表明应更换滤膜密封垫。

8. 当 PM_{10} 测定时，用间断采样方式测定日平均浓度，其次数不应少于 4 次，累计采样时间不应少于 18h。

9. 当 PM_{10} 或 $PM_{2.5}$ 含量很低时，采样时间不能过短。对于感量为 0.1mg 和 0.01mg 的分析天平，滤膜上颗粒物负载量应分别大于 1mg 和 0.1mg，以减少称量误差。

10. 采样前后，滤膜称量应使用同一台分析天平。

八、技能训练评分标准

评分标准见表 3—10。

表 3—10　　　　　　　　　　　　　校园空气中颗粒物的测定评分标准

考核项目	评分点	分值	评分标准	扣分	得分
1. 滤膜的操作（29 分）	滤膜的准备	6	滤膜未检查，扣 2 分 平衡温度 15℃～30℃、相对湿度 45℃～55℃，错误扣分 2 分 未在恒温恒湿箱中平衡 24h，扣 2 分		
	滤膜的安装	13	未使用镊子取出已称量的空白滤膜，扣 2 分 空白滤膜不得弯曲或折叠，错误扣 2 分 滤膜绒面向上，错误扣 3 分 空白滤膜放在支持网上，用滤膜夹对正，错误扣 3 分 未拧紧采样头，扣 3 分		
	滤膜的运输与保存	10	采样结束，用镊子取下尘膜，错误扣 2 分 尘膜绒面向内侧，两次对折，错误扣 2 分 滤膜置于样品盒或纸袋中，错误扣 2 分 滤膜放在恒温恒湿箱（室）内平衡 24h，错误扣 2 分 尘膜平衡条件与空白滤膜相同，错误扣 2 分		
2. 分析天平的操作（26 分）	称量前准备	4	未检查天平水平，扣 2 分 托盘未清扫，扣 2 分		
	分析天平秤量操作	12	平衡后的滤膜 30 秒内称量，错误扣 2 分 平衡后的滤膜用镊子取出，错误扣 2 分 滤膜放置不当，扣 2 分 颗粒物撒落，扣 2 分 开关天平门操作不当，扣 2 分 读数及记录错误，扣 2 分		
	称量后处理	10	不关天平门，扣 2 分 天平内外不清洁，扣 2 分 未检查零点，扣 2 分 凳子未归位，扣 2 分 未做使用记录，扣 2 分		
3. 采样（15 分）	采样器安装与参数设置	15	切割器选择错误，扣 5 分 未安装好采样泵，扣 5 分 设置采样流量与时间，错误扣 5 分		

续前表

考核项目	评分点	分值	评分标准	扣分	得分
4. 数据记录与处理（18分）	原始数据记录	6	数据未用黑色水笔填写，扣2分 数据未直接填在记录单上，扣2分 数据不全、有空项、字迹不工整，扣2分		
	数据处理	12	有效数字运算不规范，一次性扣4分 结果计算错误，扣6分 单位错误，扣2分		
5. 职业素质（12分）	文明操作	6	实训过程中台面、地面脏乱，扣2分 实训结束仪器未及时归位，扣2分 仪器损坏，一次性扣2分		
	实训态度	6	合作发生不愉快，扣3分 工作不主动，扣3分		
合计					

 思考与练习

1. 在滤膜装卸过程中应注意哪些方面？

2. 颗粒物采样后，若样品与滤膜的质量比采样前清洁滤膜的质量小，该数据是否可用？为什么？如何处理？

任务3　二氧化硫的测定

学习目标

一、知识目标

1. 掌握空气中二氧化硫测定方法原理与数据处理方法；

2. 掌握空气中二氧化硫测定注意事项。

二、技能目标

1. 能制定二氧化硫监测方案；

2. 能使用空气采样器采集二氧化硫样品；

3. 能用最小二乘法和校准曲线法计算二氧化硫含量。

三、素质目标

1. 自觉遵循技术标准与技术规范；
2. 培养分析与解决问题能力；
3. 能积极在做中学，学中做。

 知识学习

二氧化硫（SO_2）是主要空气污染物之一，为例行监测的必测项目。测定 SO_2 常用的方法有分光光度法、紫外荧光法、电导法、定电位电解法和气相色谱法，其中紫外荧光法和电导法主要用于自动监测。

一、四氯汞盐吸收—副玫瑰苯胺分光光度法（HJ 483—2009）

该方法是国内外广泛采用的测定环境空气中 SO_2 的方法，具有灵敏度高、选择性好等优点，但四氯汞钾溶液属于剧毒试剂，操作时须佩戴防护器具，避免接触皮肤和衣服，标准溶液的配制应在通风柜里操作，检测后废液残渣应妥善处理。

（一）适用范围

本方法适用于环境空气中二氧化硫的测定。当使用 5mL 吸收液，采样体积为 30L 时，测定空气中二氧化硫的检出限为 $0.005mg/m^3$，测定下限为 $0.020mg/m^3$，测定上限为 $0.18mg/m^3$。

（二）方法原理

用氯化钾和氯化汞配制成四氯汞钾吸收液，气样中的二氧化硫用该溶液吸收，生成稳定的二氯亚硫酸盐络合物，该络合物再与甲醛和盐酸副玫瑰苯胺作用，生成紫色络合物，其颜色深浅与 SO_2 含量成正比，在 575nm 波长处用分光光度法测定其吸光度。

（三）结果计算

（1）用亚硫酸钠标准溶液配制标准系列，在 575nm 波长处以蒸馏水为参比测定吸光度，以经试剂空白修正后的吸光度为纵坐标，以 SO_2 的质量浓度为横坐标，用最小二乘法建立校准曲线的回归方程。

然后，以同样方法测定显色后的样品溶液，经试剂空白修正后，按下式计算样气中 SO_2 的含量：

$$\rho = \frac{(A - A_0 - a)}{b \times V_s} \tag{3—9}$$

式中：ρ——空气中二氧化硫的质量浓度（mg/m^3）；

A——样品溶液的吸光度；

A_0——试剂空白溶液的吸光度；

a——标准曲线的截距；

b——标准曲线的斜率；

V_s——换算成标准状态下（101.325kPa，273K）的采样体积（L）。

计算结果应准确到小数点后第三位。

（2）用亚硫酸钠标准溶液配制标准系列，在最大吸收波长处以蒸馏水为参比测定吸光度，用经试剂空白修正后的吸光度对 SO_2 含量绘制校准曲线。然后，以同样方法测定显色后的样品溶液，经试剂空白修正后，按下式计算样气中 SO_2 的含量：

$$SO_2(mg \cdot m^{-3}) = \frac{W}{V_n} \cdot \frac{V_1}{V_2} \qquad (3—10)$$

式中：W——测定时所取样品溶液中 SO_2 含量（μg），由校准曲线查知；

V_1——样品溶液总体积（mL）；

V_2——测定时所取样品溶液体积（mL）；

V_n——标准状态下的采样体积（L）。

计算结果应准确到小数点后第三位。

（四）注意事项

（1）采样时吸收液的温度控制在 10℃～16℃。

（2）温度、酸度、显色时间等因素影响显色反应，标准溶液和试样溶液操作条件应一致。

（3）氮氧化物、臭氧及锰、铁、铬等离子对测定有干扰，加入氨基磺酸铵可消除氮氧化物的干扰。采样后放置片刻，臭氧可自行分解。加入磷酸和乙二胺四乙酸二钠盐可消除或减少某些金属离子的干扰。

（4）每批样品至少测定两个现场空白。即将装有吸收液的采样管带到采样现场，除了不采气之外，其他环境条件与样品相同。在样品采集、运输及存放过程中应避免日光直接照射。如果样品不能当天分析，需在 4℃～5℃下保存，但存放时间不得超过 7d。

（5）六价铬能使紫红色络合物褪色，产生负干扰，故应避免用硫酸—铬酸洗液洗涤玻璃器皿，若已用硫酸—铬酸洗液洗涤过，则需用盐酸溶液（1+1）浸洗，再用水充分洗涤。

（6）在检测后的四氯汞钾废液中，每升约加 10g 碳酸钠至中性，再加 10g 锌粒。在黑布罩下搅拌 24h 后，将上清液倒入玻璃缸，滴加饱和硫化钠溶液，至不再产生沉淀为止。弃去溶液，将沉淀物转入适当容器里。此方法可以除去废液中 99% 的汞。

二、甲醛吸收—副玫瑰苯胺分光光度法（HJ 482—2009）

（一）适用范围

该方法适用于环境空气中二氧化硫的测定。当使用 10mL 吸收液，采样体积为 30L

时，测定空气中二氧化硫的检出限为 0.007mg/m³，测定下限为 0.028mg/m³，测定上限为 0.667mg/m³。

（二）方法原理

SO₂ 被甲醛缓冲溶液吸收后，生成稳定的羟基甲磺酸加成化合物，加入氢氧化钠溶液使加成化合物分解，释放出的 SO₂ 与副玫瑰苯胺、甲醛反应，生成紫红色络合物，其最大吸收波长为 577nm，用分光光度法测定。

（三）结果计算

同四氯汞盐吸收—副玫瑰苯胺分光光度法。

三、钍试剂分光光度法

（一）适用范围

该方法所用吸收液无毒，样品采集后相当稳定，但灵敏度较低，所需采样体积大，适合于测定 SO₂ 日平均浓度。有色络合物最大吸收波长为 520nm。该方法最低检出限为 0.4μg/mL；当用 50mL 吸收液采样 2m³ 时，最低检出浓度为 0.01mg/m³。

（二）方法原理

大气中的 SO₂ 用过氧化氢溶液吸收并氧化为硫酸，硫酸根离子与过量的高氯酸钡反应，生成硫酸钡沉淀，剩余钡离子与钍试剂作用生成钍试剂—钡络合物（紫红色）。根据颜色深浅，间接进行定量测定。

（三）测定步骤

（1）校准曲线的绘制：吸取不同量硫酸标准溶液，各加入一定量高氯酸钡—乙醇溶液，再加钍试剂溶液显色，得到标准色列。以蒸馏水代替标准溶液，用同法配制试剂空白溶液，于 520nm 波长处，以水作参比，测其吸光度并调至 0.700。于相同波长处，以试剂空白溶液作参比，测定标准色列的吸光度，以吸光度对 SO₂ 浓度绘制校准曲线。

（2）将采样后的吸收液定容（同标准色列定容体积），按照上述方法测定吸光度，从校准曲线上查知相当 SO₂ 浓度（c），按下式计算大气中的 SO₂ 浓度：

$$SO_2(mg \cdot m^{-3}) = \frac{c \cdot V_t}{V_n} \tag{3—11}$$

式中：V_t——样品溶液总体积（mL）；

V_n——标准状态下的采样体积（L）。

（四）注意事项

（1）高氯酸钡—乙醇溶液及钍试剂溶液加入量必须准确。

（2）钍试剂能与多种金属离子（如钙、镁、铁、铝等）络合，采样装置前应安装颗粒物过滤器。

四、紫外荧光法

方法原理：在波长 190～230nm 紫外光照射下，SO₂ 吸收紫外光被激发至激发态，

146

即 $SO_2 + h\upsilon_1 \rightarrow SO_2^*$，激发态 SO_2^* 不稳定，瞬间返回基态，发射出波峰为 330nm 的荧光，即 $SO_2^* \rightarrow SO_2 + h\upsilon_2$，荧光强度与 SO_2 浓度成正比，用光电倍增管及电子测量系统测量荧光强度，即可知大气中 SO_2 的浓度。

 技能训练

校园空气中二氧化硫的测定（甲醛吸收—副玫瑰苯胺分光光度法）

一、实训目的

1. 能配制与标定硫代硫酸钠标准溶液；
2. 掌握气态污染物采样方法；
3. 掌握甲醛吸收—副玫瑰苯胺分光光度法测定二氧化硫方法与原理。

二、实训原理

同"知识学习"中甲醛吸收—副玫瑰苯胺分光光度法原理。

三、仪器与设备

1. 多孔玻板吸收管：10mL 多孔玻板吸收管，用于短时间采样；50mL 多孔玻板吸收管，用于 24h 连续采样。
2. 空气采样器：用于短时间采样的普通空气采样器，流量范围为 0.1～1L/min，应具备保温装置。用于 24h 连续采样的采样器应具备恒温、恒流、计时、自动控制开关的功能，流量范围为 0.1～0.5L/min。
3. 恒温水浴：0～40℃，控制精度为 ±1℃。
4. 分光光度计。
5. 10mL 具塞比色管。
6. 气压计、溶解氧瓶。
7. 25mL 酸式滴定管。

四、试剂和材料

1. 碘酸钾（KIO_3）优级纯，经 110℃ 干燥 2h。
2. 氢氧化钠溶液，$c(NaOH) = 1.5mol/L$：称取 6.0g NaOH，溶于 100mL 水中。
3. 环己二胺四乙酸二钠溶液，$c(CDTA\text{-}2Na) = 0.05\ mol/L$：称取 1.82g 反式 1, 2-环己二胺四乙酸（trans-1, 2-cyclohexylenedinitrilo tetraacetic acid，CDTA），加入氢氧化钠溶液 6.5mL，用水稀释至 100mL。
4. 甲醛缓冲吸收贮备液：吸取 36%～38% 的甲醛溶液 5.5mL，CDTA-2Na 溶液 20.00mL；称取 2.04g 邻苯二甲酸氢钾，溶于少量水中；将三种溶液合并，再用水稀释至 100mL,贮于冰箱可保存 1 年。

5. 甲醛缓冲吸收液:用水将甲醛缓冲吸收贮备液稀释 100 倍。临用时现配。

6. 氨磺酸钠溶液,$\rho(NaH_2NSO_3)=6.0g/L$:称取 0.60g 氨磺酸 [H_2NSO_3H] 置于 100mL 烧杯中,加入 4.0mL 氢氧化钠,用水搅拌至完全溶解后稀释至 100mL,摇匀。此溶液密封可保存 10d。

7. 碘贮备液,$c(1/2I_2)=0.10mol/L$:称取 12.7g 碘(I_2)于烧杯中,加入 40g 碘化钾和 25mL 水,搅拌至完全溶解,用水稀释至 1 000mL,贮存于棕色细口瓶中。

8. 碘溶液,$c(1/2I_2)=0.010mol/L$:量取碘贮备液 50mL,用水稀释至 500mL,贮于棕色细口瓶中。

9. 淀粉溶液,$\rho(淀粉)=5.0g/L$:称取 0.5g 可溶性淀粉置于 150mL 烧杯中,用少量水调成糊状,慢慢倒入 100mL 沸水,继续煮沸至溶液澄清,冷却后贮于试剂瓶中。

10. 碘酸钾基准溶液,$c(1/6KIO_3)=0.10mol/L$:准确称取 3.566 7g 碘酸钾溶于水,移入 1 000mL 容量瓶中,用水稀释至标线,摇匀。

11. 盐酸溶液,$c(HCl)=1.2mol/L$:量取 100mL 浓盐酸,加到 900mL 水中。

12. 硫代硫酸钠标准贮备液,$c(Na_2S_2O_3)=0.10mol/L$:称取 25.0g 硫代硫酸钠($Na_2S_2O_3 \cdot 5H_2O$)溶于 1 000mL 新煮沸但已冷却的水中,加入 0.2g 无水碳酸钠,贮于棕色细口瓶中,放置一周后备用。如溶液呈现混浊,必须过滤。

标定方法:吸取三份 20.0mL(1/6KIO₃)0.10mol/L 基准溶液分别置于 250mL 碘量瓶中,加 70mL 新煮沸但已冷却的水,加 1g 碘化钾,振摇至完全溶解后,加10mL 1.2mol/L 盐酸溶液,立即盖好瓶塞,摇匀。于暗处放置 5min 后,用硫代硫酸钠标准溶液滴定溶液至浅黄色,加 2mL 淀粉溶液,继续滴定至蓝色刚好褪去为止。记录所用硫代硫酸钠溶液体积 V(mL)。硫代硫酸钠标准溶液的浓度按下式计算:

$$c(Na_2S_2O_3)(mol/L) = \frac{20.0 \times 0.10}{V} \qquad (3-12)$$

13. 硫代硫酸钠标准溶液,$c(Na_2S_2O_3) \approx 0.010\ 00mol/L$:取 50.0mL 硫代硫酸钠贮备液置于 500mL 容量瓶中,用新煮沸但已冷却的水稀释至标线,摇匀。

14. 乙二胺四乙酸二钠盐(EDTA-2Na)溶液,$c(EDTA-2Na)=0.50g/L$:称取 0.25g 乙二胺四乙酸二钠盐 [$C_{10}H_{14}N_2O_8Na_2 \cdot 2H_2O$] 溶于 500mL 新煮沸但已冷却的水中。临用时现配。

15. 亚硫酸钠溶液,$c(Na_2SO_3)=1g/L$:称取 0.2g 亚硫酸钠(Na_2SO_3)溶于 200mL EDTA-2Na 溶液中,缓缓摇匀以防充氧,使其溶解。放置 2~3h 后标定。此溶液每毫升相当于 320~400μg 二氧化硫。标定方法如下:

(1)取 6 个 250mL 碘量瓶(A_1、A_2、A_3、B_1、B_2、B_3),在 A_1、A_2、A_3 内各加入 25.00mL 乙二胺四乙酸二钠盐溶液,在 B_1、B_2、B_3 内加入 25.0mL 亚硫酸钠溶液,再分别加入 50.0mL 碘溶液和 1.0mL 冰乙酸,盖好瓶盖,摇匀。

（2）立即吸取 2.00mL 亚硫酸钠溶液加到一个已装有 40.0～50.0mL 甲醛吸收液的 100.0mL 容量瓶中，并用甲醛吸收液稀释至标线、摇匀。此溶液即为二氧化硫标准贮备溶液，在 4℃～5℃下冷藏，可稳定 6 个月。

（3）A_1、A_2、A_3、B_1、B_2、B_3 六个瓶子于暗处放置 5min 后，用硫代硫酸钠溶液滴定至浅黄色，加 5mL 淀粉指示剂，继续滴定至蓝色刚刚消失。平行滴定所用硫代硫酸钠溶液的体积之差应不大于 0.05mL。

二氧化硫标准贮备溶液的质量浓度由下式计算：

$$c(SO_2) = \frac{(\overline{V}_0 - \overline{V}) \times c_2 \times 32.02 \times 10^3}{25.00} \times \frac{2.00}{100} \qquad (3—13)$$

式中：$c(SO_2)$——二氧化硫标准贮备溶液的质量浓度（μg/mL）；

　　　　$\overline{V}_0$——空白滴定所用硫代硫酸钠溶液的体积（mL）；

　　　　$\overline{V}$——样品滴定所用硫代硫酸钠溶液的体积（mL）；

　　　　c_2——硫代硫酸钠溶液的浓度（mol/L）。

16. 二氧化硫标准溶液 $c(SO_2)=1.00$μg/mL：用甲醛吸收液将二氧化硫标准贮备溶液稀释成每毫升含 1.0μg 二氧化硫的标准溶液。此溶液用于绘制标准曲线，在 4℃～5℃下冷藏，可稳定 1 个月。

17. 盐酸副玫瑰苯胺（PRA，即副品红或对品红）贮备液：$c(PRA)=2.0$g/L。

18. 盐酸副玫瑰苯胺溶液，$c(PRA)=0.50$g/L：吸取 25.0mL 副玫瑰苯胺贮备液于 100.0mL 容量瓶中，加 30mL 85％的浓磷酸和 12mL 浓盐酸，用水稀释至标线，摇匀，放置过夜后使用。避光密封保存。

19. 盐酸—乙醇清洗液：由三份（1+4）盐酸和一份 95％乙醇混合配制而成，用于清洗比色管和比色皿。

五、实训步骤

1. 采样。

（1）短时间采样：采用内装 10mL 吸收液的多孔玻板吸收管，以 0.5L/min 的流量采气 45～60min。吸收液温度保持在 23℃～29℃。

（2）24h 连续采样：用内装 50mL 吸收液的多孔玻板吸收瓶，以 0.2L/min 的流量连续采样 24h。吸收液温度保持在 23℃～29℃。

（3）现场空白：将装有吸收液的采样管带到采样现场，除了不采气之外，其他环境条件与样品相同。将现场空白和试剂空白的测量吸光度相对照，若现场空白与试剂空白相差过大，查找原因，重新采样。

（4）样品采集、运输和贮存过程中应避免阳光照射。采样同时记下采样时间、气温和气压。

2. 校准曲线的绘制。

取 16 支 10mL 具塞比色管，分 A、B 两组，每组 7 支，分别对应编号。A 组按表

3—11 配制校准系列。

表 3—11   二氧化硫校准系列表

管 号	0	1	2	3	4	5	6
二氧化硫标准溶液（1.00μg/mL）/mL	0	0.50	1.00	2.00	5.00	8.00	10.00
甲醛缓冲吸收液/mL	10.00	9.50	9.00	8.00	5.00	2.00	0
二氧化硫含量/μg	0	0.50	1.00	2.00	5.00	8.00	10.00

在 A 组各管中分别加入 0.5mL 氨磺酸钠溶液和 0.5mL 氢氧化钠溶液混匀。

在 B 组各管中分别加入 1.0mL PRA 溶液。

将 A 组各管的溶液迅速地全部倒入对应编号并装有 PRA 溶液的 B 管中，立即加塞混匀后放入恒温水浴装置中显色。在波长 577nm 处，用 10mm 比色皿，以水为参比测量吸光度。以试剂空白校正后各管的吸光度为纵坐标，以二氧化硫的含量（μg）为横坐标，用最小二乘法建立校准曲线的线性回归方程。显色温度与室温之差不应超过 3℃。根据季节和环境条件按表 3—12 选择合适的显色温度与显色时间。

表 3—12   显色温度与显色时间

显色温度/℃	10	15	20	25	30
显色时间/min	40	25	20	15	5
稳定时间/min	35	25	20	15	10
试剂空白吸光度 A_0	0.030	0.035	0.040	0.050	0.060

3. 样品的测定。

（1）样品溶液中如有混浊物，则应离心分离除去。

（2）样品放置 20min，以使臭氧分解。

（3）短时间采集的样品：将吸收管中的样品溶液移入 10mL 比色管中，用少量甲醛吸收液洗涤吸收管，洗液并入比色管中并稀释至标线。加入 0.5mL 氨磺酸钠溶液混匀，放置 10min，以除去氮氧化物的干扰。后续步骤同校准曲线的绘制。

（4）连续 24h 采集的样品：将吸收瓶中样品移入 50mL 容量瓶（或比色管）中，用少量甲醛吸收液洗涤吸收瓶后再倒入容量瓶（或比色管）中，并用吸收液稀释至标线。吸取适当体积的试样（视浓度高低而决定取 2~10mL）于 10mL 比色管中，再用吸收液稀释至标线，加入 0.5mL 氨磺酸钠溶液混匀，放置 10min 以除去氮氧化物的干扰，后续步骤同校准曲线的绘制。

六、数据处理

空气中二氧化硫的质量浓度计算同式（3—9）与式（3—10）。

七、数据记录与结果计算

1. 现场采样记录，见表 3—13。

表 3—13 现场采样记录表

样品号	采样时间		总采样时间	气温（℃）	大气压（kPa）	采样流量（L/min）	采样体积（L）	天气状况
	开始	结束						

2. 比色皿配套性检查，见表 3—14。

表 3—14 比色皿配套性检查表

序号	1	2	3
A			
所选比色皿			

3. 校准系列吸光度，见表 3—15。

表 3—15 校准系列吸光度表

序号	吸取标液体积（mL）	浓度或质量（μg）	A	$A_{校正}$	$A_{校正} - A_0$
0					
1					
2					
3					
4					
5					
6					
回归方程					
相关系数					

注：表中的 $A_{校正}$ 为样品吸光度与配套性检查时比色皿的校正值，A_0 为试剂空白的吸光度。

4. 样品测定结果，见表 3—16。

表 3—16 样品测定结果表

序号 \ 样品	A	$A_{校正}$	$A_{校正} - A_0$	SO_2（mg/m³）
1				
2				
3				

注：表中的 $A_{校正}$ 为样品吸光度与配套性检查时比色皿的校正值，A_0 为试剂空白的吸光度。

八、注意事项

1. 采样时吸收液的温度在 23℃～29℃时，吸收效率为 100％；10℃～15℃时，吸收效率偏低 5％；高于 33℃或低于 9℃时，吸收效率偏低 10％。

2. 每批样品至少测定两个现场空白。即将装有吸收液的采样管带到采样现场，除了不采气之外，其他环境条件与样品相同。

3. 当空气中二氧化硫浓度高于测定上限时，可以适当减少采样体积或者减少试料的体积。

4. 如果样品溶液的吸光度超过标准曲线的上限，可用试剂空白液稀释，在数分钟内再测定吸光度，但稀释倍数不要大于6。

5. 显色温度低，显色慢，稳定时间长。显色温度高，显色快，稳定时间短。操作人员必须了解显色温度、显色时间和稳定时间的关系，严格控制反应条件。

6. 测定样品时的温度与绘制校准曲线时的温度之差不应超过2℃。

7. 六价铬能使紫红色络合物褪色，产生负干扰，故应避免用硫酸—铬酸洗液洗涤玻璃器皿。若已用硫酸—铬酸洗液洗涤过，则需用盐酸溶液（1+1）浸洗，再用水充分洗涤。

8. 用过的比色管和比色皿应及时用盐酸—乙醇清洗液浸洗，否则红色难以洗净。

九、技能训练评分标准

评分标准见表3—17。

表 3—17　　校园空气中二氧化硫的测定（甲醛吸收—副玫瑰苯胺分光光度法）

考核项目	评分点	分值	评分标准	扣分	得分
1. 采样与样品的测定（26分）	吸收管的使用	5	加入吸收液至吸收管，溶液撒落吸收管外，扣2分 将吸收管与采样器连接好，错误扣2分 吸收液温度保持在23℃～29℃，错误扣1分		
	样品的采集	12	做2个现场空白，未做扣2分 样品采集、运输和储存过程中应避免阳光照射，错误扣2分 安装好采样泵，错误扣4分 设置采样流量与时间，错误扣4分		
	样品的测定	9	采样后，样品放置20min后测定，错误扣2分 用少量甲醛吸收液洗涤吸收管，错误扣2分 洗液并入比色管中并稀释至标线，错误扣2分 加入0.5 mL氨磺酸钠溶液混匀，放置10min，错误扣1分 稀释倍数错误，致使吸光度超出要求范围或在第一点范围内，扣2分		
2. 分光光度计的使用（25分）	测定前的准备	4	同表1—30水中氨氮的测定（纳氏试剂分光光度法）评分标准		
	测定操作	13	同表1—30水中氨氮的测定（纳氏试剂分光光度法）评分标准		
	仪器被溶液污染	4	同表1—30水中氨氮的测定（纳氏试剂分光光度法）评分标准		
	测定后的处理	4	同表1—30水中氨氮的测定（纳氏试剂分光光度法）评分标准		

续前表

考核项目	评分点	分值	评分标准	扣分	得分
3. 数据记录与处理（15分）	原始数据记录	5	同表1—30水中氨氮的测定（纳氏试剂分光光度法）评分标准		
	标准曲线绘制	10	同表1—30水中氨氮的测定（纳氏试剂分光光度法）评分标准		
4. 测定结果（24分）	数据结果	6	同表2—10污水中六价铬的测定（二苯碳酰二肼分光光度法）评分标准		
	校准曲线线性相关性	8	同表2—10污水中六价铬的测定（二苯碳酰二肼分光光度法）评分标准		
	测定结果精密度	10	同表2—10污水中六价铬的测定（二苯碳酰二肼分光光度法）评分标准		
5. 职业素质（10分）	文明操作	6	同表1—30水中氨氮的测定（纳氏试剂分光光度法）评分标准		
	实训态度	4	同表1—30水中氨氮的测定（纳氏试剂分光光度法）评分标准		
合计					

 思考与练习

1. 试分析四氯汞盐吸收—副玫瑰苯胺分光光度法与甲醛吸收—副玫瑰苯胺分光光度法测定二氧化硫的异同之处。

2. 四氯汞盐吸收—副玫瑰苯胺分光光度法测定空气中二氧化硫时，有哪些主要干扰物？如何消除？

任务4　二氧化氮与氮氧化物的测定

 学习目标

一、知识目标

1. 掌握空气中二氧化氮与氮氧化物测定方法与原理；

2. 掌握盐酸萘乙二胺分光光度法测定空气中二氧化氮与氮氧化物数据处理方法。

二、技能目标

1. 能制定校园空气中二氧化氮与氮氧化物监测方案；
2. 能采集空气中一氧化氮与二氧化氮样品。

三、素质目标

1. 培养良好的团队合作精神；
2. 遵循技术标准与技术规范；
3. 培养分析问题与解决问题的能力。

知识学习

氮的氧化物有一氧化氮、二氧化氮、三氧化二氮、四氧化三氮和五氧化二氮等多种形式。大气中的氮氧化物指空气中以一氧化氮和二氧化氮形式存在的氮的氧化物（以 NO_2 计）。

空气中二氧化氮与氮氧化物的测定方法有盐酸萘乙二胺分光光度法、化学发光法及恒电流库仑法等。

一、盐酸萘乙二胺分光光度法（HJ 479—2009）

（一）适用范围

该方法适用于环境空气中氮氧化物、二氧化氮和一氧化氮的测定。

本方法检出限为 0.36 μg/10mL 吸收液。当吸收液总体积为 10.0mL、采样体积为 24.0L 时，空气中的氮氧化物的检出限为 0.015mg/m³；当吸收液总体积为 50.0mL、采样体积为 288.0L 时，空气中氮氧化物的检出限为 0.006mg/m³。《中华人民共和国国家环境保护标准》（HJ 479—2009）规定环境空气中氮氧化物的测定为 0.024～2.0mg/m³。

（二）方法原理

空气中的二氧化氮被串联的第一支吸收瓶中的吸收液吸收并反应生成粉红色偶氮染料。空气中的一氧化氮不与吸收液反应，通过氧化管时被酸性高锰酸钾溶液氧化成二氧化氮，被串联的第二支吸收瓶中的吸收液吸收并反应生成粉红色偶氮染料。生成的偶氮染料在波长 540nm 处的吸光度与二氧化氮的含量成正比。分别测定第一支和第二支吸收瓶中样品的吸光度，计算两支吸收瓶中二氧化氮和一氧化氮的质量浓度，二者之和即为氮氧化物的质量浓度（以二氧化氮计）。

（三）结果计算

1. 线性回归方程法。

空气中二氧化氮浓度（mg/m³）的计算公式为

$$\rho_{NO_2} = \frac{(A_1 - A_0 - a) \times V \times D}{b \times f \times V_0} \tag{3—14}$$

式中：A_1——串联的第一支吸收瓶中样品的吸光度；

　　　A_0——实验室空白的吸光度；

　　　a——标准曲线的截距；

　　　b——标准曲线的斜率，吸光度；

　　　V——采样用吸收液体积（mL）；

　　　V_0——换算为标准状态（101.325kPa，273K）下的采样体积（L）；

　　　D——样品的稀释倍数；

　　　f——Saltzman 实验系数，0.88（当空气中二氧化氮浓度高于 0.72mg/m^3 时，f 取值 0.77）。

空气中一氧化氮浓度（mg/m^3）（以二氧化氮计）的计算公式为

$$\rho_{NO_2}=\frac{(A_2-A_0-a)\times V\times D}{b\times f\times V_0\times K}\qquad(3\text{—}15)$$

式中：A_2——串联的第二支吸收瓶中样品的吸光度；

　　　K——NO→NO_2 氧化系数，0.68。

空气中一氧化氮浓度（mg/m^3）（以一氧化氮计）的计算公式为

$$\rho'_{NO}=\frac{\rho_{NO}\times 30}{46}\qquad(3\text{—}16)$$

空气中氮氧化物的浓度（mg/m^3）（以二氧化氮计）的计算公式为

$$\rho_{NO_x}=\rho_{NO_2}+\rho_{NO}\qquad(3\text{—}17)$$

2. 查标准曲线法。

空气中二氧化氮浓度（mg/m^3）的计算公式为

$$\rho_{NO_2}=\frac{W_1\times D}{f\times V_0}\qquad(3\text{—}18)$$

式中：W_1——串联的第一支吸收瓶中样品从标准曲线上查得的 NO_2 的含量（μg）；

　　　V_0——换算为标准状态（101.325kPa，273K）下的采样体积（L）；

　　　D——样品的稀释倍数；

　　　f——Saltzman 实验系数，0.88（当空气中二氧化氮浓度高于 0.72mg/m^3 时，f 取值 0.77）。

空气中一氧化氮浓度（mg/m^3）（以二氧化氮计）的计算公式为

$$\rho_{NO_2}=\frac{W_2\times D}{f\times V_0\times K}\qquad(3\text{—}19)$$

　式中：W_2——串联的第二支吸收瓶中样品从标准曲线上查得 No_2 的含量（μg）

　　　　K——NO→NO_2 氧化系数，0.68。

空气中一氧化氮浓度（mg/m^3）（以一氧化氮计）的计算公式同式（3—16）。

空气中氮氧化物浓度（mg/m³）（以二氧化氮计）的计算公式同式（3—17）。

（四）干扰及消除

空气中二氧化硫浓度为氮氧化物浓度的 30 倍时，对二氧化氮浓度的测定产生负干扰。空气中过氧乙酰硝酸酯（PAN）对二氧化氮的测定产生正干扰。空气中臭氧浓度超过 0.25mg/m³ 时，对二氧化氮浓度的测定产生负干扰。采样时可以在采样瓶入口端串联一段 15～20cm 长的硅橡胶管，可排除干扰。

二、化学发光法

某些化合物分子吸收化学能后，被激发到激发态，再由激发态返回至基态时，以光量子的形式释放出能量，这种化学反应称为化学发光反应，利用测量化学发光强度对物质进行分析测定的方法称为化学发光分析法。

三、恒电流库仑法

恒电流库仑工作原理，如图 3—4 所示。库仑池中有两个电极，活性炭阳极和铂网阴极，池内充 0.1mol·L⁻¹ 磷酸盐缓冲溶液（pH＝7.0）和 0.3mol·L⁻¹ 碘化钾溶液。当进入库仑池的气样中含有 NO_2 时，则与电解液中的 I^- 反应，将其氧化成 I_2，而生成的 I_2 又立即在铂网阴极上还原为 I^-，便产生微小电流。微电流大小与气样中 NO_2 浓度成正比，根据法拉第电解定律将产生的电流换算成 NO_2 的浓度，直接进行显示和记录。测定总氮氧化物时，将气样通过三氧化二铬氧化管，将 NO 氧化成 NO_2。

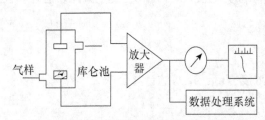

图 3—4　恒电流库仑法测定 NO_x 原理

 技能训练

校园空气中二氧化氮与氮氧化物的测定（盐酸萘乙二胺分光光度法）

一、实训目的

1. 掌握盐酸萘乙二胺分光光度法测定大气中二氧化氮与氮氧化物的方法和原理；
2. 能现场采集空气中的二氧化氮与一氧化氮。

二、实训原理

同"知识学习"中盐酸萘乙二胺分光光度法原理。

三、仪器与设备

1. 分光光度计。

2. 空气采样器：流量范围 0.1~1.0L/min。

3. 吸收瓶：可装 10mL、25mL 或 50mL 吸收液的多孔玻板吸收瓶，液柱高度不低于 80mm。使用棕色吸收瓶或采样过程中吸收瓶外罩黑色避光罩。新的多孔玻板吸收瓶或使用后的多孔玻板吸收瓶，应用（1+1）HCl 浸泡 24h 以上，用清水洗净。

4. 氧化瓶：可装 10mL 酸性高锰酸钾溶液，液柱高度不能低于 80mm。使用后，用盐酸羟胺溶液浸泡洗涤。

四、试剂与材料

1. 冰乙酸。

2. 盐酸羟胺溶液，$\rho=0.2~0.5g/L$。

3. 硫酸溶液，$c(1/2H_2SO_4)=1mol/L$：取 15mL 浓硫酸（$\rho_{20}=1.84g/mL$），徐徐加到 500mL 水中，搅拌均匀，冷却备用。

4. 酸性高锰酸钾溶液，$\rho(KMnO_4)=25g/L$：称取 25g 高锰酸钾于 1 000mL 烧杯中，加入 500mL 水，稍微加热使其全部溶解，然后加入 1mol/L 硫酸溶液 500mL，搅拌均匀，贮于棕色试剂瓶中。

5. N-(1-萘基) 乙二胺盐酸盐贮备液，$\rho(C_{10}H_7NH(CH_2)_2NH_2 \cdot 2HCl)=1.00g/L$：称取 0.5g N-(1-萘基) 乙二胺盐酸盐于 500mL 容量瓶中，用水溶解稀释至标线。此溶液贮于密闭的棕色瓶中，在冰箱中冷藏，可稳定保存三个月。

6. 显色液：称取 5.0g 对氨基苯磺酸 [$NH_2C_6H_4SO_3H$] 溶解于约 200mL 40℃~50℃热水中，将溶液冷却至室温，全部移入 1 000mL 容量瓶中，加入 50mL N-(1-萘基) 乙二胺盐酸盐贮备溶液和 50mL 冰乙酸，用水稀释至标线。此溶液贮于密闭的棕色瓶中，在 25℃ 以下暗处存放可稳定三个月。若溶液呈现淡红色，应弃之重配。

7. 吸收液：使用时将显色液和水按 4：1（体积分数）比例混合，即为吸收液。吸收液的吸光度应小于等于 0.005。

8. 亚硝酸盐标准贮备液，$\rho(NO_2^-)=250\mu g/mL$：准确称取 0.375 0g 亚硝酸钠（$NaNO_2$，优级纯，使用前在 105±5℃ 干燥恒重）溶于水，移入 1 000mL 容量瓶中，用水稀释至标线。此溶液贮于密闭棕色瓶中于暗处存放，可稳定保存三个月。

9. 亚硝酸盐标准工作液，$\rho(NO_2^-)=2.5\mu g/mL$：准确吸取亚硝酸盐标准储备液 1.00mL 于 100mL 容量瓶中，用水稀释至标线。临用现配。

五、实验步骤

1. 采样。

（1）样品的采集：取两支内装 10.0mL 吸收液的多孔玻板吸收瓶和一支内装 5~

10mL 酸性高锰酸钾溶液的氧化瓶（液柱高度不低于 80mm），用尽量短的硅橡胶管将氧化瓶串联在二支吸收瓶之间，以 0.4L/min 流量采气 4～24L，采样时间 1h 以内。

氧化管中有明显的沉淀物析出时，应及时更换。一般情况下，内装 50mL 酸性高锰酸钾溶液的氧化瓶可使用 15～20d（隔日采样）。采样过程注意观察吸收液颜色变化，避免因氮氧化物质量浓度过高而穿透。

（2）现场空白样：要求每次采样至少做两个现场空白测试。

将装有吸收液的吸收瓶带到采样现场，与样品在相同的条件下保存、运输，直至送交实验室分析，运输过程中应注意防止沾污。

（3）样品的保存：样品采集、运输及存放过程中避光保存，样品采集后尽快分析。若不能及时测定，将样品于低温暗处存放，样品在 30℃暗处存放，可稳定 8h；在 20℃暗处存放，可稳定 24h；于 0～4℃冷藏，至少可稳定 3d。

2. 校准曲线的绘制。

取 6 支 10mL 具塞比色管，按表 3—18 制备亚硝酸盐标准溶液系列。根据表 3—18 分别移取相应体积的亚硝酸钠标准工作液，加水至 2.0mL，加入显色液 8.0mL。

表 3—18　　　　　　　　　　　NO_2^- 标准溶液系列

管号	0	1	2	3	4	5
亚硝酸钠标准工作液/mL	0.00	0.40	0.80	1.20	1.60	2.00
水/mL	2.00	1.60	1.20	0.80	0.40	0.00
显色液/mL	8.00	8.00	8.00	8.00	8.00	8.00
NO_2^- 质量浓度/（μg/mL）	0.00	0.10	0.20	0.30	0.40	0.50

各管混匀，于暗处放置 20min（室温低于 20℃时放置 40min 以上），用 10mm 比色皿，在波长 540nm 处，以水为参比测量吸光度，扣除 0 号管的吸光度以后，对应 NO_2^- 的质量浓度（μg/mL），用最小二乘法计算直线回归方程。

校准曲线斜率控制在 0.960～0.978 吸光度，截距控制在 0.000～0.005。

3. 空白试验。

（1）实验室空白试验：取实验室内未经采样的空白吸收液，用 10mm 比色皿，在波长 540nm 处，以水为参比测定吸光度。实验室空白吸光度 A_0 在显色规定条件下波动范围不超过±15%。

（2）现场空白：测定吸光度。将现场空白和实验室空白的测量结果相对照，若现场空白与实验室空白相差过大，查找原因，重新采样。

4. 样品的测定。

采样后放置 20min，室温 20℃以下时放置 40min 以上，用水将采样瓶中吸收液的体积补充至标线，混匀。用 10mm 比色皿，在波长 540nm 处，以水为参比测量吸光度，同时测定空白样品的吸光度。

若样品的吸光度超过标准曲线的上限，应用实验室空白试液稀释，再测定其吸光度，稀释倍数不得大于 6。

5. 结果计算。

同"知识学习"中"盐酸萘乙二胺分光光度法"结果计算式。

6. 数据记录与计算结果表。

参考表3—13、表3—14、表3—15与表3—16。

六、注意事项

1. 本标准（HJ 479—2009）方法中氧化管中氧化剂为酸性高锰酸钾，替代了已废止 GB 8969—1988 和 GB/T 15436—1995 标准方法中的三氧化二铬—砂子管，若氧化管中有明显的沉淀物析出时，应及时更换，氧化管使用完应用盐酸羟胺溶液浸泡洗涤。

2. 吸收液必须无色，如呈微红色可能有亚硝酸根的污染。日光照射也能引起吸收液显色，所以吸收管在采样、运送和存放过程中都应采取避光措施。

3. 采样期间，样品运输和存放过程中应避免阳光照射。气温超过 25℃时，长时间（8h 以上）运输和存放样品应采取降温措施。

4. 采样结束时，为防止溶液倒吸，应在采样泵停止抽气的同时，闭合连接在采样系统中的止水夹或电磁阀。

5. 在交通要道采样时，应将采样点设在十字路口汽车停车线旁人行道上，距离马路边 1.5m 处，高度 1.5～3.5m。

6. 每次采样至少做两个现场空白。

七、技能训练评分标准

评分标准见表3—19。

表3—19 **校园空气中二氧化氮与氮氧化物的测定（盐酸萘乙二胺分光光度法）评分标准**

考核项目	评分点	分值	评分标准	扣分	得分
1. 采样与样品的测定（26分）	吸收管的使用	6	加入吸收液至吸收管，溶液撒落吸收管外，扣2分 未装酸性高锰酸钾溶液的氧化瓶，扣2分 未将吸收管、氧化瓶和采样器连接好，扣2分		
	样品的采集与保存	12	做2个现场空白，未做，扣2分 样品采集、运输和储存过程中应避免阳光照射，错误扣2分 安装好采样泵，错误扣3分 设置采样流量与时间，错误扣3分 样品在30℃暗处存放，可稳定 8h，在20℃暗处存放，可稳定24h，于0～4℃冷藏，至少可稳定3d，错误扣2分		
	样品的测定	8	采样后，样品放置 20min，错误扣2分 用少量水洗涤吸收管，错误扣2分 用水稀释至标线，错误扣2分 稀释倍数错误，致使吸光度超出要求范围或在第一点范围内，扣2分		

续前表

考核项目	评分点	分值	评分标准	扣分	得分
2. 分光光度计的使用（25分）	测定前的准备	4	同表1—30 水中氨氮的测定（纳氏试剂分光光度法）评分标准		
	测定操作	13	同表1—30 水中氨氮的测定（纳氏试剂分光光度法）评分标准		
	仪器被溶液污染	4	同表1—30 水中氨氮的测定（纳氏试剂分光光度法）评分标准		
	测定后的处理	4	同表1—30 水中氨氮的测定（纳氏试剂分光光度法）评分标准		
3. 数据记录与处理（15分）	原始数据记录	5	同表1—30 水中氨氮的测定（纳氏试剂分光光度法）评分标准		
	标准曲线绘制	10	同表1—30 水中氨氮的测定（纳氏试剂分光光度法）评分标准		
4. 测定结果（24分）	数据结果	8	同表2—10 污水中六价铬的测定（二苯碳酰二肼分光光度法）评分标准		
	校准曲线线性相关性	6	同表2—10 污水中六价铬的测定（二苯碳酰二肼分光光度法）评分标准		
	测定结果精密度	10	同表2—10 污水中六价铬的测定（二苯碳酰二肼分光光度法）评分标准		
5. 职业素质（10分）	文明操作	6	同表1—30 水中氨氮的测定（纳氏试剂分光光度法）评分标准		
	实训态度	4	同表1—30 水中氨氮的测定（纳氏试剂分光光度法）评分标准		
合计					

💡 思考与练习

1. 盐酸萘乙二胺分光光度法测定大气中二氧化氮时，主要干扰物有哪些？如何消除？

2. 把校园临近交通干线空气中氮氧化物的量与校园生活区氮氧化物的量进行比较，有明显变化吗？如果有，是什么原因造成的？

项目四　　固定污染源废气监测

任务 1　固定污染源废气监测方案的制定

 学习目标

一、知识目标

1. 掌握固定污染源废气监测采样点位的布设方法；
2. 掌握固定污染源废气监测项目与分析方法的选择。

二、技能目标

1. 能现场调查和收集资料；
2. 能制定固定污染源监测方案。

三、素质目标

1. 培养良好的团队合作精神；
2. 培养分析与解决问题的能力；
3. 能积极地在做中学，学中做。

知识学习

废气包括固定污染源废气和流动污染源废气。固定污染源废气是指燃煤、燃油、燃气的锅炉和工业炉窑以及石油化工、冶金、建材等生产过程中产生的,通过排气筒向空气中排放的废气。流动污染源废气指汽车、火车、飞机、轮船等交通运输工具排放的废气。

一、监测方案设计思路

根据监测目的、现场勘察和调查资料,编制切实可行的监测方案。监测方案的内容应包括污染源概况、监测目的、评价标准、监测内容、监测项目、采样位置、采样频次及采样时间、采样方法和分析测定技术、监测报告要求和质量保证措施等。对于工艺过程较为简单、监测内容较为单一、经常性重复的监测任务,监测方案可适当简化。

二、现场调查和资料收集

（1）收集相关的技术资料,了解产生废气的生产工艺过程及生产设施的性能、排放的主要污染物种类及排放浓度大致范围,以确定监测项目和监测方法。

（2）调查污染源的污染治理设施的净化原理、工艺过程、主要技术指标等,以确定监测内容。

（3）调查生产设施的运行工况,污染物排放方式和排放规律,以确定采样频次及采样时间。

（4）现场勘察污染源所处位置和数目,废气输送管道的布置及断面的形状、尺寸,废气输送管道周围的环境状况,废气的去向及排气筒高度等,以确定采样位置及采样点数量。

（5）收集与污染源有关的其他技术资料。

三、采样位置和采样点布设

（一）采样位置

（1）采样位置应避开对测试人员操作有危险的场所。

（2）采样位置应优先选择在垂直管段,应避开烟道弯头和断面急剧变化的部位。采样位置应设置在距弯头、阀门、变径管下游方向不小于 6 倍直径,且距上述部件上游方向不小于 3 倍直径处。对矩形烟道,当量直径 $D=2AB/(A+B)$,式中 A、B 为边长。采样断面的气流速度最好在 5m/s 以上。

（3）测试现场空间位置有限,很难满足上述要求时,可选择比较适宜的管段采样,但采样断面与弯头等的距离至少是烟道直径的 1.5 倍,并应适当增加监测点的数量和采样频次。

（4）对于气态污染物，由于混合比较均匀，其采样位置可不受上述规定限制，但应避开涡流区。

（5）必要时应设置采样平台，采样平台应有足够的工作面积使工作人员安全、方便地操作。平台面积应不小于 $1.5\mathrm{m}^2$，并设有 1.1m 高的护栏和不低于 10cm 的脚部挡板，采样平台的承重应不小于 $200\mathrm{kg/m}^2$，采样孔距平台面 1.2~1.3m。

（二）采样孔

（1）在选定的测定位置上开设采样孔，采样孔的内径应不小于 80mm，采样孔管长应不大于 50mm。不使用时应用盖板、管堵或管帽封闭（见图 4—1）。当采样孔仅用于采集气态污染物时，其内径应不小于 40mm。

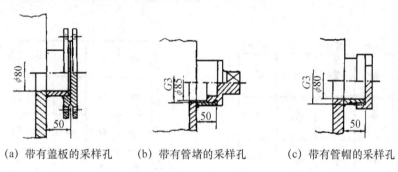

（a）带有盖板的采样孔　　（b）带有管堵的采样孔　　（c）带有管帽的采样孔

图 4—1　几种封闭形式的采样孔

（2）对正压下输送高温或有毒气体的烟道，应采用带有闸板阀的密封采样孔（见图 4—2）。

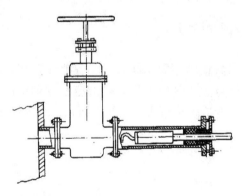

图 4—2　带有闸板阀的密封采样孔

（3）对圆形烟道，采样孔应设在包括各测点在内的互相垂直的直径线上（见图 4—3）。对矩形或方形烟道，采样孔应设在包括各测点在内的延长线上（见图 4—4、图 4—5）。

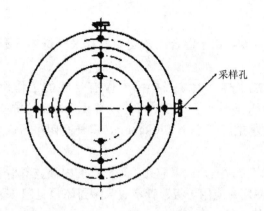

图4—3　圆形断面的测定点

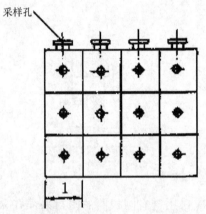

图4—4　长方形断面的测定点　　　　　　图4—5　正方形断面的测定点

（三）采样点的位置和数目

1. 圆形烟道。

（1）将烟道分成适当数量的等面积同心环，各测点选在各环等面积中心线与呈垂直相交的两条直径线的交点上，其中一条直径线应在预期浓度变化最大的平面内，如当测点在弯头后，该直径线应位于弯头所在的平面 $A—A$ 内（见图4—6）。

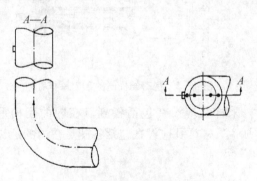

图4—6　圆形烟道弯头后的测点

（2）对垂直烟道，可只选预期浓度变化最大的一条直径线上的测点。

（3）对直径小于 0.3m，流速分布比较均匀、对称的垂直小烟道，可取烟道中心作为测点。

（4）不同直径的圆形烟道的等面积环数、测量直径数及测点数见表 4—1，原则上测点不超过 20 个。

表 4—1　　　　　　　　　　　　　圆形烟道分环及测点数的确定

烟道直径（m）	等面积环数	测量直径数	测点数
＜0.3			1
0.3~0.6	1~2	1~2	2~8
0.6~1.0	2~3	1~2	4~12
1.0~1.2	3~4	1~2	6~16
2.0~4.0	4~5	1~2	8~20
＞4.0	5	1~2	10~20

（5）测点距烟道内壁的距离见图 4—7，按表 4—2 确定。当测点距烟道内壁的距离小于 25mm 时，取 25mm。

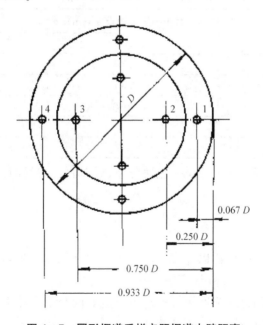

图 4—7　圆形烟道采样点距烟道内壁距离

表 4—2　　　　　　　　　　　测点距烟道内壁的距离（以烟道直径 D 计）

测点号	环数				
	1	2	3	4	5
1	0.146	0.067	0.044	0.033	0.026
2	0.854	0.250	0.146	0.105	0.082

续前表

测点号	环数				
	1	2	3	4	5
3		0.750	0.296	0.194	0.146
4		0.933	0.704	0.323	0.226
5			0.854	0.677	0.342
6			0.956	0.806	0.658
7				0.895	0.774
8				0.967	0.854
9					0.918
10					0.974

2. 矩形或方形烟道。

(1) 将烟道断面分成适当数量的等面积小块，各块中心即为测点。小块的数量按表 4—3 的规定选取。原则上测点不超过 20 个。

表 4—3　　　　　　　　　矩（方）形烟道的分块和测点数

烟道断面积（m²）	等面积小块长边长度（m）	测点总数
<0.1	<0.32	1
0.1~0.5	<0.35	1~4
0.5~1.0	<0.50	4~6
1.0~4.0	<0.67	6~9
4.0~9.0	<0.75	9~16
>9.0	≤1.0	16~20

(2) 烟道断面面积小于 $0.1m^2$，流速分布比较均匀、对称且管道垂直的，可取断面中心作为测点。

四、采样时间与频次

(1) 排气筒中废气的采样以连续 1 小时的采样获取平均值，或在 1 小时内，以等时间间隔采集 3~4 个样品，并计算平均值。

(2) 若某排气筒的排放为间断性排放，排放时间小于 1 小时，应在排放时段内实行连续采样，或在排放时段内等间隔采集 2~4 个样品，并计算平均值；若某排气筒的排放为间断性排放，排放时间大于 1 小时，则应在排放时段内按 (1) 的要求采样。

(3) 一般污染源的监督性监测每年不少于 1 次，如被国家或地方环境保护行政主管部门列为年度重点监管的排污单位，每年监督性监测不少于 4 次。

(4) 当进行污染事故排放监测时，应按需要设置采样时间和采样频次，不受上述要求的限制。

五、监测项目

（一）排气参数

烟气的体积、温度和压力是烟气的基本状态常数，也是计算烟气流速、烟尘及有害物质浓度的依据。其中，烟气体积由采样流量和采样时间的乘积求得，而采样流量由测点烟道断面乘以烟气流速得到，流速又由烟气压力和温度计算得知。烟气温度用热电偶（或电阻）温度计或水银玻璃温度计测量，烟气压力用测压管或压力计测量。

（二）排气中水分含量

一般情况下可在靠近烟道中心点的一点测定。测定方法有干湿球法、冷凝法和重量法。

（三）颗粒物

把烟尘采样管由采样孔插入烟道中，抽取一定量的含尘气体。用重量法测定排气中颗粒物浓度。

（四）烟气黑度

测定的主要方法有林格曼黑度法、测烟望远镜法和光电测烟仪法等。

（五）烟气组分

烟气组分包括主要气体组分和气态污染物组分。主要气体组分为氮、氧、二氧化碳和水蒸气等。测定这些组分的目的是考察燃料燃烧情况和为烟尘测定提供计算烟气气体常数的数据。有害组分指一氧化碳、氮氧化物、硫氧化物和硫化氢等。

（1）烟气中主要组分的测定：可采用奥氏气体分析器吸收法和仪器分析法测定。

（2）烟气中气态污染物组分的测定：烟气中气态污染物组分的测定方法有化学分析法和仪器直接测试法。

1）化学分析法：通过采样管将样品抽入到装有吸收液的吸收瓶或装有固体吸附剂的吸收管、真空瓶、注射器或气袋中，样品溶液或气态样品经化学分析或仪器分析得出污染物含量。

2）仪器直接测试法：通过采样管、颗粒物过滤器和除湿器，用抽气泵将样气送入分析仪器，直接指示被测气态污染物的含量。

六、监测分析方法

（一）选择分析方法的原则

（1）监测分析方法的选用应充分考虑相关排放标准的规定、被测污染源排放特点、污染物排放浓度的高低、所采用监测分析方法的检出限和干扰等因素。

（2）相关排放标准中有监测分析方法的规定时，应采用标准中规定的方法。

（3）对相关排放标准未规定监测分析方法的污染物项目，应选用国家环境保护标准、环境保护行业标准规定的方法。

（4）在某些项目的监测中，尚无方法标准的，可采用国际标准化组织（ISO）或其他国家的等效方法标准，但应经过验证合格，其检出限、准确度和精密度应能达到质控要求。

（二）固定污染源废气监测分析方法

具体见《固定污染源废气监测技术规范》（HJ/T 397—2007）附录 A。

七、监测结果表示

（1）污染物排放浓度以标准状况下干排气量的质量体积比浓度（mg/m³ 或 μg/m³）表示。

（2）当监测仪器测定结果以体积比浓度（ppm 或 ppb）表示时，应将此浓度换算成质量体积比浓度（mg/m³ 或 μg/m³）。

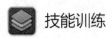 技能训练

校园燃气锅炉废气监测方案的制定

一、实训目的

1. 学会收集资料和现场调查；
2. 学会采样点的布设、采样方法和分析方法的选择；
3. 能制定固定污染源废气监测方案。

二、实训要求

1. 每 2 名同学为一组，选取校园燃气锅炉作为监测对象。
2. 小组合作提交一份监测方案，方案尽量采用表格形式。

三、实训步骤

1. 资料收集。
（1）气象条件。
（2）校园平面位置图。
2. 污染源调查。
（1）燃气锅炉所处位置和数目，废气的去向及排气筒高度。
（2）燃料组分和排放的主要污染物及排放浓度大致范围。
（3）废气排放方式和排放规律。
3. 监测项目与污染物分析方法的确定。
（1）根据收集的资料与污染源调查分析，确定监测项目。
（2）污染物分析方法选用国家标准或行业分析方法，注明方法代码与检出下限。

4. 监测点位的布设。

根据气象特征、锅炉位置和排气筒特征等布设监测点位，并在校园平面位置图上标注点位编号。

5. 样品的采集。

（1）采样前仪器设备准备与人员安排。

（2）采样：确立采样方法、采样工具、采样时间、采样频率和现场测试。

四、数据记录

（1）污染源调查表，见表4—4。

表 4—4　　　　　　　　　　　　　　　　污染源调查表

序号	污染源	类型	位置	燃料种类	燃料消耗量	污染物	排放方式	排放量	治理措施

（2）监测项目与污染物分析方法，见表4—5。

表 4—5　　　　　　　　　　　　　　监测项目与污染物分析方法表

序号	监测项目	分析方法	方法代码	检出下限

（3）监测点位布设，见表4—6。

表 4—6　　　　　　　　　　　　　　　监测点位布设表

序号	名称	测点位置	点位平面分布图

五、技能训练评分标准

校园燃气锅炉废气监测方案的制定评分标准同表 1—11 校园附近某地表水监测方案的制定评分标准。

💡 思考与练习

1. 在圆形烟道废气监测中，如何布设采样点和采样点数？

2. 测定烟气中颗粒物的采样方法和测定气态污染物的采样方法有何不同？为什么？

任务 2　排气中颗粒物的测定

 学习目标

一、知识目标

1. 掌握重量法测定排气中颗粒物测定原理与测定方法；
2. 掌握颗粒物采样方法。

二、技能目标

1. 能合理设置采样点位与采样数目；
2. 能用重量法测定排气中颗粒物浓度。

三、素质目标

1. 养成良好的安全生产意识；
2. 培养规范采样的职业素质；
3. 培养良好的团队合作精神。

 知识学习

排气中颗粒物是指燃料和其他物质在燃烧、合成、分解以及各种物料在机械处理中所产生的悬浮于排放气体中的固体和液体颗粒状物质。测定排气中颗粒物的方法为重量法。

一、测定原理

将烟尘采样管由采样孔插入烟道中，使采样嘴置于测点上，正对气流，按颗粒物等速采样原理，抽取一定量的含尘气体。根据采样管滤筒上所捕集到的颗粒物量和同时抽取的气体量，计算出排气中颗粒物浓度。

二、采样原则

（一）等速采样

颗粒物具有一定的质量，在烟道中由于本身运动的惯性作用，不能完全随气流改变方向，为了从烟道中取得有代表性的烟尘样品，需等速采样，即气体进入采样嘴的速度应与采样点的烟气速度相等；其相对误差应在10％以内。气体进入采样嘴的速度大于或小于采样点的烟气速度都将使采样结果产生偏差。

170

（二）多点采样

由于颗粒物在烟道中的分布是不均匀的，要取得有代表性的烟尘样品，必须在烟道断面按一定的规则多点采样。

三、采样方法

（一）移动采样

用一个滤筒在已确定的采样点上移动采样，各点的采样时间相同，求出采样断面的平均浓度。

（二）定点采样

每个测点上采一个样，求出采样断面的平均浓度，并可了解烟道断面上颗粒物浓度变化情况。

（三）间断采样

对有周期性变化的排放源，根据工况变化及其延续时间，分段采样，然后求出其时间加权平均浓度。

四、维持等速采样的方法

维持颗粒物等速采样的方法有普通型采样管法（预测流速法）、皮托管平行测速采样法、动压平衡型采样管法和静压平衡型采样管法等四种。

五、注意事项

（1）颗粒物的采样必须按照等速采样的原则进行，尽可能使用微电脑自动跟踪采样仪，以保证等速采样的精度，减少采样误差。

（2）采样位置应尽可能选择气流平稳的管段，采样断面最大流速与最小流速之比不宜大于 3 倍，以防仪器的响应跟不上流速的变化，影响等速采样的精度。

（3）采样系统在现场连接安装好以后，应对采样系统进行气密性检查，发现问题及时解决。

（4）采样嘴应先背向气流方向插入管道，采样时采样嘴必须对准气流方向，偏差不得超过 10°。采样结束，应先将采样嘴背向气流，迅速抽出管道，防止管道负压将尘粒倒吸。

（5）锅炉颗粒物采样，须多点采样，原则上每点采样时间不少于 3min，各点采样时间应相等，或每台锅炉测定时所采集样品累计的总采气量不少于 $1m^3$。每次采样，至少采集 3 个样品，取其平均值。

（6）滤筒在安放和取出采样管时，须使用镊子，不得直接用手接触，避免损坏和沾污，若不慎有脱落的滤筒碎屑，须收齐放入滤筒中；滤筒安放要压紧固定，防止漏气；采样结束，从管道抽出采样管时不得倒置，取出滤筒后，轻轻敲打前弯管并用毛刷将附在管内的尘粒刷入滤筒中，将滤筒上口内折封好，放入专用容器中保存，注意切不可在运送过程中倒置。

（7）采集硫酸雾、铬酸雾等样品时，由于雾滴极易黏附在采样嘴和弯管内壁，且很难脱离，采样前应将采样嘴和弯管内壁清洗干净，采样后用少量乙醇冲洗采样嘴和弯管内壁，合并在样品中，尽量减少样品损失，保证采样的准确性。

（8）采集多环芳烃和二噁英类，采样管材质应为硼硅酸盐玻璃、石英玻璃或钛金属合金，宜使用石英滤筒（膜），采样后滤筒（膜）不可烘烤。

（9）用手动采样仪采样过程中，要经常检查和调整流量，普通型采样管法采样前后应重复测定废气流速，当采样前后流速变化大于 20％时，样品作废，须重新采样。

（10）当采集高浓度颗粒物时，发现测压孔或采样嘴被尘粒黏堵时，应及时清除。

 技能训练

校园食堂锅炉排气中颗粒物的测定

一、实训目的

1. 掌握排气中颗粒物的测定原理与方法；
2. 能操作皮托管平行测速自动烟尘采样仪。

二、实训原理

采用皮托管平行测速自动烟尘采样仪采样。仪器的微处理测控系统根据各种传感器检测到的静压、动压、温度及含湿量等参数，计算烟气流速，选定采样嘴直径，采样过程中仪器自动计算烟气流速和等速跟踪采样流量，控制电路调整抽气泵的抽气能力，使实际流量与计算的采样流量相等，从而保证了烟尘自动等速采样。

三、仪器和设备

1. 皮托管平行测速自动烟尘采样仪；
2. 玻璃纤维滤筒；
3. 气压表；
4. 分析天平；
5. 干燥器、镊子。

四、实训步骤

1. 采样位置与采样点数目。
根据现场调查资料确定采样位置与采样点数目。
2. 采样准备。
（1）滤筒处理和称重：用铅笔将滤筒编号，在 105℃～110℃烘烤 1h，取出放入干燥器中，在恒温恒湿的天平室中冷却至室温，用感量 0.1mg 天平称量，两次称量重量之差应不超过 0.5mg。当滤筒在 400℃以上高温排气中使用时，为了减少滤筒本身减重，应预先在 400℃高温箱中烘烤 1h，然后放入干燥器中冷却至室温，称量至恒重，放入专用的容器中保存。

（2）检查所有的测试仪器功能是否正常，干燥器中的硅胶是否失效。

（3）检查系统是否漏气，如发现漏气，应再分段检查、堵漏，直至合格。

3．采样步骤。

（1）采样系统连接：用橡胶管将组合采样管的皮托管与主机的相应接嘴连接，将组合采样管的烟尘取样管与洗涤瓶和干燥瓶连接，再与主机的相应接嘴连接。

（2）仪器接通电源，自检完毕后，输入日期、时间、大气压、管道尺寸等参数。仪器计算出采样点数目和位置，将各采样点的位置在采样管上做好标记。

（3）打开烟道的采样孔，清除孔中的积灰。

（4）仪器压力测量进行零点校准后，将组合采样管插入烟道中，测量各采样点的温度、动压、静压、全压及流速，选取合适的采样嘴。

（5）含湿量测定装置注水，并将其抽气管和信号线与主机连接，将采样管插入烟道，测定烟气中水分含量。

（6）记下滤筒的编号，将已称重的滤筒装入采样管内，旋紧压盖。注意：采样嘴应与皮托管全压测孔方向一致。

（7）设定每点的采样时间，输入滤筒编号，将组合采样管插入烟道中，密封采样孔。

（8）使采样嘴及皮托管全压测孔正对气流，位于第一个采样点。启动抽气泵，开始采样。第一点采样时间结束，仪器自动发出信号，立即将采样管移至第二采样点继续进行采样。依此类推，顺序在各点采样。采样过程中，采样器自动调节流量保持等速采样。

（9）采样完毕后，从烟道中小心地取出采样管，注意不要倒置。用镊子将滤筒取出，放入专用的容器中保存。

（10）用仪器保存或打印出采样数据。

4．样品分析。

采样后的滤筒放入 105℃烘箱中烘烤 1h，取出放入干燥器中，在恒温恒湿的天平室中冷却至室温，用感量 0.1mg 天平称量至恒重。采样前后滤筒重量之差，即为采取的颗粒物量。

五、数据处理

1．颗粒物浓度。

$$颗粒物(mg/m^3) = \frac{m}{V_{nd}} \times 10^6 \tag{4—1}$$

式中：V_{nd}——标准状况下采集干排气的体积（L）；

m——采样所得污染物的质量（g）。

2．标准状态下干排气采气体积。

$$V_{nd} = 0.27 Q'_r \sqrt{\frac{B_a + P_r}{M_{sd}(273 + t_r)} \times t} \tag{4—2}$$

式中：V_{nd}——标准状态下干采气体积（L）；

    Q'_r——采样流量（L/min）；

    M_{sd}——干排气气体分子量（kg/kmol）；

    B_a——大气压力（Pa）；

    P_r——转子流量计计前气体压力（Pa）；

    t_r——转子流量计计前气体温度（℃）；

    t——采样时间（min）。

六、数据记录与计算结果

1. 现场采样记录，见表4—7。

表4—7   现场采样记录表

样品号	t/min	t_r/℃	P_r/Pa	B_a/Pa	采样流量 Q'_r (L/min)	V_{nd}/L

2. 滤筒称量及计算结果，见表4—8。

表4—8   滤筒称量及计算结果表

样品号	滤筒重量			V_{nd}（L）	颗粒物（mg/m³）
	W（g）	W_0（g）	$m=(W-W_0)$（g）		
平均颗粒物（mg/m³）					

七、技能训练评分标准

评分标准见表4—9。

表4—9   校园食堂锅炉排气中颗粒物的测定评分标准

考核项目	评分点	分值	评分标准	扣分	得分
1. 滤筒的操作（22分）	滤膜的准备	10	滤筒未检查，扣2分 滤筒未在105℃～110℃干燥1h，扣4分 滤筒未恒重，扣4分		
	滤筒的安装	12	安装和取出滤筒时未用镊子，扣4分 未将附着在管内的尘粒刷入滤筒，扣4分 滤筒取出时上口未封好，扣4分		

续前表

考核项目	评分点	分值	评分标准	扣分	得分
2. 分析天平的操作（20分）	称量前准备	4	同表2—6污水中悬浮物的测定（重量法）评分标准		
	分析天平称量操作	10	同表2—6污水中悬浮物的测定（重量法）评分标准		
	称量后处理	6	同表2—6污水中悬浮物的测定（重量法）评分标准		
3. 采样（28分）	采样位置与点数设置	8	采样位置不合理，扣4分 采样数目不合理，扣4分		
	采样	20	未检查装置的密封性，扣4分 未清除采样孔中的积灰，扣4分 压力测量未校准零点，扣4分 采样嘴及皮托管测口未正对气流，扣4分 采样后倒置取出采样管，扣4分		
4. 数据记录与处理（18分）	原始数据记录	6	同表2—6污水中悬浮物的测定（重量法）评分标准		
	数据处理	12	同表2—6污水中悬浮物的测定（重量法）评分标准		
5. 职业素质（12分）	文明操作	6	同表2—6污水中悬浮物的测定（重量法）评分标准		
	实训态度	6	同表2—6污水中悬浮物的测定（重量法）评分标准		
合计					

 思考与练习

1. 阐述锅炉排气中颗粒物的采样原则。
2. 测定排气中颗粒物时，滤筒安放和取出采样管时应注意哪些方面？

任务3　烟气黑度的测定

学习目标

一、知识目标

1. 掌握烟气中黑度测定原理及测定方法；
2. 掌握林格曼烟气黑度图的使用。

二、技能目标

1. 能制定烟气黑度监测方案；
2. 能用林格曼烟气黑度图法测定烟气黑度。

三、素质目标

1. 养成良好的安全生产意识；
2. 遵循监测规范；
3. 执行监测方法标准。

知识学习

烟气黑度是一种用视觉方法监测烟气中排放有害物质情况的指标，测定方法有林格曼烟气黑度图法、测烟望远镜法和光电测烟仪法。

一、林格曼烟气黑度图法

用林格曼烟气浓度图与烟囱排出的烟气按一定的要求比较测定。观测时，可将烟气与镜片内的黑度图比较测定。

（一）林格曼黑度级数

评价烟羽黑度的一种数值，用肉眼观测的烟羽黑度与林格曼烟气黑度图对比得到。

（二）林格曼烟气黑度图

标准的林格曼烟气黑度图由 5 张不同黑度的图片组成，可以通过在白色背景上确定宽度的黑色线条和间隔的矩形网格来准确印制。除全白与全黑分别代表林格曼黑度 0 级和 5 级外，其余 4 个级别是根据黑色条格占整个图片面积的百分数来确定的。

每张图片中，网格所占的面积是 14cm×21cm，每个小格长 10mm，宽 10mm。每张图片上的网格由 294 个小格组成（见图 4—8）。

（1）图片 0（林格曼黑度 0 级）：全白。

（2）图片 1（林格曼黑度 1 级）：每个小格长、宽均为 10mm，黑色线条宽 1mm，余下 9mm×9mm 的空白（黑色条格的面积占 20%）。

（3）图片 2（林格曼黑度 2 级）：每个小格长、宽均为 10mm，黑色线条宽2.3mm，余下 7.7mm×7.7mm 的空白（黑色条格的面积占 40%）。

（4）图片 3（林格曼黑度 3 级）：每个小格长、宽均为 10mm，黑色线条宽 3.7mm，余下 6.3mm×6.3mm 的空白（黑色条格的面积占 60%）。

（5）图片 4（林格曼黑度 4 级）：每个小格长、宽均为 10mm，黑色线条宽 5.5mm，余下 4.5mm×4.5mm 的空白（黑色条格的面积占 80%）。

（6）图片 5（林格曼黑度 5 级）：全黑。

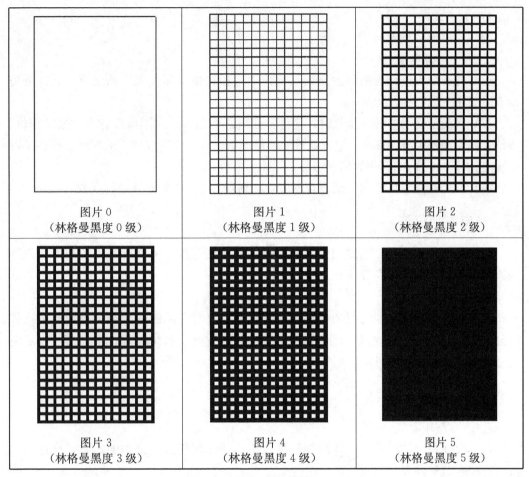

图片 0
（林格曼黑度 0 级）

图片 1
（林格曼黑度 1 级）

图片 2
（林格曼黑度 2 级）

图片 3
（林格曼黑度 3 级）

图片 4
（林格曼黑度 4 级）

图片 5
（林格曼黑度 5 级）

图 4—8　格林曼烟气黑度示意图

（三）适用范围

该法适用于固定污染源排放的灰色或黑色烟气在排放口处黑度的监测，不适用于其他颜色烟气的监测。

（四）原理

把林格曼烟气黑度图放在适当的位置上，将烟气的黑度与图上的黑度相比较，由具有资质的观察者用目视观察来测定固定污染源排放烟气的黑度。

二、测烟望远镜法

测烟望远镜具有体积小、便于携带、观测方便等特点。但测定结果容易造成人为误差。

（一）原理

利用在望远镜筒内安装的一个一半是透明玻璃，另一半是 0～5 级林格曼黑度标准图的圆形光屏板，观察时，透过光屏的透明玻璃部分，观看烟囱出口的烟色。在同一天空背景下，与光屏另一半的黑度比较，从而对烟气的黑度进行评价。

（二）仪器

测烟望远镜、秒表。

（三）观测步骤

（1）应在白天进行观测，观测烟气部位应选择在烟气黑度最大的地方，该部分应没有冷凝水蒸气存在。

（2）观测混有水蒸气的烟气时，应选择在离开烟囱口一段距离没有水蒸气的部位，连续观测时间不少于30min，记下烟气的林格曼级数和烟气持续排放的时间。根据实际情况可估计0.5或0.25个林格曼级数。

（3）观测时调节目镜的焦距，观察者可在离烟囱50～300m处进行观测。

三、光电测烟仪法

光电测烟仪法使用光电测烟仪自动测定烟气黑度等级，可以排除人的视力和外界因素的影响，测值比较客观准确。

（一）原理

利用光学系统搜集烟的图像，把烟的透光率与仪器内部的标准黑度板透光率比较（黑度板透光率是根据林格曼分级定义确定的），通过光学系统处理，把光信号变成电信号输出，由显示系统显示出烟气的黑度。

（二）仪器

光电测烟仪。

（三）观测步骤

（1）应在白天进行观测，观测烟气部位应选择在烟气黑度最大的地方，该部分应没有冷凝水蒸气存在。

（2）观测混有水蒸气的烟气时，应选择在离开烟囱口一段距离没有水蒸气的部位，连续观测时间不少于30min，由光电测烟仪自动记下烟气的林格曼级数和这种黑度的烟气持续排放的时间。

 技能训练

某锅炉烟囱烟气黑度的测定

一、实训目的

1. 掌握林格曼烟气黑度图法测定烟气黑度原理与方法；
2. 能观测烟气黑度。

二、实训原理

同"知识学习"中的林格曼烟气黑度图法原理。

三、仪器与设备

1. 林格曼烟气黑度图。
2. 计时器（秒表或手表），精度 1 秒。
3. 烟气黑度图支架。
4. 风向、风速测定仪。

四、实训步骤

1. 观测位置和条件。

（1）应在白天进行观测，观察者与烟囱的距离应足以保证对烟气排放情况清晰地观察。林格曼烟气黑度图安置在固定支架上，图片面向观察者，尽可能使图位于观察者至烟囱顶部的连线上，并使图与烟气有相似的天空背景。图距观察者应有足够的距离，以使图上的线条看起来融合在一起，从而使每个方块有均匀的黑度，对于绝大多数观察者来说，这一距离约为 15m。

（2）观察者的视线应尽量与烟羽飘动的方向垂直。观察烟气的仰视角不应太大，一般情况下不宜大于 45°，尽量避免在过于陡峭的角度下观察。

（3）观察烟气黑度力求在比较均匀的天空光照下进行。如果在太阳光照射下观察，应尽量使照射光线与视线成直角，光线不应来自观察者的前方或后方。雨雪天、雾天及风速大于 4.5m/s 时不应进行观察。

2. 观测。

（1）观察烟气的部位应选择在烟气黑度最大的地方，该部位应没有冷凝水蒸气存在。观察时，将烟囱排出烟气的黑度与林格曼烟气黑度图进行比较，记下烟气的林格曼级数。如烟气黑度处于两个林格曼级数之间，可估计一个 0.5 或 0.25 林格曼级数。每分钟观测 4 次，观察者不宜一直盯着烟气观测，而应看几秒钟后停几秒钟，每次观测（包括观看和间歇时间）约 15s，连续观测烟气黑度的时间不少于 30min。

（2）观察混有冷凝水汽的烟气，当烟囱出口处的烟气中有可见的冷凝水汽存在时，应选择在离开烟囱口一段距离，看不到水汽的部位观察。

（3）观察含有水蒸气的烟气，当烟气中的水蒸气在离开烟囱出口的一段距离后，冷凝并且变为可见，这时应选择在烟囱口附近水蒸气尚未形成可见的冷凝水汽的部位观察。

（4）观察烟气宜在比较均匀的天空光照下进行。如在阴天观察，由于天空背景较暗，在读数时应根据经验取稍偏低的级数（减去 0.25 级或 0.5 级）。

五、数据记录与数据处理

1. 数据记录。

（1）现场情况记录。现场填写观测日期、被测单位、设备名称、净化设施等内容，并将烟囱距观测点的距离、烟囱位于观测点的方向、风向和风速、天气状况以及烟羽背景的情况逐一填入观测记录表内,见表 4—10。

(2)现场观测记录。每次观测 15s 记录一个烟气黑度的观测值读数,填入观测记录表格中。每个读数都应反映 15s 内黑度的平均值。连续观测烟气黑度的时间 30min,在此期间进行 120 次观测,记录 120 个读数。对于烟气排放十分稳定的污染源,可酌情减少观测频次,每分钟观测 2 次,每 30s 记录一个读数,连续观测 30min,在此期间进行 60 次观测,记录 60 个读数,见表 4—10。

表 4—10 **烟气黑度观测记录表**

被测单位					观测日期
设备名称					净化设施
分＼秒	0	15	30	45	观测点位置与观测条件 烟囱距离　　　m;烟囱所在方向　　　; 烟囱高度　　　m;烟囱出口形状　　　; 风向　　　;风速　　　　　m/s。 天气状况:晴朗　少云　多云　阴天 烟羽背景:无云　薄云　白云　灰云 备注:
0					
1					
2					
3					
4					
5					
6					
7					
8					
9					
10					
11					
12					
13					
14					观测值累计次数及时间
15					观测开始时间:　时　分;
16					观测结束时间:　时　分。
17					5 级:　　次 累计时间　　分钟;
18					≥4 级:　　次 累计时间　　分钟;
19					≥3 级:　　次 累计时间　　分钟;
20					≥2 级:　　次 累计时间　　分钟;
21					≥1 级:　　次 累计时间　　分钟;
22					<1 级:　　次 累计时间　　分钟。
23					
24					
25					
26					
27					
28					
29					
烟气黑度(林格曼级数):					

2. 结果计算。

(1)按林格曼黑度级别将观测值分级,分别统计每一黑度级别出现的累计次数和时间。

（2）除了在观测过程中出现 5 级林格曼黑度，烟气黑度按 5 级计，不必继续观测外，其他情况都必须连续观测 30min。分别统计每一黑度级别出现的累计时间，烟气黑度按 30min 内出现累计时间超过 2min 的最大林格曼黑度级计。

（3）按以下顺序和原则确定烟气黑度级别：

林格曼黑度 5 级：30min 内出现 5 级林格曼黑度时，烟气的林格曼黑度按 5 级计。

林格曼黑度 4 级：30min 内出现 4 级及以上林格曼黑度的累计时间超过 2min 时，烟气的林格曼黑度按 4 级计。

林格曼黑度 3 级：30min 内出现 3 级及以上林格曼黑度的累计时间超过 2min 时，烟气的林格曼黑度按 3 级计。

林格曼黑度 2 级：30min 内出现 2 级及以上林格曼黑度的累计时间超过 2min 时，烟气的林格曼黑度按 2 级计。

林格曼黑度 1 级：30min 内出现 1 级及以上林格曼黑度的累计时间超过 2min 时，烟气的林格曼黑度按 1 级计。

林格曼黑度<1 级：30min 内出现小于 1 级林格曼黑度的累计时间超过 28min 时，烟气的林格曼黑度按 1 级计。

六、质量保证和质量控制

1. 用林格曼烟气黑度图法测定烟气的黑度取决于观察者的观察力和判断能力，观测人员的矫正视力应优于 1.0，并且必须经过技术培训，经考核合格，持证上岗。

2. 应使用符合规范要求的林格曼烟气黑度图，并注意保持图面的整洁。在使用过程中，林格曼烟气黑度图如果被污损或褪色，应及时更换新的图片。

3. 观测前先平整地将林格曼烟气黑度图固定在支架或平板上，支架的材料要求坚固轻便，支架或平板的颜色应柔和自然，不应对观察造成干扰。使用时图面上不要加任何覆盖层，以免影响图面的清晰。

4. 凭视觉所鉴定的烟气黑度是反射光的作用。所观测到的烟气黑度读数，不仅取决于烟气本身的黑度，同时还与天空的均匀性和亮度、风速、烟囱的大小结构（出口断面的直径和形状）及观测时照射光线和角度有关。在现场观测时，对这些因素应充分考虑。

5. 一般用林格曼烟气黑度图测定黑色烟气效果较好，对于含有较多的水汽或其他结晶物质的白色烟气，效果较差。

6. 林格曼黑度 0 级的白色图片可以提供一个有关照明的指标，用于发现图上的任何遮阴、照明不均匀。它还可以帮助发现图上的污点。

7. 在观测过程中，要认真做好观测记录，按要求填写记录表，计算观测结果。

8. 除排放标准另有规定或有特殊要求的监测外，一般污染源烟气黑度观测，应在生产设备和环保设施正常稳定运行的工况下进行。

七、技能训练评分标准

评分标准见表4—11。

表 4—11   某锅炉烟囱烟气黑度的测定评分标准

考核项目	评分点	分值	评分标准	扣分	得分
1. 烟气黑度的观测（40分）	准备工作	12	未制定监测方案，扣6分 测点设置不合理，扣2分 未准备林格曼烟气黑度图，扣2分 未准备固定支架，扣2分		
	观测位置和条件	16	观察者与烟囱的距离不当，扣4分 林格曼烟气黑度图不在观察者视线至烟囱顶部的连线上，扣4分 图与烟气的天空背景不相似，扣2分 观察者仰视角大于45°，扣2分 光线来自观察者的前方或后方，扣2分 风速大于4.5m/s时观察，扣2分		
	观测	12	观察烟气部位未选择在烟气黑度最大的地方，扣2分 观察部位有冷凝水蒸气存在，扣2分 每分钟观测不足4次，扣2分 观察者一直盯着烟气观测，扣2分 连续观测烟气时间少于30min，扣4分		
2. 数据记录与处理（48分）	现场情况记录	8	未用黑色水笔填写，扣2分 未直接填在记录单上，一次性扣2分 记录不全、有空项、字迹不工整，每出现一次扣1分，累计不超过4分		
	观测记录	20	每次观测15s记录一个读数，否则，扣2分，累计不超过6分 数据总数为120个，缺一个扣1分，累计不超过4分 数据作假，一次性扣10分		
	数据处理	20	黑度级别统计错误，扣10分 黑度级别确定错误，扣10分		
3. 职业素质（12分）	文明操作	6	实训过程地面脏乱，扣2分 实训结束未及时归还仪器设备，扣2分 仪器损坏，一次性扣2分		
	实训态度	6	合作发生不愉快，扣3分 工作不主动，扣3分		
合计					

思考与练习

1. 采用林格曼黑度图法测定烟气黑度时，对观测位置和条件有何要求？
2. 比较林格曼黑度图法、测烟望远镜法和光电测烟仪法测定烟气黑度的优缺点。

项目五　　土壤污染监测

任务1　土壤监测方案的制定

 学习目标

一、知识目标

1. 了解土壤基本知识;
2. 掌握土壤监测现场调查与资料收集方法;
3. 掌握土壤监测项目与分析方法的选择;
4. 掌握土壤监测布点方法。

二、技能目标

1. 能现场调查与收集资料;
2. 能制定土壤污染监测方案。

三、素质目标

1. 培养耐心细致的工作作风;
2. 培养良好的团队合作精神;
3. 培养分析问题与解决问题的能力。

知识学习

一、基本知识

（一）土壤基本概念

1. 土壤。

国际标准化组织（ISO）将土壤定义为具有矿物质、有机质、水分、空气和生命有机体的地球表层物质。土壤不仅分布于自然界，也分布于城市、工业、交通和矿区，还可出现在混凝土等覆盖层的下部。

2. 土壤环境。

地球环境由岩石圈、水圈、土壤圈、生物圈和大气圈构成，土壤位于该系统的中心，既是各圈层相互作用的产物，又是各圈层物质循环与能量交换的枢纽。受自然和人为作用，内在或外显的土壤状况称为土壤环境。

3. 土壤背景。

土壤背景是指，区域内很少受人类活动影响和不受或未明显受现代工业污染与破坏的情况下，土壤原来固有的化学组成和元素含量水平。但实际上目前已经很难找到不受人类活动和污染影响的土壤，只能去找影响尽可能少的土壤。不同自然条件下发育的不同土类或同一种土类发育于不同的母质母岩区，其土壤环境背景值也有明显差异。即使是同一地点采集的样品，分析结果也不可能完全相同，因此土壤环境背景值是统计性的。

4. 监测单元。

按地形、成土母质、土壤类型、环境影响划分的监测区域范围。

5. 土壤采样点。

监测单元内实施监测采样的地点。

（二）土壤的组成

从土壤的化学组成来看，土壤中含有的常量元素有碳、氢、硅、氮、硫、磷、钾、铝、铁、钙和镁等；含有的微量元素有硼、氯、铜、锰、铝、钠、钒和锌等。

（三）土壤的分类

根据土壤的应用功能，划分为四类用地土壤：

（1）农业用地土壤：种植粮食作物、蔬菜等土壤。

（2）居住用地土壤：城乡居住区、学校、宾馆、游乐场所、公园、绿化用地等土壤。

（3）商业用地土壤：商业区、展览场馆、办公区等土壤。

（4）工业用地土壤：工厂（商品的生产、加工和组装等）、仓储、采矿等土壤。

（四）土壤中的主要污染物质

土壤污染是指人类活动产生的污染物进入土壤，使得土壤环境质量已经发生或可能发生恶化，对生物、水体、空气和人体健康产生危害或可能有危害的现象。

土壤中的污染物质是指进入土壤中并影响土壤正常功能，降低农产品产量和质量，有害于人体健康的物质。土壤污染物质主要有以下几种：

1. 重金属与其他无机物。

主要有总镉、总汞、总砷、总铅、总铬、六价铬、总铜、总镍、总锌、总硒、总钴、总钒、总锑、稀土总量、氟化物、氰化物16项。

2. 挥发性有机物。

主要有甲醛、丙酮、丁酮、苯、甲苯、二甲苯、乙苯、1，4-二氯苯、氯仿、四氯化碳、1，1-二氯乙烷、1，2-二氯乙烷、1，1，1-三氯乙烷、1，1，2-三氯乙烷、氯乙烯、1，1-二氯乙烯、1，2-二氯乙烯（顺）、1，2-二氯乙烯（反）、三氯乙烯、四氯乙烯20项。

3. 多环芳烃类有机物。

主要有苯并（a）蒽、苯并（a）芘、苯并（b）荧蒽、苯并（k）荧蒽、二苯并（a，h）蒽、茚并（1，2，3-cd）芘、䓛、萘、菲、苊、蒽、荧蒽、芴、芘、苯并（g，h，i）苝、苊烯（二氢苊）16项。

4. 持久性有机污染物与农药。

主要有艾氏剂、狄氏剂、异狄氏剂、氯丹、七氯、灭蚁灵、毒杀芬、滴滴涕总量、六氯苯、多氯联苯总量、二噁英总量、六六六总量、阿特拉津、2，4-二氯苯氧乙酸（2，4-D）、西玛津、敌稗、草甘膦、二嗪磷（地亚农）、代森锌19项。

5. 其他。

主要是石油烃总量、邻苯二甲酸酯类总量、苯酚、2，4-二硝基甲苯、3，3-二氯联苯胺5项。

（五）土壤监测类型

根据土壤监测目的，土壤环境监测有4种主要类型：区域土壤环境背景监测、农田土壤环境质量监测、建设项目土壤环境评价监测和土壤污染事故监测。

二、现场调查与资料收集

（一）现场调查

现场踏勘，将调查得到的信息进行整理和利用。

（二）资料收集

（1）收集包括监测区域的交通图、土壤图、地质图、大比例尺地形图等资料，供制作采样工作图和标注采样点位使用。

（2）收集包括监测区域土类、成土母质等土壤信息资料。

（3）收集工程建设或生产过程对土壤造成影响的环境研究资料。

（4）收集造成土壤污染事故的主要污染物的毒性、稳定性以及如何消除等资料。

（5）收集土壤历史资料和相应的法律（法规）。

（6）收集监测区域工农业生产及排污、污灌、化肥农药施用情况资料。

（7）收集监测区域气候资料（温度、降水量和蒸发量）、水文资料。

（8）收集监测区域遥感与土壤利用及其演变过程方面的资料等。

三、监测项目与监测频次

监测项目分常规项目、特定项目和选测项目。

（1）常规项目：原则上为《土壤环境质量标准》（GB15618—2008）中所要求控制的污染物。

（2）特定项目：《土壤环境质量标准》（GB 15618—2008）中未要求控制的污染物，但根据当地环境污染状况，确认在土壤中积累较多、对环境危害较大、影响范围广、毒性较强的污染物，或者污染事故对土壤环境造成严重不良影响的物质，具体项目由各地自行确定。

（3）选测项目：一般包括新纳入的在土壤中积累较少的污染物，由于环境污染导致土壤性状发生改变的土壤性状指标以及生态环境指标等，由各地自行选择测定。

土壤监测项目与监测频次见表5—1。监测频次原则上按表5—1执行，常规项目可按当地实际情况适当降低监测频次，但不可低于5年一次，选测项目可按当地实际情况适当提高监测频次。

表 5—1 土壤监测项目与监测频次

项目类别		监测项目	监测频次
常规项目	基本项目	pH、阳离子交换量	每3年监测一次 农田在夏收或秋收后采样
	重点项目	镉、铬、汞、砷、铅、铜、锌、镍、六六六、滴滴涕	
特定项目（污染事故）		特征项目	及时采样，根据污染物变化趋势决定监测频次
选测项目	影响产量项目	全盐量、硼、氟、氮、磷、钾等	每3年监测一次 农田在夏收或秋收后采样
	污水灌溉项目	氰化物、六价铬、挥发酚、烷基汞、苯并[a]芘、有机质、硫化物、石油类等	
	POPs与高毒类农药	苯、挥发性卤代烃、有机磷农药、PCB、PAH等	
	其他项目	结合态铝（酸雨区）、硒、钒、氧化稀土总量、钼、铁、锰、镁、钙、钠、铝、硅、放射性比活度等	

四、分析方法的确定

第一方法：标准方法（即仲裁方法），按土壤环境质量标准中选配的分析方法（见

表 5—2）。

表 5—2 土壤常规监测项目及分析方法

监测项目	监测仪器	监测方法	方法来源
镉	原子吸收光谱仪	石墨炉原子吸收分光光度法	GB/T 17141—1997
	原子吸收光谱仪	KI—MIBK 萃取原子吸收分光光度法	GB/T 17140—1997
汞	测汞仪	冷原子吸收法	GB/T 17136—1997
砷	分光光度计	二乙基二硫代氨基甲酸银分光光度法	GB/T 17134—1997
	分光光度计	硼氢化钾—硝酸银分光光度法	GB/T 17135—1997
铜	原子吸收光谱仪	火焰原子吸收分光光度法	GB/T 17138—1997
铅	原子吸收光谱仪	石墨炉原子吸收分光光度法	GB/T 17141—1997
	原子吸收光谱仪	KI—MIBK 萃取原子吸收分光光度法	GB/T 17140—1997
铬	原子吸收光谱仪	火焰原子吸收分光光度法	GB/T 17137—1997
锌	原子吸收光谱仪	火焰原子吸收分光光度法	GB/T 17138—1997
镍	原子吸收光谱仪	火焰原子吸收分光光度法	GB/T 17139—1997
六六六和滴滴涕	气相色谱仪	电子捕获气相色谱法	GB/T 14550—1993
六种多环芳烃	液相色谱仪	高效液相色谱法	GB 13198—1991
稀土总量	分光光度计	对马尿酸偶氮氯膦分光光度法	GB 6260—1986
pH	pH 计	森林土壤 pH 测定	GB 7859—1987
阳离子交换量	滴定仪	乙酸铵法	①

资料来源：中国科学院南京土壤研究所：《土壤理化分析》，上海，上海科技出版社，1978。

第二方法：由权威部门规定或推荐的方法。

第三方法：根据各地实情，自选等效方法，但应作标准样品验证或比对实验，其检出限、准确度、精密度不低于相应的通用方法要求水平或待测物准确定量的要求。

土壤监测项目与分析第一方法、第二方法和第三方法汇总见表 5—3。

表 5—3 土壤监测项目与分析方法

监测项目	推荐方法	等效方法
砷	COL	HG-AAS、HG-AFS、XRF
镉	GF-AAS	POL、ICP-MS
钴	AAS	GF-AAS、ICP-AES、ICP-MS
铬	AAS	GF-AAS、ICP-AES、XRF、ICP-MS

续前表

监测项目	推荐方法	等效方法
铜	AAS	GF-AAS、ICP-AES、XRF、ICP-MS
氟	ISE	
汞	HG-AAS	HG-AFS
锰	AAS	ICP-AES、INAA、ICP-MS
镍	AAS	GF-AAS、XRF、ICP-AES、ICP-MS
铅	GF-AAS	ICP-MS、XRF
硒	HG-AAS	HG-AFS、DAN 荧光、GC
钒	COL	ICP-AES、XRF、INAA、ICP-MS
锌	AAS	ICP-AES、XRF、INAA、ICP-MS
硫	COL	ICP-AES、ICP-MS
pH	ISE	
有机质	VOL	
PCBs、PAHs	LC、GC	
阳离子交换量	VOL	
VOC	GC、GC-MS	
SVOC	GC、GC-MS	
除草剂和杀虫剂	GC、GC-MS、LC	
POPs	GC、GC-MS、LC、LC-MS	

　　注：ICP-AES：等离子发射光谱；XRF：X-荧光光谱分析；AAS：火焰原子吸收；GF-AAS：石墨炉原子吸收；HG-AAS：氢化物发生原子吸收法；HG-AFS：氢化物发生原子荧光法；POL：催化极谱法；ISE：选择性离子电极；VOL：容量法；POT：电位法；INAA：中子活化分析法；GC：气相色谱法；LC：液相色谱法；GC-MS：气相色谱—质谱联用法；COL：分光比色法；LC-MS：液相色谱—质谱联用法；ICP-MS：等离子体质谱联用法。

五、土壤监测单元与监测点位的布设

（一）监测单元

土壤环境监测单元按土壤主要接纳污染物途径可划分为：

（1）大气污染型土壤监测单元；

（2）灌溉水污染监测单元；

（3）固体废物堆污染型土壤监测单元；

（4）农用固体废物污染型土壤监测单元；

（5）农用化学物质污染型土壤监测单元；

（6）综合污染型土壤监测单元。

监测单元划分要参考土壤类型、农作物种类、耕作制度、商品生产基地、保护区类型、行政区划等要素的差异，同一单元的差别应尽可能地缩小。

（二）监测布点

根据调查目的、调查精度和调查区域环境状况等因素确定监测单元。部门专项农业产品生产土壤环境监测布点按其专项监测要求进行。

大气污染型土壤监测单元和固体废物堆污染型土壤监测单元以污染源为中心呈放射状布点，在主导风向和地表水的径流方向适当增加采样点（离污染源的距离远于其他点）。灌溉水污染监测单元、农用固体废物污染型土壤监测单元和农用化学物质污染型土壤监测单元宜采用均匀布点。灌溉水污染监测单元采用按水流方向带状布点，采样点自纳污口起由密渐疏；综合污染型土壤监测单元布点采用综合放射状、均匀、带状布点法。

为了保证样品的代表性，降低监测费用，对农田土壤常采取采集混合土样的方案。每个土壤单元设 3～7 个采样区，单个采样区可以是自然分割的一个田块，也可以由多个田块构成，其范围以 200m×200m 左右为宜。每个采样区的样品为农田土壤混合样。混合土样的采集布点主要有四种方法（见图 5—1）：

（1）对角线布点法：适用于污灌农田土壤，对角线分 5 等份，以等分点为采样分点。

（2）梅花形布点法：适用于面积较小、地势平坦、土壤组成和受污染程度相对比较均匀的地块，设分点 5 个左右。

（3）棋盘式布点法：适宜中等面积、地势平坦、土壤不够均匀的地块，设分点 10 个左右；受污泥、垃圾等固体废物污染的土壤，分点应在 20 个以上。

（4）蛇形布点法：适宜于面积较大、土壤不够均匀且地势不平坦的地块，设分点 15 个左右，多用于农业污染型土壤。各分点混匀后用四分法取 1kg 土样装入样品袋，多余部分弃去。

   （a）对角线布点法　（b）梅花形布点法　（c）棋盘式布点法　（d）蛇形布点法

图 5—1　混合土壤采样点布设示意图

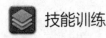技能训练

某农场土壤监测方案的制定

一、实训目的

1. 能进行土壤环境现场调查和收集资料；
2. 能进行采样点的布设、监测项目和分析方法的选择；
3. 能制定土壤监测方案。

二、实训要求

1. 每 4 名同学为一组，选取某农场土壤作为监测对象。

2. 小组提交一份"某农场土壤监测方案"报告，方案尽量采用表格形式。

三、实训步骤

1. 收集资料。

（1）实地考察并收集农场监测范围内自然情况：温度、降水量、水文资料和地形图。

（2）土壤利用情况：作物种类、作物生长和产量。

（3）收集监测区域土壤性状资料：土类、成土母质等土壤信息资料。

（4）收集监测区域污染历史与现状资料：污染事故的主要污染物的毒性、稳定性以及如何消除等资料。

2. 污染源调查。

（1）调查某农场土壤监测区域工农业生产及排污、污灌、化肥农药施用情况。

（2）调查污染源类型、位置、排放方式、排放量和排放的主要污染物及主要治理措施。

3. 监测项目与污染物分析方法的确定。

（1）根据收集的资料、污染源调查分析和《土壤环境质量标准》（GB 15618—2008）确定监测项目。

（2）污染物分析方法选用国家标准或行业分析方法，注明方法代码与检出下限。

4. 监测点位的布设。

根据农场土壤监测区域范围、污染源位置、排放方式及区域地形、地貌和气象条件等因素确定监测单元和监测点位的布设，并在校园平面图上标注点位编号。

5. 实训总结：实训反思与经验总结。

四、数据记录

1. 污染源调查表，见表 5—4。

表 5—4　　　　　　　　　　　污染源调查表

编号	污染源	类型	位置	污染物	排放方式	排放量	治理措施
1							
2							
3							

2. 监测项目与污染物分析方法，见表 5—5。

表 5—5　　　　　　　　　　　　　监测项目与污染物分析方法表

序号	监测项目	分析方法	方法代码	检出下限

3. 监测点位布设，见表 5—6。

表 5—6　　　　　　　　　　　　　　监测点位布设表

序号	名称	位置	点位平面分布图

五、技能训练评分标准

农场土壤监测方案的制定评分标准参考表 1—11 校园附近某地表水监测方案的制定评分标准。

 思考与练习

1. 阐述土壤中污染物主要来源及对土壤造成的主要危害。
2. 土壤监测的布点方法有哪些？各适用于什么样的土壤环境？

任务 2　样品的采集与制备

学习目标

一、知识目标

1. 了解土壤组成与污染特点；
2. 掌握土壤样品的采集方法；
3. 掌握土壤样品的制备方法。

二、技能目标

1. 能制定土壤污染监测方案；
2. 能规范采集与制备土壤样品。

三、素质目标

1. 遵循技术规范采样；
2. 培养良好的团队合作精神；
3. 能积极地在做中学，学中做。

 知识学习

一、样品的采集

（一）混合样的采集

一般农田土壤环境监测采集耕作层土样，种植一般农作物采样深度 0～20cm，种植果林类农作物采样深度 0～60cm。

（二）剖面样的采集

特定的调查研究监测需了解污染物在土壤中的垂直分布时采集土壤剖面样，采样方法如要了解土壤污染深度，则应按土壤剖面层次分层采样。土壤剖面是指地面向下的垂直土体的切面，在垂直切面上可观察到与地面大致平行的若干层具有不同颜色、性状的土层。

典型的自然土壤剖面分为 A 层（表层、淋溶层）、B 层（亚层、淀积层）、C 层（风化母岩层、母质层）和底岩层（见图 5—2）。

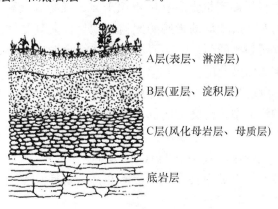

图 5—2　土壤剖面土层示意图

采集土壤剖面样品时，需在特定采样地点挖掘一个 1m×1.5m 左右的长方形土坑，深度约在 2m 以内，一般要求达到母质层或潜水处即可，见图 5—3。

（三）建设项目土壤环境评价监测采样

每 100 公顷占地不少于 5 个且总数不少于 5 个采样点，其中小型建设项目设 1 个柱状样采样点，大中型建设项目不少于 3 个柱状样采样点，特大型建设项目或对土壤环境影响敏感的建设项目不少于 5 个柱状样采样点。

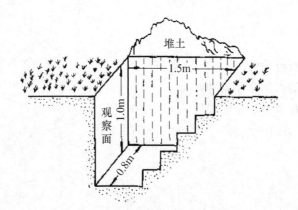

图 5—3　土壤剖面挖掘示意图

表层土样采集深度 0～20cm；每个柱状样取样深度都为 100cm，分取三个土样：表层样（0～20cm），中层样（20～60cm），深层样（60～100cm）。

（四）城市土壤采样

城区内大部分土壤被道路和建筑物覆盖，只有小部分土壤栽植草木，由于其复杂性分两层采样，上层（0～30cm）可能是回填土或受人为影响大的部分，另一层（30～60cm）为人为影响相对较小的部分。两层分别取样监测。

城市土壤监测点以网距 2 000m 的网格布设为主，功能区布点为辅，每个网格设一个采样点。对于专项研究和调查的采样点可适当加密。

（五）污染事故监测土壤采样

污染事故不可预料，接到举报后立即组织采样。现场调查和观察，取证土壤被污染时间，根据污染物及其对土壤的影响确定监测项目，尤其是污染事故的特征污染物是监测的重点。根据污染物的颜色、印渍和气味并结合考虑地势、风向等因素，初步界定污染事故对土壤的污染范围。

如果是固体污染物抛洒污染型，等打扫后采集表层 5cm 土样，采样点不少于 3 个。

如果是液体倾翻污染型，污染物向低洼处流动的同时向深度方向渗透并向两侧横向方向扩散，每个点分层采样，事故发生点的样品点较密，采样深度较深，离事故发生点相对远处的样品点较疏，采样深度较浅。采样点不少于 5 个。

如果是爆炸污染型，以放射性同心圆方式布点，采样点不少于 5 个，爆炸中心采分层样，周围采表层土（0～20cm）。

事故土壤监测要设定 2～3 个背景对照点，各点（层）取 1kg 土样装入样品袋，有腐蚀性或要测定挥发性化合物，改用广口瓶装样。含易分解有机物的待测定样品，采集后置于低温（冰箱）中，直至运送、移交到分析室。

二、采样器具

（一）工具类

铁锹、铁铲、圆状取土钻、螺旋取土钻、竹片以及适合特殊采样要求的工具等。

（二）器材类

GPS、罗盘、照相机、胶卷、卷尺、铝盒、样品袋和样品箱等。

（三）文具类

样品标签、采样记录表、铅笔、资料夹等。

（四）安全防护用品

工作服、工作鞋、安全帽、药品箱等。

三、采样方法

（一）采样筒取样

采样筒取样适合与此无关表层土样的采集。将长 10cm、直径 8cm 金属或塑料的采样器的采样筒直接压入土层内，然后用铲子将其铲出，清除采样筒口多余的土壤，采样筒内的土壤即为所取样品。

（二）土钻取样

土钻取样是用土钻钻至所需深度后，将其提出，用挖土勺挖出土样。

（三）挖坑取样

挖坑取样适用于采集分层的土样。先用铁铲挖一截面 1.5m×1m、深 1m 的坑，平整一面坑壁，并用干净的取样小刀或小铲刮去坑壁表面 1～5cm 的土，然后在所需层次内采样 0.5～1kg，装入容器内。

四、采样量

一般只需要 1～2kg 即可。因此，对多点采集的土壤，可反复按四分法缩分，最后留下所需的土样量，装入布袋或塑料袋中，贴上标签，做好记录。

五、土壤采样样品流转

（一）装运前核对

在采样现场样品必须逐件与样品登记表、样品标签和采样记录进行核对，核对无误后分类装箱。

（二）运输中防损

运输过程中严防样品的损失、混淆和沾污。对光敏感的样品应有避光外包装。

（三）样品交接

由专人将土壤样品送到实验室，送样者和接样者双方同时清点核实样品，并在样品交接单上签字确认。样品交接单由双方各存一份备查。

六、土壤样品制备与保存

（一）制样工作室的要求

制样工作室分设风干室和磨样室。风干室朝南（严防阳光直射土样），通风良好，整洁，无尘，无易挥发性化学物质。

195

（二）制样工具及容器

（1）风干用白色搪瓷盘及木盘。

（2）粗粉碎用木槌、木滚、木棒、有机玻璃棒、有机玻璃板、硬质木板、无色聚乙烯薄膜。

（3）磨样用玛瑙研磨机（球磨机）或玛瑙研钵、白色瓷研钵。

（4）过筛用尼龙筛，规格为2～100目。

（5）装样用具塞磨口玻璃瓶、具塞无色聚乙烯塑料瓶或特制牛皮纸袋，规格视量而定。

（三）样品制备过程

（1）风干。在风干室将土样放置于风干盘中，摊成2～3cm的薄层，适时地压碎、翻动，拣出碎石、砂砾和植物残体。

（2）样品粗磨与过筛。在磨样室将风干的样品倒在有机玻璃板上，用木槌敲打，用木滚、木棒、有机玻璃棒再次压碎，拣出杂质，混匀，并用四分法取压碎样，过孔径0.25mm（20目）尼龙筛。过筛后的样品全部置于无色聚乙烯薄膜上，并充分搅拌混匀，再采用四分法取其两份，一份交样品库存放，另一份作样品的细磨用。粗磨样可直接用于土壤pH、阳离子交换量、元素有效态含量等项目的分析。

（3）样品细磨与过筛。用于细磨的样品再用四分法分成两份，一份研磨到全部过孔径0.25mm（60目）筛，用于农药或土壤有机质、土壤全氮量等项目的分析；另一份研磨到全部过孔径0.15mm（100目）筛，用于土壤元素全量分析。

（四）样品分装

研磨混匀后的样品，分别装于样品袋或样品瓶，填写土壤标签一式两份，瓶内或袋内一份，瓶外或袋外贴一份。

（五）样品保存

（1）新鲜样品的保存。对于易分解或易挥发等不稳定组分的样品要采取低温保存的运输方法，并尽快送到实验室分析测试。测试项目需要新鲜样品的土样，采集后用可密封的聚乙烯或玻璃容器在4℃以下避光保存，样品要充满容器。避免用含有待测组分或对测试有干扰的材料制成的容器盛装保存样品，测定有机污染物用的土壤样品要选用玻璃容器保存。具体保存条件见表5—7。

（2）预留样品。预留样品在样品库造册保存。

（3）分析取用后的剩余样品，待测定全部完成数据报出后，移交样品库保存。

（4）保存时间。分析取用后的剩余样品一般保留半年，预留样品一般保留2年。特殊、珍稀、仲裁、有争议样品一般要永久保存。新鲜土样保存时间见表5—7。

表 5—7　　　　　　　　　　新鲜样品的保存条件和保存时间

测试项目	容器材质	温度（℃）	可保存时间（d）	备注
金属（汞和六价铬除外）	聚乙烯、玻璃	<4	180	
汞	玻璃	<4	28	
砷	聚乙烯、玻璃	<4	180	
六价铬	聚乙烯、玻璃	<4	1	
氰化物	聚乙烯、玻璃	<4	2	
挥发性有机物	玻璃（棕色）	<4	7	采样瓶装满装实并密封
半挥发性	有机物玻璃（棕色）	<4	10	采样瓶装满装实并密封
难挥发性有机物	玻璃（棕色）	<4	14	

七、注意事项

（1）采样点不能选在田边、沟边、路边或肥堆旁。

（2）对现场采样点的具体情况，如土壤剖面形态特征等做详细记录。

（3）现场填写标签两张（采样地点、土壤深度、日期、采样人姓名），一张放入样品袋内，一张扎在样品口袋上。

（4）根据监测目的和要求可获得分层试样或混合样。

（5）用于重金属分析的样品，应将和金属采样器接触部分的土样弃去。

 技能训练

某农场土壤样品的采集、制备与保存

一、实训目的

1. 能根据布点方案采集土壤样品；

2. 能制备和保存土壤样品。

二、实训要求

1. 每 4 名同学为一组，选取某农场土壤作为采集与制备对象。

2. 小组提交一份"某农场土壤采集、制备与保存"报告，方案尽量采用表格形式。

三、实训步骤

1. 采样准备。

（1）采样安排：采样负责人、组员、时间和交通工具。

（2）采样工具准备：工具类、器材类、文具类、安全防护品。

2. 样品的采集。

（1）土壤背景样品的采集。

1）采样方法与采样位置的确定；

2）样品的采集；

3）样品混合缩分与装袋；

4）样品现场描述、现场记录与贴样品标签。

（2）土壤剖面样品的采集。

1）采样方法与采样位置的确定；

2）样品的采集；

3）样品混合缩分与装袋；

4）样品现场描述、现场记录与贴样品标签。

（3）土壤混合样品的采集。

1）采样方法与采样位置的确定；

2）样品的采集；

3）样品混合缩分与装袋；

4）样品现场描述、现场记录与贴样品标签。

3. 样品的制备与保存。

（1）样品风干与去杂；

（2）样品粗磨与过筛；

（3）样品细磨与过筛；

（4）样品装袋与保存。

4. 实训总结：实训反思与经验总结。

四、样品现场记录表格与样品特征描述

1. 标签和采样记录格式见表 5—8 和表 5—9。

表 5—8　　　　　　　　　　　　　土壤样品标签样式

土壤样品标签
样品编号：
采用地点：　　东经　　　　　　北纬
采样层次：
特征描述：
采样深度：
监测项目：
采样日期：
采样人员：

表 5—9　　　　　　　　　　　　　　　土壤现场记录表

采用地点			东经		北纬	
样品编号			采样日期			
样品类别			采样人员			
采样层次			采样深度（cm）			
样品描述	土壤颜色		植物根系			
	土壤质地		砂砾含量			
	土壤湿度		其他异物			
采样点平面示意图			自下而上 植被描述			

2. 样品特征与样品描述参考《土壤环境监测技术规范》（HJ/T 166—2004）。

（1）土壤颜色描述可采用双名法，主色在后，副色在前，如黄棕、灰棕等。颜色深浅还可以冠以暗、淡等形容词，如浅棕、暗灰等。

（2）土壤质地分为砂土、壤土（砂壤土、轻壤土、中壤土、重壤土）和黏土，野外估测方法为取小块土壤，加水潮润，然后揉搓，搓成细条并弯成直径为 2.5～3cm 的土环，据土环表现的性状确定质地。

砂土：不能搓成条；

砂壤土：只能搓成短条；

轻壤土：能搓成直径为 3mm 的条，但易断裂；

中壤土：能搓成完整的细条，弯曲时容易断裂；

重壤土：能搓成完整的细条，弯曲成圆圈时容易断裂；

黏土：能搓成完整的细条，能弯曲成圆圈。

（3）土壤湿度的野外估测，一般可分为五级：

干：土块放在手中，无潮润感觉；

潮：土块放在手中，有潮润感觉；

湿：手捏土块时，在土团上塑有手印；

重潮：手捏土块时，在手指上留有湿印；

极潮：手捏土块时，有水流出。

（4）植物根系含量的估计可分为五级：

无根系：在该土层中无任何根系；

少量：在该土层每 50cm² 内少于 5 根；

中量：在该土层每 50cm² 内有 5～15 根；

多量：在该土层每 50cm² 内多于 15 根；

根密集：在该土层中根系密集交织。

（5）石砾含量以石砾量占该土层的体积百分数进行估计。

五、技能训练评分标准

评分标准见表 5—10。

表 5—10　　　　　　　　　某农场土壤样品采集、制备与保存的评分标准

考核项目	评分点	分值	评分标准	扣分	得分
1. 采样准备（6分）	采样安排	2	没有预先安排，扣2分 安排不周，扣1分		
	采样工具准备	2	工具没有准备，扣2分 工具不齐，扣1分		
	样品标签采样记录表	2	没有准备，扣2分		
2. 背景样品的采集（22分）	采样方法	2	方法选择不合理，扣2分		
	采样位置	2	采样地点错误，扣1分 未避开沟边、路边、田边和堆积边，扣1分		
	样品的采集	2	未去掉表层土壤，扣1分 采样深度不符合要求，扣1分		
	样品的混合缩分与装袋	4	各采样点土样未混合均匀，扣1分 未用四分法缩分，扣1分 土样量未满足要求，扣1分 样品袋内外无标签，扣1分		
	样品描述	5	土壤颜色、质地、湿度、植物根系、石砾含量、自下而上植被描述错误，每项错误扣1分		
	现场记录表和采样标签填写	5	表格数据不全、有空项，每项扣1分，可累计扣分，最高扣5分		
	采样点示意图	2	未画或不正确，扣2分		
3. 剖面样品的采集（22分）	采样方法	2	方法选择不合理，扣2分		
	采样位置	2	采样地点错误，扣1分 未避开沟边、路边、田边和堆积边，扣1分		
	样品的采集	2	未去掉表层土壤，扣1分 采样深度不符合要求，扣1分		
	样品的混合缩分与装袋	4	各采样点土样未混合均匀，扣1分 未用四分法缩分，扣1分 土样量未满足要求，扣1分 样品袋内外无标签，扣1分		
	样品描述	5	土壤颜色、质地、湿度、植物根系、石砾含量、自下而上植被描述错误，每项错误扣1分		
	现场记录表和采样标签填写	5	表格数据不全、有空项，每项扣1分，可累计扣分，最高扣5分		
	采样点示意图	2	未画或不正确，扣2分		

续前表

考核项目	评分点	分值	评分标准	扣分	得分
4. 混合样品的采集（22分）	采样方法	2	方法选择不合理，扣2分		
	采样位置	2	采样地点错误，扣1分 未避开沟边、路边、田边和堆积边，扣1分		
	样品的采集	2	未去掉表层土壤，扣1分 采样深度不符合要求，扣1分		
	样品的混合缩分与装袋	4	各采样点土样未混合均匀，扣1分 未用四分法缩分，扣1分 土样量未满足要求，扣1分 样品袋内外无标签，扣1分		
	样品描述	5	土壤颜色、质地、湿度、植物根系、石砾含量、自下而上植被描述错误，每项错误扣1分		
	现场记录表和采样标签填写	5	表格数据不全、有空项，每项扣1分，可累计扣分，最高扣5分		
	采样点示意图	2	未画或不正确，扣2分		
5. 土壤样品的制备（18分）	风干与去杂	4	风干方法错误，扣2分 未去杂，扣2分		
	粗磨与过筛	5	样品未缩分，扣2分 选择筛径错误，扣3分		
	细磨与过筛	5	样品未缩分，扣2分 选择筛径错误，扣3分		
	装袋与保存	4	未填写两份标签，扣2分 未袋内、袋外放置标签，扣2分		
6. 职业素质（10分）	文明操作	6	实训过程中场地脏乱，扣2分 实训结束未清扫场地或物品未归位，扣2分 仪器损坏，一次性扣2分		
	实训态度	4	合作发生不愉快，扣2分 工作不主动，扣2分		
合计					

 思考与练习

1. 土壤样品采集和制备过程中有哪些值得注意的地方？
2. 样品细磨后为什么要全部过筛？

任务3 金属污染物的测定

📍 学习目标

一、知识目标

1. 学会土壤样品预处理方法；

201

2. 学会土壤样品金属污染物监测方法。

二、技能目标

1. 能根据监测项目选择样品预处理方法；
2. 能根据监测项目选择测定方法。

三、素质目标

1. 养成良好的安全操作习惯；
2. 培养分析与解决问题的能力；
3. 能积极地在做中学，学中做。

 知识学习

一、土壤样品的预处理方法

（一）酸溶解
1. 普通酸分解法。

准确称取 0.500 0g（准确到 0.1mg，以下都与此相同）风干土样于聚四氟乙烯坩埚中，用几滴水润湿后，加入 10mL HCl($\rho=1.19$g/mL)，于电热板上低温加热，蒸发至约剩 5mL 时加入 15mL HNO$_3$($\rho=1.42$g/mL)，继续加热蒸至近黏稠状，加入10mL HF($\rho=1.15$g/mL) 并继续加热，为了达到良好的除硅效果，应经常摇动坩埚。最后加入 5mL HClO$_4$($\rho=1.67$g/mL)，并加热至白烟冒尽。对于含有机质较多的土样，应在加入 HClO$_4$之后加盖消解，土壤分解物应呈白色或淡黄色（含铁较高的土壤），倾斜坩埚时呈不流动的黏稠状。用稀酸溶液冲洗内壁及坩埚盖，温热溶解残渣，冷却后，定容至 100mL 或 50mL，最终体积依待测成分的含量而定。

2. 高压密闭分解法。

称取 0.500 0g 风干土样于内套聚四氟乙烯坩埚中，加入少许水润湿试样，再加入 HNO$_3$($\rho=1.42$g/mL)、HClO$_4$($\rho=1.67$g/mL) 各 5mL，摇匀后将坩埚放入不锈钢套筒中，拧紧。放在 180℃ 的烘箱中分解 2h。取出，冷却至室温后，取出坩埚，用水冲洗坩埚盖的内壁，加入 3mL HF($\rho=1.15$g/mL)，置于电热板上，在 100℃～120℃ 温度下加热除硅，待坩埚内剩下 2～3mL 溶液时，调高温度至 150℃，蒸至冒浓白烟后再缓缓蒸至近干，按普通酸分解法同样操作定容后进行测定。

3. 微波炉加热分解法。

微波炉加热分解法是以被分解的土样及酸的混合液作为发热体，从内部进行加热使试样受到分解的方法。有常压敞口分解和仅用厚壁聚四氟乙烯容器的密闭式分解法，也有密闭加压分解法。这种方法以聚四氟乙烯密闭容器作内筒，以能透过微波的材料如高强度聚合物树脂或聚丙烯树脂作外筒，在该密封系统内分解试样能达到良好的分解效果。

微波加热分解也可分为开放系统和密闭系统两种。

（1）开放系统可分解多量试样，且可直接和流动系统相组合实现自动化，但由于要排出酸蒸气，所以分解时使用酸量较大，易受外环境污染，挥发性元素易造成损失，费时间且难以分解多数试样。

（2）密闭系统的优点较多，酸蒸气不会逸出，仅用少量酸即可，在分解少量试样时十分有效，不受外部环境的污染。在分解试样时不用观察及特殊操作，由于压力高，所以分解试样很快，不会受外筒金属的污染（因为用树脂做外筒）。可同时分解大批量试样。其缺点是需要专门的分解器具，不能分解量大的试样，如果疏忽会有发生爆炸的危险。

在进行土样的微波分解时，无论是使用开放系统还是密闭系统，一般使用 HNO_3-HCl-HF-$HClO_4$、HNO_3-HF-$HClO_4$、HNO_3-HCl-HF-H_2O_2、HNO_3-HF-H_2O_2 等体系。当不使用 HF 时（限于测定常量元素且称样量小于 0.1g），可将分解试样的溶液适当稀释后直接测定。若使用 HF 或 $HClO_4$ 对待测微量元素有干扰时，可将试样分解液蒸至近干，酸化后稀释定容。

（二）碱融法

1. 碳酸钠熔融法（适合测定氟、钼、钨）。

称取 0.500 0～1.000 0g 风干土样放入预先用少量碳酸钠或氢氧化钠垫底的高铝坩埚中（以充满坩埚底部为宜，以防止熔融物黏底），分次加入 1.5～3.0g 碳酸钠，并用圆头玻璃棒小心搅拌，使其与土样充分混匀，再放入 0.5～1g 碳酸钠，使平铺在混合物表面，盖好坩埚盖。移入马弗炉中，于 900℃～920℃熔融 0.5h。自然冷却至 500℃左右时，可稍打开炉门（不可开缝过大，否则高铝坩埚骤然冷却会开裂）以加速冷却，冷却至 60℃～80℃用水冲洗坩埚底部，然后放入 250mL 烧杯中，加入 100mL 水，在电热板上加热浸提熔融物，用水及（1+1）HCl 将坩埚及坩埚盖洗净取出，并小心用（1+1）HCl 中和、酸化（注意盖好表面皿，以免大量 CO_2 冒泡引起试样的溅失），待大量盐类溶解后，用中速滤纸过滤，用水及 5% HCl 洗净滤纸及其中的不溶物，定容待测。

2. 碳酸锂—硼酸、石墨粉坩埚熔样法（适合铝、硅、钛、钙、镁、钾、钠等元素分析）。

土壤矿质全量分析中土壤样品分解常用酸溶剂，酸溶试剂一般用氢氟酸加氧化性酸分解样品，其优点是酸度小，适用于仪器分析测定，但对某些难熔矿物分解不完全，特别对铝、钛的测定结果会偏低，且不能测定硅（已被除去）。

碳酸锂—硼酸在石墨粉坩埚内熔样，再用超声波提取熔块，分析土壤中的常量元素，速度快，准确度高。

在 30mL 瓷坩埚内充满石墨粉，置于 900℃高温电炉中灼烧半小时，取出冷却，用乳钵棒压一空穴。准确称取经 105℃ 烘干的土样 0.200 0g 于定量滤纸上，与 1.5g Li$_2$CO$_3$-H$_3$BO$_3$（Li$_2$CO$_3$：H$_3$BO$_3$=1：2）混合试剂均匀搅拌，捏成小团，放入石墨粉洞穴中，然后将坩埚放入已升温到 950℃ 的马弗炉中，20min 后取出，趁热将熔块投入盛有 100mL4％硝酸溶液的 250mL 烧杯中，立即于 250W 功率清洗槽内超声（或用磁力搅拌），直到熔块完全熔解。将溶液转移到 200mL 容量瓶中，并用 4％硝酸定容。吸取 20.00mL 上述样品液移入 25mL 容量瓶中，并根据仪器的测量要求决定是否需要添加基体元素及添加浓度，最后用 4％硝酸定容，用光谱仪进行多元素同时测定。

（三）酸溶浸法

1. HCl-HNO$_3$ 溶浸法。

准确称取 2.000 0g 风干土样，加入 15mL 的（1+1）HCl 和 5mL HNO$_3$（ρ=1.42g/mL），振荡 30min，过滤定容至 100 mL，用 ICP 法测定 P、Ca、Mg、K、Na、Fe、Al、Ti、Cu、Zn、Cd、Ni、Cr、Pb、Co、Mn、Mo、Ba、Sr 等。

或采用下述溶浸方法：准确称取 2.000 0g 风干土样于干烧杯中，加少量水润湿，加入 15mL（1+1）HCl 和 5mL HNO$_3$（ρ=1.42g/mL）。盖上表面皿于电热板上加热，待蒸发至约剩 5mL，冷却，用水冲洗烧杯和表面皿，用中速滤纸过滤并定容至 100mL，用原子吸收法或 ICP 法测定。

2. HNO$_3$-H$_2$SO$_4$-HClO$_4$ 溶浸法。

方法特点是 H$_2$SO$_4$、HClO$_4$ 沸点较高，能使大部分元素溶出，且加热过程中液面比较平静，没有迸溅的危险。但 Pb 等易与 SO$_4^{2-}$ 形成难溶性盐类的元素，测定结果偏低。操作步骤是：准确称取 2.500 0g 风干土样于烧杯中，用少许水润湿，加入 HNO$_3$-H$_2$SO$_4$-HClO$_4$ 混合酸（5+1+20）12.5mL，置于电热板上加热，当开始冒白烟后缓缓加热，并经常摇动烧杯，蒸发至近干。冷却，加入 5mL HNO$_3$（ρ=1.42g/mL）和 10mL 水，加热溶解可溶性盐类，用中速滤纸过滤，定容至 100mL，待测。

3. HNO$_3$ 溶浸法。

准确称取 2.000 0 g 风干土样于烧杯中，加少量水润湿，加入 20mL HNO$_3$（ρ=1.42g/mL）。盖上表面皿，置于电热板或砂浴上加热，若发生迸溅，可采用每加热 20min 关闭电源 20min 的间歇加热法。待蒸发至约剩 5mL，冷却，用水冲洗烧杯壁和表面皿，经中速滤纸过滤，将滤液定容至 100mL，待测。

4. Cd、Cu、As 等的 0.1mol/L HCl 溶浸法。

土壤中 Cd、Cu、As 的提取方法，其中 Cd、Cu 的操作条件是：准确称取 10.000 0g 风干土样于 100mL 广口瓶中，加入 0.1mol/L HCl 50.0mL，在水平振荡器上振荡。振荡条件是温度 30℃、振幅 5～10cm、振荡频次 100～200 次/min，振荡 1h。静置后，用倾斜法分离出上层清液，用干滤纸过滤，滤液经过适当稀释后用原子吸收法测定。

As 的操作条件是：准确称取 10.000 0g 风干土样于 100mL 广口瓶中，加入 0.1mol/L HCl 50.0mL，在水平振荡器上振荡。振荡条件是温度 30℃、振幅 10cm、振荡频次 100 次/min，振荡 30min。用干滤纸过滤，取滤液进行测定。

除用 0.1mol/L HCl 溶浸 Cd、Cu、As 以外，还可溶浸 Ni、Zn、Fe、Mn、Co 等重金属元素。0.1mol/L HCl 溶浸法是目前使用最多的酸溶浸方法，此外也有使用 CO_2 饱和的水、0.5mol/L KCl-HAc（pH＝3）、0.1mol/L $MgSO_4$-H_2SO_4 等酸性溶浸方法。

（四）有机污染物的提取方法

1. 振荡提取。

准确称取一定量的土样（新鲜土样加 1～2 倍量的无水 Na_2SO_4 或 $MgSO_4 \cdot H_2O$ 搅匀，放置 15～30min，固化后研成细末），转入标准口三角瓶中加入约 2 倍体积的提取剂振荡 30min，静置分层或抽滤、离心分出提取液，样品再分别用 1 倍体积提取液提取 2 次，分出提取液，合并，待净化。

2. 超声波提取。

准确称取一定量的土样（或取 30.0 g 新鲜土样加 30～60g 无水 Na_2SO_4 混匀）置于 400mL 烧杯中，加入 60～100mL 提取剂，超声振荡 3～5 min，真空过滤或离心分出提取液，固体物再用提取剂提取 2 次，分出提取液合并，待净化。

3. 索氏提取。

本法适用于从土壤中提取非挥发及半挥发有机污染物。

准确称取一定量土样或取新鲜土样 20.0g 加入等量无水 Na_2SO_4 研磨均匀，转入滤纸筒中，再将滤纸筒置于索氏提取器中。在有 1～2 粒干净沸石的 150mL 圆底烧瓶中加 100mL 提取剂，连接索氏提取器，加热回流 16～24h 即可。

4. 浸泡回流法。

用于一些与土壤作用不大且不易挥发的有机物的提取。

二、土壤分析方法

土壤分析方法具体见本项目任务 1 的"四、分析方法的确定"。

三、分析记录与结果表示

（一）分析记录

（1）分析记录用碳素墨水笔填写翔实，字迹要清楚，需要更正时，应在错误数据（文字）上画一横线，在其上方写上正确内容。

（2）记录测量数据，要采用法定计量单位，只保留一位可疑数字，有效数字的位数应根据计量器具的精度及分析仪器的示值确定，不得随意增添或删除。

（3）采样、运输、储存、分析失误造成的离群数据应剔除。

（二）结果表示

（1）平行样的测定结果用平均数表示，低于分析方法检出限的测定结果以"未检出"报出，参加统计时按二分之一最低检出限计算。

（2）土壤样品测定一般保留三位有效数字，含量较低的镉和汞保留两位有效数字，并注明检出限数值。

（3）分析结果的精密度数据，一般只取一位有效数字，当测定数据很多时，可取两位有效数字。表示分析结果的有效数字的位数不可超过方法检出限的最低位数。

 技能训练

某农场土壤中铜、锌的测定

一、实训目的

1. 能制定土壤分析方案；
2. 能选择和使用正确的土壤消解方法；
3. 能独立操作原子吸收分光光度计。

二、实训要求

1. 二位同学为一组进行实训；
2. 实训前，制定分析方案；
3. 每位同学独立提交一份实训报告。

三、测定原理

采用盐酸—硝酸—氢氟酸—高氯酸全消解的方法，使试样中的待测元素进入试液。然后，将土壤消解液喷入空气—乙炔火焰中，在火焰的高温下，铜、锌化合物离解为基态原子，该基态原子蒸气对相应的空心阴极灯发射的特征谱线产生选择性吸收。在选择的最佳测定条件下，测定铜、锌的吸光度。

四、仪器设备和测量条件

1. 原子吸收分光光度计；
2. 电子分析天平；
3. 50mL 容量瓶；
4. 聚四氟乙烯坩埚；
5. 铜空心阴极灯；
6. 锌空心阴极灯；
7. 仪器测量条件见表5—11。

表 5—11   仪器测量条件

元素	铜	锌
测定波长/nm	324.8	213.8
通带宽度/nm	1.3	1.3
灯电流/mA	2.0	2.0
火焰性质	氧化性	氧化性
其他可测定波长/nm	327.4，225.8	307.6

五、材料与试剂

1. 盐酸（HCL），$\rho = 1.19 \text{g/mL}$，优级纯。

2. 硝酸（HNO_3），$\rho = 1.42 \text{g/mL}$，优级纯。

3. （1+1）硝酸溶液。

4. 体积分数为 0.2% 硝酸溶液。

5. 氢氟酸（HF），$\rho = 1.49 \text{g/mL}$。

6. 高氯酸（$HClO_4$），$\rho = 1.68 \text{g/mL}$，优级纯。

7. 硝酸镧 $[La(NO_3)_3 \cdot 6H_2O]$ 水溶液，质量分数为 5%。

8. 铜标准储备液（1.000mg/mL）：准确称取 1.000 0g（精确至 0.000 2g）光谱纯金属铜粒于 50mL 烧杯中，加入 20mL（1+1）硝酸，微热溶解后转移至 1 000mL 容量瓶中，冷却后用水定容至标线，摇匀。

9. 锌标准储备液（1.000mg/mL）：准确称取 1.000 0g（精确至 0.000 2g）光谱纯金属锌粒于 50mL 烧杯中，加入 20mL（1+1）硝酸，微热溶解后转移至 1 000mL 容量瓶中，冷却后用水定容至标线，摇匀。

10. 铜 $20.0\mu\text{g/mL}$、锌 $10.0\mu\text{g/mL}$ 的混合标准使用液：临用前取 2.00mL 1.000mg/mL 铜标准储备液、1.00mL 1.000mg/mL 锌标准储备液于 100mL 容量瓶中，用 0.2% 硝酸溶液稀释至标线，摇匀。

六. 实训步骤

1. 样品的硝化。

准确称取 0.500 0g（精确至 0.000 2g）烘干（105℃）土样于 50mL 聚四氟乙烯坩埚中，用水润湿后，加入 10mL HCl，于通风橱内的电热板上低温加热，使样品初步分解，蒸发至约 3mL 时，取下冷却，然后加入 5mL HNO_3、3mL $HClO_4$、10mL HF，于电热板上加热驱赶白烟并蒸干，取下冷却后加入 5mL（1+1）硝酸溶液，温热完全溶解残渣（若有不溶物需过滤），然后将溶液转移至 50mL 容量瓶中，加入 5mL 硝酸镧溶液，冷却后，定容，摇匀待测。

2. 标准曲线的绘制。

准确移取铜、锌混合标准使用液 0.00mL、0.50mL、1.00mL、2.00mL、3.00mL、

5.00mL 于50mL容量瓶中，加入 5mL 硝酸镧溶液，用 0.2％硝酸溶液定容。该标准溶液含铜 0μg、10.0μg、20.0μg、40.0μg、60.0μg、100.0μg，含锌 0μg、5.0μg、10.0μg、20.0μg、30.0μg、50.0μg，在上述选定的原子吸收测量条件下，用空白溶液调零后，按浓度由低到高的顺序分别测定不同标准系列溶液的吸光度。

3. 空白试验。

用去离子水代替试样，采用和样品硝化相同的步骤和试剂，制备全程序空白溶液。每批样品至少制备两个空白溶液。

七、数据处理

土壤样品中铜、锌的含量 W（mg/kg），按下面公式计算：

1. 样品直接测定。

$$铜或锌(mg/kg) = \frac{m}{W} \qquad (5—1)$$

式中：m——从仪器直接读取浓度（μg）；

W——样品取样量（g）。

2. 样品稀释测定。

$$铜或锌(mg/kg) = \frac{m \cdot D}{W} \qquad (5—2)$$

式中：D——稀释倍数。

八、注意事项

1. 测定结束后，先关闭乙炔钢瓶压力阀，再关闭空气压缩机，最后检查实训室用水、用电是否处于安全状态。

2. 废液管通过贮水器排出。

3. 测定样品应透明无沉淀物，以免堵塞毛细管。

4. 方法的最低检出限（按称取 0.500 0g 试样消解定容至 50mL 计算），锌为 0.5mg/kg，铜为 1mg/kg。

5. 土壤硝化物若不呈灰白色，应补加少量高氯酸，继续硝化。由于高氯酸对空白影响大，要控制用量。

6. 高氯酸具有氧化性，应待土壤里大部分有机质硝化完全、冷却后再加入，或者在常温下，有大量硝酸存在下加入，否则会使样品溅出或爆炸，使用时务必小心。

7. 当土壤消解液中铁含量大于 100mg/L 时，抑制锌的吸收，加入硝酸镧可消除干扰。

九、技能训练评分标准

评分标准见表 5—12。

表 5—12　　　　　　　　　　某农场土壤中铜、锌的测定评分标准

考核项目	评分点	分值	评分标准	扣分	得分
1. 标准溶液的配制（14分）	转移溶液	4	同表 2—13 污水中镉的测定（原子吸收分光光度法）评分标准		
	移取溶液	5	同表 2—13 污水中镉的测定（原子吸收分光光度法）评分标准		
	定容操作	5	同表 2—13 污水中镉的测定（原子吸收分光光度法）评分标准		
2. 样品的硝化（12分）	样品的称取	3	精度超过±0.000 2，扣 3 分		
	酸溶顺序	5	盐酸—硝酸—高氯酸—氢氟酸加入顺序有误，扣 5 分		
	样品硝化过程	4	样品白烟未除尽、未蒸干，各扣 2 分		
3. 标准系列的配制（15分）	溶液的移取	5	同表 2—13 污水中镉的测定（原子吸收分光光度法）评分标准		
	溶液配制过程	10	同表 2—13 污水中镉的测定（原子吸收分光光度法）评分标准		
4. 原子吸收分光光度计的使用（21分）	测定前的准备	9	同表 2—13 污水中镉的测定（原子吸收分光光度法）评分标准		
	测定操作	6	同表 2—13 污水中镉的测定（原子吸收分光光度法）评分标准		
	测定后的处理	6	同表 2—13 污水中镉的测定（原子吸收分光光度法）评分标准		
5. 测定结果（28分）	数据结果	8	同表 2—13 污水中镉的测定（原子吸收分光光度法）评分标准		
	校准曲线线性	10	同表 2—13 污水中镉的测定（原子吸收分光光度法）评分标准		
	测定结果精密度	10	同表 2—13 污水中镉的测定（原子吸收分光光度法）评分标准		
6. 职业素质（10分）	文明操作	6	同表 2—13 污水中镉的测定（原子吸收分光光度法）评分标准		
	实训态度	4	同表 2—13 污水中镉的测定（原子吸收分光光度法）评分标准		
合计					

💡 思考与练习

1. 如何消除原子吸收分光光度法测定土壤中铜和锌的测定误差？

2. 试分析土壤中重金属污染来源及预防措施。

项目六	植物污染监测

任务 1　样品的采集与制备

 学习目标

一、知识目标

1. 了解污染物在植物体内的分布特征；
2. 掌握植物样品的采集方法；
3. 掌握植物样品的制备方法。

二、技能目标

1. 能布点与采集植物样品；
2. 能制备植物样品。

三、素质目标

1. 树立环境保护意识；
2. 能够自觉按技术规范采样；
3. 培养耐心细致的工作作风。

知识学习

一、污染物在植物体内的分布

植物一般是通过根系和叶片将污染物吸入体内。大气中的气态污染物或颗粒污染物，可以通过植物叶面的气孔吸收，经细胞间隙抵达导管，而后运转至其他部位。植物从大气中吸收污染物后，在植物体内的残留量常以叶部分布最多。

植物通过根系从土壤或水体中吸收污染物，其吸收量与污染物的含量、土壤类型及作物品种等因素有关。从土壤和水体中吸收污染物的植物，一般分布规律和残留含量的顺序是：根＞茎＞叶＞穗＞壳＞种子。

植物的种类不同，对污染物质的吸收残留量分布也有不符合上述规律的。例如，在被镉污染的土壤上种植的萝卜和胡萝卜，其块根部分的含镉量低于顶叶部分。

植物污染监测是通过对植物中有害物质的检测，及时掌握和判断污染情况和程度。植物污染监测与水质监测、土壤污染监测方法类同，都要经过样品采集、制备、预处理和测定工作过程。

二、植物样品的采集

（一）样品的代表性、典型性和适时性

采集的植物样品要具有代表性、典型性和适时性。对植物样品的采集要求对污染源的分布、污染类型、植物的特征、地形地貌、灌溉出入口等因素进行综合考虑，选择合适的地段作为采样区，采用适宜的方法布点，确定代表性的植株。

代表性是指采集代表一定范围污染情况的植株为样品。

典型性是指所采集的植株部位要能充分反映通过监测所要了解的情况。根据要求分别采集植株的不同部位，如根、茎、叶、果实，不能将各部位样品随意混合。

适时性是指在植物的不同生长发育阶段，施药、施肥前后，适时采样监测，以掌握不同时期的污染状况和对植物生长的影响。

（二）布点方法

根据现场调查与收集的资料，先选择好采样区，然后进行采样点的布设。采样小区内，常采用梅花形布点法或交叉间隔布点法确定代表性的植株。

（三）采样工具和采样方法

（1）采样工具：小铲、枝剪、剪刀、布袋或聚乙烯袋、标签、细绳、登记表和记录簿等。

（2）采样方法：在每个采样小区内的采样点上，采集5～10处的植株混合组成一个代表样品。根据要求，按照植株的根、茎、叶、果、种子等不同部位分别采集，或整株采集后带回实验室再按部位分开处理。

（四）采样注意事项

（1）应根据分析项目数量、样品制备处理要求、重复测定次数等需要，采集足够数量的样品。一般样品经制备后，至少有 20～50g 干重样品。新鲜样品可按含 80%～90% 的水分计算所需样品量。

（2）采好的样品装入布袋或聚乙烯塑料袋，贴好标签，注明编号、采样地点、植物种类、分析项目，并填写采样登记表（见表 6—1）。

表 6—1 植物样品采集登记表

采样日期	样品编号	样品名称	采样地点	采样部位	土壤类别	物候期	分析部位	分析项目	采样人

（3）样品带回实验室后，如测定新鲜样品，应立即处理和分析。当天不能分析完的样品，暂时放于冰箱中保存，其保存时间的长短，视污染物的性质及在生物体内的转化特点和分析测定要求而定。如果测定干样品，则将鲜样放在干燥通风处晾干或于鼓风干燥箱中烘干。

三、植物样品的制备

（一）鲜样的制备

测定植物内容易挥发、转化或降解的污染物质，如酚、氰、亚硝酸盐等；测定营养成分如维生素、氨基酸、糖、植物碱等，以及多汁的瓜、果、蔬菜样品，应使用新鲜样品。

（1）将样品用清水、去离子水洗净，晾干或拭干。根据分析项目的要求，按植物特性用不同方法进行选取。果实、块根、块茎、瓜类样品洗净后切成四块或八块，根据需要量各取每块的 1/8 或 1/16 混合成平均样。

（2）将晾干的鲜样切碎、混匀，称取 100g 于电动高速组织捣碎机的捣碎杯中，加适量蒸馏水或去离子水，开动捣碎机捣碎 1～2min，制成匀浆。对含水量大的样品，如熟透的西红柿等，捣碎时可以不加水；对含水量少的样品，可以多加水。

（3）对于含纤维多或较硬的样品，如禾本科植物的根、茎秆、叶子等，可用不锈钢刀或剪刀切（剪）成小片或小块，混匀后在研钵中加石英砂研磨。

（二）干样的制备

分析植物中稳定的污染物，如某些金属元素和非金属元素、有机农药等，一般用风干样品，这种样品的制备方法如下：

（1）将洗净的植物鲜样尽快放在干燥通风处风干（茎秆样品可以劈开）。如果遇到阴雨天或潮湿气候，可放在 40℃～60℃ 鼓风干燥箱中烘干，以免发霉腐烂，并减少化学和生物变化。粮食、种子等经充分混匀后，平摊于清洁的玻璃板或木板上，用多点取样或四分法多次选取，得到缩分后的平均样。

（2）将风干或烘干的样品去除灰尘、杂物，用剪刀剪碎（或先剪碎再烘干），再用磨碎机磨碎。谷类作物的种子样品如稻谷等，应先脱壳再粉碎。

（3）将粉碎好的样品过筛。一般要求通过 1 mm 筛孔即可，有的分析项目要求通过 0.25mm 的筛孔，制备好的样品贮存于磨口玻璃广口瓶或聚乙烯广口瓶中备用。

（4）对于测定某些金属含量的样品，应注意避免受金属器械和筛子等污染。因此，最好用玛瑙研钵磨碎，尼龙筛过筛，聚乙烯瓶保存。

 技能训练

某茶园茶叶样品的采集与制备

一、实训目的

1. 能现场调查和收集资料；
2. 能采集和制备茶叶样品。

二、实训要求

1. 每 4 位同学一组，选取学校附近某一茶园作为监测对象。
2. 实训前提交一份监测方案，监测方案包括：
（1）实地考察茶园，收集资料；
（2）采样点的布设与采样前准备；
（3）采样方法、采样时间和频率、样品保存和运输、采样点平面示意图；
（4）样品制备；
（5）实训总结。

三、技能训练评分标准

评分标准见表 6—2。

表 6—2　　　　　　　　　某茶园茶叶样品的采集与制备评分标准

考核项目	评分点	分值	评分标准	扣分	得分
1. 现场调查和资料收集（18分）	污染源调查	6	污染源调查不全，扣6分		
	资料收集	6	未整理资料，扣6分		
	收集数据	6	未整理资料，扣6分		
2. 监测点位的布设与采样前准备（18分）	采样小区	4	采样小区选择不合理，扣4分		
	点位的布设	4	点位布设不合理，扣4分		
	采样工具	6	工具没有准备齐备，缺一项扣2分，最多扣6分		
	采样时间与频率	4	采样时间与频率不合理，扣4分		

续前表

考核项目	评分点	分值	评分标准	扣分	得分
3. 样品的采集（26分）	采样方法	4	方法选择不合理，扣4分		
	采集部位	4	采样部位不合理，扣4分		
	采集量	4	采样量过多或不足，扣4分		
	现场记录表和采样标签填写	6	表格数据不全、有空项，每项扣1分，可累计扣分，最高扣6分		
	采样点平面图	8	未画扣8分，不全扣4分		
4. 样品的制备（28分）	样品的洗涤	4	样品洗涤不干净，扣4分		
	样品的选取	4	样品选取方法错误，扣4分		
	样品干燥	4	样品干燥方法不正确，扣4分		
	样品的粉碎	4	样品粉碎未达到要求，扣4分		
	样品混匀	4	样品未混匀，扣4分		
	装袋与保存	8	未填写两份标签，扣2分 袋内袋外未放置标签，扣4分 保存器选择错误，扣4分		
5. 职业素质（10分）	文明操作	6	实训过程中台面、地面脏乱，扣2分 实训结束未打扫场地或物品未归位，扣2分 仪器损坏，一次性扣2分		
	实训态度	4	合作发生不愉快，扣2分 工作不主动，扣2分		
合计					

 思考与练习

1. 试分析茶叶中铜、铅污染来源及预防污染措施。
2. 如何制备植物干样？

任务 2　金属污染物的测定

学习目标

一、知识目标

1. 掌握植物样品预处理方法；
2. 掌握植物中典型污染物的测定方法。

二、技能目标

1. 能根据植物监测目的与样品特征选择预处理方法；
2. 能选择适宜的测定方法测定待测污染物。

三、素质目标

1. 养成良好的安全操作习惯；
2. 培养良好的团队合作精神；
3. 培养分析与解决问题能力。

 知识学习

一、植物样品的预处理

植物样品测定前必须对样品进行分解，对待测组分进行富集和分离，或对干扰组分进行掩蔽等。目的是消除样品中含有的大量有机物（母质），使污染物的检测达到监测方法的检测灵敏度或检测范围。植物样品的预处理有消解和灰化、提取和分离等。

（一）消解和灰化

测定植物样品中的微量金属和非金属元素时，都要将其大量有机物基体分解，使待测组分转化成简单的无机化合物或单质后进行测定。通常分解有机物的方法有消解和灰化。

1. 消解。

酸式消解通常是浓酸与氧化剂的结合对有机物的分解。消解试剂有：硝酸—高氯酸、硝酸—硫酸、硫酸—过氧化氢、硫酸—高锰酸钾、硝酸—硫酸—五氧化二钒等。

2. 灰化。

灰化法分解植物样品不使用或少使用化学试剂，并可处理较大称量的样品，故有利于提高测定微量元素的准确度。但是，因为灰化温度一般为450℃～550℃，不宜处理测定易挥发组分的样品。此外，灰化所用时间也较长。根据样品种类和待测组分的性质不同，选用不同材料的坩埚和灰化温度。常用的有石英、铂、银、镍、铁、瓷、聚四氟乙烯等材质的坩埚。样品灰化完全后，经稀硝酸或盐酸溶解供分析测定。如酸溶液不能将其完全溶解时，则需要将残渣加稀盐酸煮沸，过滤，然后再将残渣用碱融法灰化。也可以将残渣用氢氟酸处理，蒸干后用稀酸溶解供测定。

（二）提取和分离

1. 提取方法。

提取生物样品中有机污染物的方法应根据样品的特点，待测组分的性质、存在形态和数量，以及分析方法等因素选择。常用的提取方法有：振荡浸取法、组织捣碎提取法、脂肪提取器提取法和直接球磨提取法等。

（1）振荡浸取法。蔬菜、水果、粮食等样品都可使用这种方法。将切碎的生物样品置于容器中，加入适当的溶剂，放在振荡器上振荡浸取一定时间，滤出溶剂后，用新溶剂洗涤样品过滤残渣或再浸取一次，合并浸取液，供分析或进行分离、富集用。

（2）组织捣碎提取法。取定量切碎的植物样品，放入捣碎杯中，加入适当的提取剂，快速捣碎3～5min，过滤，滤渣重复提取一次，合并滤液备用。

（3）脂肪提取器提取法。索格斯列特（Soxhlet）式脂肪提取器，简称索氏提取器或脂肪提取器常用于提取生物、土壤样品中的农药、石油类、苯并（a）芘等有机污染物质。其提取方法是：

首先，将制备好的生物样品放入滤纸筒中或用滤纸包紧，置于提取筒内。

其次，在蒸馏烧瓶中加入适当的溶剂，连接好回流装置，并在水浴上加热，则溶剂蒸汽经侧管进入冷凝器，凝集的溶剂滴入提取筒，对样品进行浸泡提取。

最后，当提取筒内溶剂液面超过虹吸管的顶部时，就自动流回蒸馏瓶内，如此重复进行。因为样品总是与纯溶剂接触，所以提取效率高，且溶剂用量小，提取液中被提取物的浓度大，有利于下一步分析测定。但该方法费时，常用作研究其他提取方法的对照比较方法。

（4）直接球磨提取法。该方法用己烷作提取剂，直接将样品在球磨机中粉碎和提取，可用于提取小麦、大麦、燕麦等粮食中的有机氯及有机磷农药。由于不用极性溶剂提取，可以避免以后费时的洗涤和液—液萃取操作，是一种快速提取方法。提取用的仪器是一个50mL的不锈钢管，钢管内放两个小钢球，放入1～5g样品，加2～8g无水硫酸钠和20mL己烷，将钢管盖紧，放在350r/min的摇转机上，粉碎提取30min即可，回收率和重现性都比较好。选择提取剂应考虑样品中欲测有机污染物的性质和存在形式，因为生物样品中有机污染物一般含量都很低，故要求用高纯度的溶剂。

2. 分离。

用提取剂从生物样品中提取欲测组分的同时，不可避免地会将其他相关组分提取出来。常用的分离方法有：液—液萃取法、层析法、磺化法、低温冷冻法、吹蒸法、液上空间法等。

3. 浓缩。

植物样品的提取液经过分离净化后，其中的污染物浓度往往仍达不到分析方法的要求，这就需要进行浓缩。常用的浓缩方法有：蒸馏或减压蒸馏法、K-D浓缩器浓缩法和蒸发法等。

二、植物样品中污染物的测定方法

（一）光谱分析法

（1）可见—紫外分光光度法：用于测定多种农药（如有机氯、有机磷和有机硫农药），含汞、砷、铜和酚类杀虫剂，芳香烃、共轭双键等不饱和烃，以及某些重金属（如铬、镉、铅等）和非金属（如氟、氰等）化合物等。

（2）红外分光光度法是鉴别有机污染物结构的有力工具，并可对其进行定量测定。

（3）原子吸收分光光度法适用于镉、汞、铅、铜、锌、镍、铬等有害金属元素的定量测定，具有快速、灵敏的优点。

（4）发射光谱法适用于对多种金属元素进行定性和定量分析，特别是等离子体发射光谱法（ICP-AES），可对样品中多种微量元素同时进行分析测定。

（5）X射线荧光光谱分析也是环境分析中近代分析技术之一，适用于样品中多元素的分析，特别是对硫、磷等轻元素很容易测定，而其他光谱法则比较困难。

（二）色谱分析法

色谱分析法是对有机污染物进行分离检测的重要手段，包括薄层层析法、气相色谱法、高效液相色谱法等。

（1）薄层层析法是应用层析板对有机污染物进行分离、显色和检测的简便方法，可对多种农药进行定性和半定量分析。如果与薄层扫描仪联用或洗脱后进一步分析，则可进行定量测定。

（2）气相色谱法由于配有多种检测器，提高了选择性和灵敏度，广泛用于粮食等生物样品中烃类、酚类、苯和硝基苯、胺类、多氯联苯及有机氯、有机磷农药等有机污染物的测定。

（3）高效液相色谱法是环境样品中复杂有机物分析不可缺少的手段，特别适用于分子量大于300、热稳定性差和离子型化合物的分析。应用于粮食、蔬菜等中的多环芳烃、酚类、异腈酸酯类和取代酯类、苯氧乙酸类等农药的测定可收到良好效果，具有灵敏度和分离效能高、选择性好等优点。

（三）电化学分析法

示波极谱法、电极溶出伏安法等近代极谱技术可用于测定生物样品中的农药残留量和某些重金属元素。离子选择电极法可用于测定某些金属和非金属污染物。

（四）放射分析法

放射分析法在环境污染研究和污染物分析中具有独特的作用。例如，欲了解污染物在生物体内的代谢途径和降解过程，不能应用上述分析方法，只能用放射性同位素进行示踪模拟试验。用中子活化法测定含汞、锌、铜、砷、铅、溴等农药残留量及某些有害金属污染物，具有灵敏、特效、不破坏试样等优点。

（五）联合检测技术

目前应用较多的联合技术有气相色谱—质谱（GC－MS）、气相色谱—傅立叶变换红外光谱（GC－FTIR）、液相色谱—质谱（LC－MS）等。这种分析技术能将组分复杂的样品同时得到分离和鉴定，并可进行定量测定。其方法灵敏、快速、可靠，是对环境样品中有机污染物进行系统分析的理想手段。

（六）植物中污染物测定实例

粮食作物中铜、锌、镉、铅、汞、铬、砷的测定方法列于表6—3。

表6—3　　　　　　　　　　　粮食中几种有害金属元素的测定方法

元素	预处理方法	分析方法	测定方法原理	仪器
铜	（1）HNO_3-$HClO_4$ 湿法消解	（1）原子吸收分光光度法	试液中铜在空气—乙炔火焰或石墨炉中原子化，用铜空心阴极灯于324.75nm波长处测吸光度，标准曲线法定量	原子吸收分光光度计
	（2）490℃干灰化，残渣用 HNO_3-$HClO_4$ 处理	（2）阳极溶出伏安法	试液中铜在镀汞膜固体电极上富集，记录溶出曲线，以峰高定量	笔录式极谱仪或示波极谱仪
	（3）同（2）	（3）双乙醛草酰二腙分光光度法	Cu^{2+} 与双乙醛草酰二腙生成紫色络合物，于540nm波长处测吸光度，标准曲线法定量	分光光度计

续前表

元素	预处理方法	分析方法	测定方法原理	仪器
锌	（1） HNO_3-$HClO_4$ 湿法消解	（1）原子吸收分光光度法	试液中锌在空气—乙炔火焰或石墨炉中原子化，用锌空心阴极灯于 213.86mm 波长处测吸光度，标准曲线法定量	原子吸收分光光度计
	（2）490℃ 干灰化，残渣用 HNO_3-$HClO_4$ 处理	（2）阳极溶出伏安法	与铜相同	与铜相同
	（3）同（2）	（3）双硫腙分光光度法	在 pH 值为 4.0～5.5 的介质中，In^{2+} 与双硫腙生成红色络合物，用 CCl_4 萃取，测吸光度（535mm），标准曲线法定量	分光光度计
镉	（1） HNO_3-$HClO_4$ 湿法消解	（1）原子吸收分光光度法	试液中 Cd^{2+} 在 pH 值为 4.2～4.5 与 APDC 生成络合物，用 MIBK 萃取，在空气—乙炔火焰或石墨炉中原子化，用镉空心阴极灯于 228.80nm 波长处测吸光度	原子吸收分光光度计
	（2）480℃ 干灰化，残渣用 HNO_3-$HClO_4$ 处理	（2）阳极溶出伏安法	与铜相同	与铜相同
	（3）同（2）	（3）双硫腙分光光度法	在碱性介质中，Cd^{2+} 与双硫腙生成紫红色络合物，用 CCl_4 或 $CHCl_5$ 萃取，于 518nm 波长处测吸光度，标准曲线法定量	分光光度计
铅	（1） HNO_3-$HClO_4$ 湿法消解	（1）原子吸收分光光度法	试液中 Pb^{2+} 用 APDC-MIBK 络合萃取，火焰或石墨炉中原子化，铅空心阴极灯于 283.3nm 波长处测吸光度	原子吸收分光光度计
	（2）480℃ 干灰化，残渣用 HNO_3-$HClO_4$ 处理	（2）阳极溶出伏安法	与铜相同	与铜相同
	（3）同（2）	（3）双硫腙分光光度法	在 pH 值为 8.6～9.2 的介质中，Pb^{2+} 与双硫腙生成红色络合物，用苯萃取，于 520 nm 波长处测吸光度，标准曲线法定量	分光光度计
汞	HNO_3-H_2SO_4-V_2O_5 消解	冷原子吸收法	在 $1mol/L H_2SO_4$ 介质中，Hg^{2+} 用 $SnCl_2$ 还原为基态汞原子，以惰性载气将汞蒸气带入吸收池，于 253.7nm 波长处测吸光度	冷原子吸收测汞仪

三、分析结果的表示

　　植物样品中污染物质的分析结果常以干重为基础表示（mg/kg·干重），以便比较各样品中某一成分含量的高低。因此，还需要测定样品的含水量，对分析结果进行换算。含水量常用重量法测定，即称取一定量新鲜样品或风干样品，于100℃～105℃烘干至恒重，由其失重计算含水量。对含水量高的蔬菜、水果等，以鲜重表示计算结果为好。

 技能训练

茶叶中铜、铅的测定

一、实训目的

　　1. 学会预处理茶叶样品；
　　2. 熟练操作原子吸收分光光度计。

二、实训要求

　　1. 每两位同学为一组进行实训；
　　2. 实训前，制定监测方案；
　　3. 每位同学独立提交一份实训报告。

三、实训原理

　　茶叶样品经高温灰化，冷却后用5%硝酸浸取，过滤溶液残渣，用原子吸收仪分别测定其铜、铅含量。

四、仪器设备和测量条件

　　1. 火焰原子吸收分光光度计；
　　2. 电子分析天平；
　　3. 50mL 容量瓶；
　　4. 聚四氟乙烯坩埚；
　　5. 铜空心阴极灯；
　　6. 铅空心阴极灯；
　　7. 仪器测量条件见表6—4。

表 6—4   仪器测量条件

元素	铜	铅
测定波长/nm	324.8	283.3
通带宽度/nm	1.3	1.3
灯电流/mA	7.5	7.5
火焰性质	氧化性	氧化性

五、材料与试剂

1. 硝酸（HNO_3），$\rho=1.42g/mL$，优级纯。

2. 体积分数为 5% 的硝酸溶液。

3. 1.00mg/mL 铜标准贮备液：称取 0.500 0g 金属铜粉（光谱纯），溶于 25mL (1+5)HNO_3 中，微热溶解，冷却后，移入 500mL 容量瓶中，用去离子水定容。

4. 0.10mg/mL 铜标准使用液：吸取 10.0mL 铜标准贮备液于 100mL 容量瓶中，用去离子水稀释至标线，摇匀备用。

5. 1.00mg/mL 铅标准贮备液：称取 0.500 0g 金属铅粉（光谱纯），溶于 25mL (1+5)HNO_3，微热溶解，冷却后，移入 500mL 容量瓶中，用去离子水定容。

6. 0.10mg/mL 铅标准使用液：吸取 10.0mL 锌标准贮备液于 100mL 容量瓶中，用去离子水稀释至标线，摇匀备用。

六、实训步骤

1. 茶叶样品的预处理。

称取 1.000 0g 茶叶于瓷坩埚中，置于马弗炉中，升温至 750℃保持 1h，待样品变为白色灰烬后取出。冷却后，加 5% 硝酸 10mL 于电热板上加热浸取残渣，过滤至 50mL 容量瓶中，冷却后用去离子水定容，同时作全程序空白实验。

2. 校准曲线。

分别吸取 0.10mg/mL 铜或铅标准使用液：0，0.10，0.20，0.50，1.00，1.50，2.00mL 至 50mL 容量瓶中，加 0.5mL 硝酸，用蒸馏水定容，摇匀。此标准系列铜或铅浓度依次为：0，10.0，20.0，50.0，100.0，150.0，200.0μg/50mL，测其吸光度，绘制曲线。

3. 样品的测定。

将溶液直接喷入火焰测定，同时作空白校正。

七、数据处理

$$Cu(mg/kg)=\frac{m}{W} \tag{6—1}$$

$$Pb(mg/kg)=\frac{m}{W} \tag{6-2}$$

式中：m——从仪器直接读取铜或铅浓度（μg）；

W——样品取样量（g）。

八、注意事项

同土壤中铜、锌的测定。

九、技能训练评分标准

评分标准见表6—5。

表6—5　　　　　　　　　　茶叶中铜、铅的测定评分标准

考核项目	评分点	分值	评分标准	扣分	得分
1. 标准溶液的配制（14分）	转移溶液	4	同表2—13 污水中镉的测定（原子吸收分光光度法）评分标准		
	移取溶液	5	同表2—13 污水中镉的测定（原子吸收分光光度法）评分标准		
	定容操作	5	同表2—13 污水中镉的测定（原子吸收分光光度法）评分标准		
2. 样品的预处理（12分）	样品的称取	3	精度超过±0.000 2，扣3分		
	样品的灰化	4	样品未变为白色灰烬后取出，扣4分		
	样品硝化过程	5	浸取残渣后，溶液不清澈未过滤，扣5分		
3. 标准系列的配制（15分）	溶液的移取	5	同表2—13 污水中镉的测定（原子吸收分光光度法）评分标准		
	溶液配制过程	10	同表2—13 污水中镉的测定（原子吸收分光光度法）评分标准		
4. 原子吸收分光光度计的使用（21分）	测定前的准备	9	同表2—13 污水中镉的测定（原子吸收分光光度法）评分标准		
	测定操作	6	同表2—13 污水中镉的测定（原子吸收分光光度法）评分标准		
	测定后的处理	6	同表2—13 污水中镉的测定（原子吸收分光光度法）评分标准		
5. 测定结果（28分）	数据结果	8	同表2—13 污水中镉的测定（原子吸收分光光度法）评分标准		
	校准曲线线性	10	同表2—13 污水中镉的测定（原子吸收分光光度法）评分标准		
	测定结果精密度	10	同表2—13 污水中镉的测定（原子吸收分光光度法）评分标准		

续前表

考核项目	评分点	分值	评分标准	扣分	得分
6. 职业素质（10分）	文明操作	6	同表 2—13 污水中镉的测定（原子吸收分光光度法）评分标准		
	实训态度	4	同表 2—13 污水中镉的测定（原子吸收分光光度法）评分标准		
合计					

 思考与练习

1. 试分析原子吸收分光光度法测定茶叶中铜、铅的误差来源。

2. 除了原子吸收法测定茶叶中的铜、铅外，还有哪些测定方法？各有何优缺点？

| 项目七 | 噪声监测 |

任务 1 环境噪声监测

 学习目标

一、知识目标

1. 掌握噪声基本知识与噪声监测要求；
2. 掌握城市声环境常规监测与社会生活环境噪声监测方法。

二、技能目标

1. 能够规范使用普通声级计和积分声级计；
2. 能够统计处理测量数据；
3. 能够评价测量结果。

三、素质目标

1. 培养阅读说明书的习惯，能够规范操作声级计；
2. 培养良好的合作沟通能力，能够有计划、有步骤地完成工作任务。

知识学习

一、噪声基本知识

人们生活和工作所不需要的声音叫噪声。环境噪声的来源有交通噪声、工业企业噪声、建筑施工噪声和社会生活噪声。

（一）声音的物理特性和量度

1. 频率。

一个振动物体，每秒钟振动的次数为该物体的振动频率，用 f 表示，单位是赫兹（Hz）。

2. 周期。

声源振动一次所经历的时间叫周期，用 $T(s)$ 表示。

3. 声速。

声音每秒传播的距离叫声速，用 c 表示，单位为 $m \cdot s^{-1}$。在任何媒质中，声速大小只取决于媒质的弹性和密度，而与声源无关。一般情况下，在钢板中声速约为 $5\,000 m \cdot s^{-1}$。

4. 波长。

沿声波传播方向上在某一时间相位相同的两相邻点间的距离，或声源振动一个周期所传播的距离称为波长，用 λ 表示。

频率 f、波长 λ 和声速 c 是噪声的三个重要的物理量，它们之间的关系为：$\lambda = c/f$。

5. 声功率（W）。

声功率是指单位时间内，声波通过垂直于传播方向某指定面积的声能量。在噪声监测中，声功率是指声源总声功率，单位为 W。

6. 声强（I）。

声强是指单位时间内，声波通过垂直于声波传播方向单位面积的声能量，单位为 W/s^2。

7. 声压（P）。

声压是由于声波的存在而引起的压力增值。声波是空气分子有指向、有节律的运动。声压单位为 Pa。对于球面波和平面波，声压与声强的关系是：

$$I = \frac{P^2}{\rho_0 c_0} \tag{7—1}$$

式中：P——有效声压（Pa）；

ρ_0——空气密度（$kg \cdot m^{-3}$）；

c_0——空气中的声速（$m \cdot s^{-1}$）。

8. 声功率级。

$$L_w = 10\lg \frac{W}{W_0} \tag{7—2}$$

式中：L_w——声功率级（dB）；

$\quad\quad$ W——声功率（W）；

$\quad\quad$ W_0——基准声功率，为 10^{-12} W。

9. 声强级。

$$L_I = 10\lg \frac{I}{I_0} \tag{7—3}$$

式中：L_I——声强级（dB）；

$\quad\quad$ I——声强（W·m^{-2}）；

$\quad\quad$ I_0——基准声强，为 10^{-12} W·m^{-2}。

10. 声压级。

$$L_p = 10\lg \frac{P^2}{P_0^2} = 20\lg \frac{P}{P_0} \tag{7—4}$$

式中：L_P——声压级（dB）；

$\quad\quad$ P——声压（Pa）；

$\quad\quad$ P_0——基准声压，为 2×10^{-5} Pa。该值是指 1 000Hz 声音人耳刚能听到的最

$\quad\quad\quad\quad$ 低声压。

（二）噪声的叠加和相减

1. 噪声的叠加公式。

$$L_p = 10\lg(10^{\frac{L_{p_1}}{10}} + 10^{\frac{L_{p_2}}{10}}) \tag{7—5}$$

式中：L_p——总声压级（dB）；

$\quad\quad$ L_{p_1}——声源 1 的声压级（dB）；

$\quad\quad$ L_{p_2}——声源 2 的声压级（dB）。

2. 噪声的相减。

由于背景噪声的存在，使实际测量的读数增高，因此，噪声测量中经常碰到如何扣除背景噪声问题，即噪声相减的问题。

如测定某一台机器的噪声，应先测得机器和背景噪声值，当机器停止工作后测得背景噪声值，利用图 7—1 背景噪声修正曲线，来求得该机器噪声的实际大小。

【例 7—1】为测定某车间一台机器的噪声大小，从声级计上测得声级为 100 dB，当机器停止工作时，测得的背景噪声为 96dB，求该机器噪声的实际大小。

解：$L_p - L_{p_1} = 4$dB，从图查得 $\Delta L_p = 2.2$dB，则

$\quad\quad$ $L_{p_2} = L_p - \Delta L_p = 100$dB $- 2.2$dB $= 97.8$dB

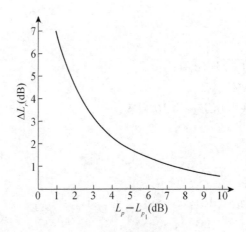

图 7—1　背景噪声修正曲线

以 $L_p - L_{p_1}$ 值按图查得 ΔL_p，则 $L_{p_2} = L_p - \Delta L_p$。

(三) 噪声的物理量

1. 响度和响度级。

(1) 响度 (N)。响度是人耳判别声音由轻到响的强度等级概念，它不仅取决于声音的强度（如声压级），还与它的频率及波形有关。响度的单位称为"宋"，1 宋的定义是声压级是 40dB，频率为 1 000Hz，且来自听者正前方的平面波形的强度。如果另一个声音听起来比这个大 n 倍，即声音的响度为 n 宋。

(2) 响度级 (L_N)。响度级的概念是建立在两个声音的主观比较上的。定义1 000Hz 纯音声压级的分贝值为响度级的数值，任何其他频率的声音，当调节 1 000Hz 纯音的强度使之与这声音一样响时，则这 1 000Hz 纯音的声压级分贝值就定为这一声音的响度级值，响度级的单位称为"方"。

(3) 响度与响度级的关系：

$$L_N = 40 + 33\lg N \tag{7—6}$$

响度级的合成不能直接相加，而响度可以相加。

2. 等效连续 A 声级、累计百分声级、噪声污染级、昼夜等效声级、最大声级和信频带声压级。

(1) 等效连续 A 声级。为了能用仪器直接反映人的主观响度感觉的评价量，在噪声测量仪器——声级计中设计了一种特殊滤波器，叫计权网络。通过计权网络测得的声压级叫计权声级，简称声级。通用的有 A、B、C 和 D 计权声级，也简称 A、B、C 和 D 声级。A 计权声级是模拟人耳对 55dB 以下低强度噪声的频率特性；B 计权声级是模拟人耳对 55～85dB 的中等强度噪声的频率特性；C 计权声级是模拟高强度噪声的频率特性；D 计权声级是对噪声参量的模拟，专用于飞机噪声的测量。A 计权声级表征人耳主观听觉较好，故近年来 B 和 C 计权声级较少应用。

A 计权声级能较好地反映人耳对噪声的强度与频率的主观感觉，对一个连续的稳态噪声，是一种较好的评价方法。但对一个起伏的或不连续的噪声，A 计权声级就显得不合适了。因此提出了一个用噪声能量按时间平均方法来评价噪声对人影响的问题，即等效连续 A 声级，符号为 "L_{eq}"，单位为 dB（A）。它是一个能量平均声级，用于描述某个时间段的噪声状况。等效连续声级反映在声级不稳定的情况下，人实际所接受的噪声能量的大小，它是一个用来表达随时间变化的噪声的等效量。其公式为

$$L_{eq}=10 \lg\left[\frac{1}{T}\int_0^T 10^{0.1L_A}\,\mathrm{d}t\right] \tag{7—7}$$

式中：L_A——某时刻 t 的瞬时 A 声级（dB）；

T——规定的测量时间（s）。

（2）累计百分声级。对于随机起伏噪声，等效连续 A 声级无法描述其起伏的大小及变化，但可以用统计的方法进行描述。统计声级又称累计分布声级或百分声级，用 L_N 表示，通常用于描述随机起伏噪声。累计百分声级即在一段时间内进行多次的随机取样，然后对测到的不同噪声级作统计分析，取它的累计统计概率值来评价这个噪声。

L_{10}——在测定时间内，有 10% 时间的噪声超过噪声级，相当于噪声的平均峰值。

L_{50}——在测量时间内，有 50% 时间的噪声超过此值，相当于噪声的平均中值。

L_{90}——在测量时间内，有 90% 时间的噪声超过此值，相当于噪声的平均本底值。

累积百分声级 L_{10}、L_{50} 和 L_{90} 的计算方法有两种：一种是在正态概率纸上画出累积分布曲线，然后从图中求得；另一种简便方法是将测定的一组数据（例如 100 个），从大到小排列，第 10 个数据即为 L_{10}，第 50 个数据为 L_{50}，第 90 个数据为 L_{90}。

如果无规则的噪声在统计上符合正态分布，则可用近似公式。如交通噪声就满足这一条件，那么统计声级与等效声级之间满足以下关系：

$$L_{eq}\approx L_{50}+\frac{d^2}{60} \tag{7—8}$$

式中：$d=L_{10}-L_{90}$，反映了噪声的起伏程度。

（3）噪声污染级。噪声污染级（L_{NP}）的公式为

$$L_{NP}=L_{eq}+K\sigma \tag{7—9}$$

式中：K——常数，对交通和飞机噪声取值 2.56；

σ——测定过程中瞬时声级的标准偏差。

$$\sigma=\sqrt{\frac{n}{n-1}\sum_{i=1}^{n}(L_i-\overline{L})^2} \tag{7—10}$$

式中：L_i——测得的第 i 个声级；

$\overline{L}$——所测得声级的算术平均值；

n——测得声级的总个数。

对于许多重要的公共噪声,噪声污染级也可写成

$$L_{NP}=L_{eq}+d \ \text{或} \ L_{NP}=L_{50}+\frac{d^2}{60}+d \hspace{3cm} (7\text{—}11)$$

式中:$d=L_{10}-L_{90}$。

(4)昼夜等效声级。根据《中华人民共和国环境噪声污染防治法》,"昼间"是指6:00至22:00之间的时段;"夜间"是指22:00至次日6:00之间的时段。

考虑到夜间噪声具有更大的烦扰程度,提出一个新的评价指标——昼夜等效声级(也称为日夜平均声级),符号为"L_{dn}"。表达式为

$$L_{dn}=10\lg\{16\times10^{0.1L_d}+8\times10^{0.1(L_n+10)}/24\} \hspace{2cm} (7\text{—}12)$$

式中:L_d——白天的等效声级,时间为6:00~22:00,共16h;

L_n——夜间的等效声级,时间是从22:00至第二天的6:00,共8h。

为了表明夜间噪声对人的烦扰更大,计算夜间等效声级这一项时应加上10dB的计权。

县级以上人民政府为环境噪声污染防治的需要(如考虑时差、作息习惯差异等)而对昼间、夜间的划分另有规定的,应按其规定执行。

(5)最大声级。在规定测量时间内对频发或偶发噪声事件测得的A声级最大值,用$L_{\max}$表示,单位dB(A)。

(6)倍频带声压级。采用符合GB/T 3241规定的倍频程滤波器所测量的频带声压级,其测量带宽和中心频率成正比。

二、环境噪声监测要求

(一)噪声测量仪器

噪声测量仪器主要有:声级计、声频频谱仪、记录仪、录音机和实时分析仪器等。

声级计按灵敏度分为普通声级计和精密声级计。

声级计按精度分为0型(实验用标准声级计)、1型(一般用途的精密声级计)、2型(一般用途的声级计)和3型(普通型声级计)。它们的测量精度分别为±0.4dB、±0.7dB、±1.0dB和±1.5dB。

声级计按用途分为一般声级计、脉冲声级计、积分声级计和噪声计量计。

通常,环境噪声监测测量仪器精度为2型及2型以上的积分平均声级计或环境噪声自动监测仪器,其性能需符合GB 3785和GB/T 17181的规定,并定期校验。测量前后使用声校准器校准测量仪器的示值偏差不得大于0.5dB,否则,测量无效。声校准器应满足GB/T 15173对1级或2级声校准器的要求。

(二)环境噪声监测测点选择

根据监测对象和目的,可选择以下三种测点条件(指传声器所置位置)进行环境噪声的测量:

228

1. 一般户外。

距离任何反射物（地面除外）至少 3.5m 外测量，距地面高度 1.2m 以上。必要时可置于高层建筑上，以扩大监测受声范围。使用监测车辆测量，传声器应固定在车顶部 1.2m 高度处。

2. 噪声敏感建筑物户外。

在噪声敏感建筑物外，距墙壁或窗户 1m 处，距地面高度 1.2m 以上。

3. 噪声敏感建筑物室内。

距离墙面和其他反射面至少 1m，距窗约 1.5m 处，距地面 1.2~1.5m 高。

（三）监测点位编码

1. 编码组成。

（1）根据 HJ 661—2013，环境噪声监测点位编码由三部分组成，见图 7—2，分别为行政区划代码、监测点位类别代码和监测点位顺序代码。

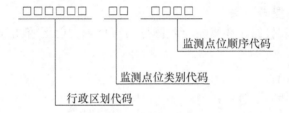

图 7—2　编码结构图

（2）第一部分编码表示监测点位所在地的行政区划代码，详细至区县一级，用 6 位阿拉伯数字表示。

（3）第二部分编码表示监测点位类别代码，用 2 位阿拉伯数字表示，即 01~99，由环境噪声监测标准规定（见表 7—1）。

表 7—1　　　　　　　　　　环境噪声监测点位编码第二部分类目表

编码	类目名称
10	区域声环境监测点位
20	道路交通声环境监测点位
30	0 类功能区声环境监测点位
31	1 类功能区声环境监测点位
32	2 类功能区声环境监测点位
33	3 类功能区声环境监测点位
34	4a 类功能区声环境监测点位
35	4b 类功能区声环境监测点位

（4）第三部分编码表示监测点位顺序代码，用 4 位阿拉伯数字表示，即 0001～9999，且监测点位顺序代码在第一部分和第二部分编码相同时不重复使用，由地方环境保护行政主管部门规定。

2．监测点位类别代码的分类和组成。

环境噪声监测点位编码第二部分按区域声环境监测、道路交通声环境监测和功能区声环境监测等类别进行分类。表 7—1 列出了环境噪声监测点位编码第二部分的编码和类目名称。

3．编码撤销和变更。

当区域声环境监测点位、道路交通声环境监测点位或功能区声环境监测点位撤销或变更时，原有监测点位编码保留，不能被重新使用。

（四）气象条件

测量应在无雨雪、无雷电天气，风速 5m/s 以下时进行。

（五）监测类型与方法

根据监测对象和目的，环境噪声监测分为声环境功能区监测和噪声敏感建筑物监测两种类型。

（六）测量记录

测量记录应包括以下事项：

（1）日期、时间、地点及测定人员；

（2）使用仪器型号、编号及其校准记录；

（3）测定时间内的气象条件（风向、风速、雨雪等天气状况）；

（4）测量项目及测定结果；

（5）测量依据的标准；

（6）测定示意图；

（7）声源及运行工况说明（如交通噪声测量的交通流量等）；

（8）其他应记录的事项。

三、声环境质量标准（GB 3096—2008）

（一）声环境功能区分类

1．城市声环境功能区的划分。

城市区域应按照 GB/T 15190 的规定划分声环境功能区，分别执行标准规定的 0、1、2、3、4 类声环境功能区环境噪声限值。

0 类声环境功能区：指康复疗养区等特别需要安静的区域。

1 类声环境功能区：指以居民住宅、医疗卫生、文化体育、科研设计、行政办公为主要功能，需要保持安静的区域。

2 类声环境功能区：指以商业金融、集市贸易为主要功能，或者居住、商业、工业混杂，需要维护住宅安静的区域。

3 类声环境功能区：指以工业生产、仓储物流为主要功能，需要防止工业噪声对周围环境产生严重影响的区域。

4 类声环境功能区：指交通干线两侧一定区域之内，需要防止交通噪声对周围环境产生严重影响的区域，包括 4a 类和 4b 类两种类型。4a 类为高速公路、一级公路、二级公路、城市快速路、城市主干路、城市次干路、城市轨道交通（地面段）、内河航道两侧区域；4b 类为铁路干线两侧区域。

2. 乡村声环境功能的确定。

乡村区域一般不划分声环境功能区，根据环境管理的需要，县级以上人民政府环境保护行政主管部门可按以下要求确定乡村区域适用的声环境质量要求：

（1）位于乡村的康复疗养区执行 0 类声环境功能区规定。

（2）村庄原则上执行 1 类声环境功能区要求，工业活动较多的村庄以及有交通干线通过的村庄（指执行 4 类声环境功能区要求以外的地区）可局部或全部执行 2 类声环境功能区要求。

（3）集镇执行 2 类声环境功能区要求。

（4）独立于村庄、集镇之外的工业、仓储集中区执行 3 类声环境功能区要求。

（5）位于交通干线两侧一定距离内（参考 GB/T 15190 第 8.3 条规定）噪声敏感建筑物执行 4 类声环境功能区要求。

（二）环境噪声限值

各类声环境功能区适用于表 7—2 规定的环境噪声等效声级限值。

表 7—2　　　　　　　　　　　环境噪声限值　　　　　　　　　　单位：dB（A）

声环境功能区类别		时段	
		昼间	夜间
0 类		50	40
1 类		55	45
2 类		60	50
3 类		65	55
4 类	4a 类	70	55
	4b 类	70	60

表 7—2 中，4b 类声环境功能区类别环境噪声限值，适用于 2011 年 1 月 1 日起环境影响评价文件通过审批的新建铁路（含新开廊道的增建铁路）干线建设项目两侧区域。

在下列情况下，铁路干线两侧区域不通过列车时的环境背景噪声限值，按昼间 70dB（A）、夜间 55dB（A）执行。

（1）穿越城区的既有铁路干线。

（2）对穿越城区的既有铁路干线进行改建、扩建的铁路建设项目。

既有铁路是指 2010 年 12 月 31 日前已建成运营的铁路或环境影响评价文件已通过

231

审批的铁路建设项目。

各类声环境功能区夜间突发噪声，其最大声级超过环境噪声限值的幅度不得高于15dB（A）。

四、城市声环境常规监测

（一）区域声环境监测

区域监测的目的为评价整个城市环境噪声总体水平，分析城市声环境状况的年度变化规律和变化趋势。

1. 基本概念。

（1）城市声环境常规监测。也称例行监测，指为掌握城市声环境质量状况，环境保护部门所开展的区域声环境监测、道路交通声环境监测和功能区声环境监测（分别简称：区域监测、道路交通监测和功能区监测）。

（2）城市规模。通常指城市的人口数量，按市区常住人口，巨大城市为大于1 000万人，特大城市为300万～1 000万人（含），大城市为100万～300万人（含），中等城市为50万～100万人（含），小城市为小于等于50万人。

2. 噪声监测。

（1）监测点位设置。

1）参照GB 3096—2008附录B中声环境功能区普查监测方法，将整个城市建成区划分成多个等大的正方形网格（如1 000m×1 000m），对于未连成片的建成区，正方形网格可以不衔接。

2）网格中水面面积或无法监测的区域（如禁区）面积为100％及非建成区面积大于50％的网格为无效网格。整个城市建成区有效网格总数应多于100个。

3）在每一个网格的中心布设1个监测点位。若网格中心点不宜测量（如水面、禁区、马路行车道等），应将监测点位移动到距离中心点最近的可测量位置进行测量。

4）监测点位基础信息，见表7—3。

表7—3   监测点位基础信息表

网格代码	测点名称	测点经度	测点纬度	测点参照物	网格覆盖人口（万人）	功能区代码	备注
负责人：		审核人：		填表人：		填表日期：	

注：功能区代码：0，0类区；1，1类区；2，2类区；3，3类区；4，4类区。

（2）噪声测量。

1）测量应在无雨雪、无雷电天气，风速5m/s以下时进行。声级计应加风罩以避免风噪声干扰，同时也可保持传声器清洁。铁路两侧区域环境噪声测量，应避开列车通过的时段。

2）监测点位置距离任何反射物（地面除外）至少3.5m外测量，距地面高度1.2m以上。必要时可置于高层建筑上，以扩大监测受声范围。使用监测车辆测量，传声器应固定在车顶部 1.2m 高度处。

3）昼间监测每年 1 次，监测工作应在昼间正常工作时段内进行，并应覆盖整个工作时段。夜间监测每五年 1 次，在每个五年规划的第三年监测，监测从夜间起始时间开始。

4）测量时间分为白天（6:00—22:00）和夜间（22:00—6:00）两部分。白天测量一般选在 8:00—12:00 或 14:00—18:00，夜间一般选在 22:00—5:00，随着地区和季节不同，上述时间可以稍作变动。

5）每个监测点位测量 10 min 的等效连续 A 声级 L_{eq}（简称"等效声级"），记录累积百分声级 L_{10}、L_{50}、L_{90}、L_{max}、L_{min} 和标准偏差（SD）。

6）监测工作应安排在每年的春季或秋季，每个城市监测日期应相对固定，监测应避开节假日和非正常工作日。

（3）数据记录与统计。

1）数据记录，见表 7—4。

表 7—4　　　　　　　　　　　　区域声环境监测记录表

监测仪器（型号、编号）：＿＿＿＿＿　声校准器（型号、编号）：＿＿＿＿＿

监测前校准值（dB）：＿＿＿＿＿　监测后校准值（dB）：＿＿＿＿＿　气象条件：＿＿＿＿＿

网格代码	声源代码	月	日	时	分	测点名称	L_{eq}	L_{10}	L_{50}	L_{90}	L_{max}	L_{min}	标准差（SD）	备注

注：声源代码：1. 交通噪声；2. 工业噪声；3. 施工噪声；4. 生活噪声。

两种以上噪声填主噪声。除交通、工业、施工噪声外的噪声，归入生活噪声。

2）数据统计，见表 7—5。

表 7—5　　　　　　　　　　　　区域声环境监测结果统计表

年度：＿＿＿＿＿　城市代码：＿＿＿＿＿　监测组名：＿＿＿＿＿

网格代码	测点名称	月	日	时	分	L_{eq}	L_{10}	L_{50}	L_{90}	L_{max}	L_{min}	标准差（SD）	声源代码	功能区代码	备注
负责人：			审核人：			填表人：				填表日期：					

注："月、日、时、分"指测量开始时间。

（4）数据处理。计算整个城市环境噪声总体水平。将整个城市全部网格测点测得的等效声级分昼间和夜间，按式（7—13）进行算术平均运算，所得到的昼间平均等效声级 S_d 和夜间平均等效声级 S_n 代表该城市昼间和夜间的环境噪声总体水平。

$$\overline{S} = \frac{1}{n} \sum_{i=1}^{n} Li \qquad\qquad (7—13)$$

式中：$\bar{S}$——城市区域昼间平均等效声级（S_d）或夜间平均等效声级（S_n）[dB（A）]；

　　　　L_i——第 i 个网格测得的等效声级 [dB（A）]；

　　　　n——有效网格总数。

（5）城市区域环境噪声总体水平按表 7—6 进行评价。

表 7—6　　　　　　　　　　城市区域环境噪声总体水平等级划分

等级	一级/dB（A）	二级/dB（A）	三级/dB（A）	四级/dB（A）	五级/dB（A）
昼间平均等效声级（S_d）	≤50.0	50.1～55.0	55.1～60.0	60.1～65.0	>65.0
夜间平均等效声级（S_n）	≤40.0	40.1～45.0	45.1～50.0	50.1～55.0	>55.0

城市区域环境噪声总体水平等级"一级"至"五级"可分别对应评价为"好"、"较好"、"一般"、"较差"和"差"。

（二）道路交通声环境监测

道路交通声环境监测的目的在于反映道路交通噪声源的噪声强度，分析道路交通噪声声级与车流量、路况等的关系及变化规律，分析城市道路交通噪声的年度变化规律和变化趋势。

1. 基本概念。

（1）城市道路：城市范围内具有一定技术条件和设施的道路，主要为城市快速路、城市主干路、城市次干路、含轨道交通走廊的道路及穿过城市的高速公路。

（2）交通干线：指铁路（铁路专用线除外）、高速公路、一级公路、二级公路、城市快速路、城市主干路、城市次干路、城市轨道交通线路（地面段）、内河航道。

（3）大型车：指车长大于等于 6m 或者乘坐人数大于等于 20 人的载客汽车，以及总质量大于等于 12t 的载货汽车和挂车。

（4）中小型车：指车长小于 6m 且乘坐人数小于 20 人的载客汽车，总质量小于 12t 的载货汽车和挂车，以及摩托车。

2. 监测。

（1）监测点位设置原则。

1）能反映城市建成区内各类道路（城市快速路、城市主干路、城市次干路、含轨道交通走廊的道路及穿过城市的高速公路等）交通噪声排放特征。

2）能反映不同道路特点（考虑车辆类型、车流量、车辆速度、路面结构、道路宽度、敏感建筑物分布等）交通噪声排放特征。

3）道路交通噪声监测点位数量：巨大、特大城市≥100 个；大城市≥80 个；中等城市≥50 个；小城市≥20 个。一个测点可代表一条或多条相近的道路。根据各类道路的路长比例分配点位数量。

（2）监测点位的设置。

1）测点选在路段两路口之间，距任一路口的距离大于 50m，路段不足 100m 的选

234

路段中点。

2）测点位于人行道上距路面（含慢车道）20cm 处，监测点位高度距地面为1.2～6.0m。

3）测点应避开非道路交通源的干扰，传声器指向被测声源。

4）监测点位基础信息，见表7—7。

表 7—7　　　　　　　　　　道路交通声环境监测点位基础信息表

年度：_____城市代码：_____监测站名：_____

测点代码	测点名称	测点经度	测点纬度	测点参照物	路段名称	路段起止点	路段长度（m）	路幅宽度（m）	道路等级	路段覆盖人口（万人）	备注

负责人：		审核人：		填表人：		填表日期：	

注：路段名称、路段起止点、路段长度：指测点代表的所有路段。

道路等级：1. 城市快速路；2. 城市主干路；3. 城市次干路；4. 城市含路面轨道交通的道路；5. 穿过城市的高速公路；6. 其他道路。

路段覆盖人口：指该代表路段两侧对应的 4 类声环境功能区覆盖的人口数量。

（3）测量。

1）昼间监测每年1次，监测工作应在昼间正常工作时段内进行，并应覆盖整个工作时段。夜间监测每五年1次，在每个五年规划的第三年监测，监测从夜间起始时间开始。

2）监测工作应安排在每年的春季或秋季，每个城市监测日期应相对固定，监测应避开节假日和非正常工作日。

3）每个测点测量 20min 等效声级 L_{eq}，记录累积百分声级 L_{10}、L_{50}、L_{90}、L_{max}、L_{min} 和标准偏差（SD），分类（大型车、中小型车）记录车流量。

（4）数据记录与统计。

1）数据记录表，见表7—8。

表 7—8　　　　　　　　　　道路交通声环境监测记录表

监测仪器（型号、编号）：_____声校准器（型号、编号）：_____
监测前校准值 dB：_____监测后校准值 dB：_____气象条件：_____

测点代码	测点名称	月	日	时	分	L_{eq}	L_{10}	L_{50}	L_{90}	L_{max}	L_{min}	标准差（SD）	车流量（辆/ min）		备注
													大型车	中小型车	

负责人：		审核人：		测试员：		监测日期：	

2）监测结果统计，见表 7—9。

表 7—9   道路交通声环境监测结果统计表

测点代码	测点名称	月	日	时	分	L_{eq}	L_{10}	L_{50}	L_{90}	L_{max}	L_{min}	标准差(SD)	车流量（辆/h）		备注
													大型车	中小型车	
负责人：			审核人：			填表人：					填表日期：				

注："月、日、时、分"指测量开始时间。

（5）数据处理。将道路交通噪声监测的等效声级采用路段长度加权算术平均法，按式（7—14）计算城市道路交通噪声平均值。

$$\bar{L} = \frac{1}{l} \sum_{i=1}^{n} (l_i \times L_i) \tag{7—14}$$

式中：$\bar{L}$ ——道路交通昼间平均等效声级（L_d）或夜间平均等效声级（L_n）［dB（A）］；

l ——监测的路段总长，$l = \sum_{i=1}^{n} l_i$ (m)；

l_i ——第 i 测点代表的路段长度（m）；

L_i ——第 i 测点测得的等效声级［dB（A）］。

（6）结果评价。道路交通噪声平均值的强度级别按表 7—10 进行评价。

表 7—10   道路交通噪声强度等级划分

等级	一级/dB（A）	二级/dB（A）	三级/dB（A）	四级/dB（A）	五级/dB（A）
昼间平均等效声级（L_d）	≤68.0	68.1～70.0	70.1～72.0	72.1～74.0	>74.0
夜间平均等效声级（L_n）	≤58.0	58.1～60.0	60.1～62.0	62.1～64.0	>64.0

道路交通噪声强度等级"一级"至"五级"可分别对应评价为"好"、"较好"、"一般"、"较差"和"差"。

（三）功能区声环境监测

功能区声环境监测的目的：评价功能区声环境监测点位的昼间和夜间达标情况，反映城市各类功能区监测点位的声环境质量随时间的变化状况。

1. 基本概念。

（1）城市：指国家按行政建制设立的直辖市、市和镇。

城市规划区：指由城市市区、近郊区以及城市行政区域内其他因城市建设和发展需要实行规划控制的区域。

（2）乡村：指除城市规划区以外的其他地区，如村庄、集镇等。村庄是指农村村民居住和从事各种生产的聚居点。集镇是指乡、民族乡人民政府所在地和经县级人民政府确认由集市发展而成的作为农村一定区域经济、文化和生活服务中心的非建制镇。

（3）噪声敏感建筑物：指医院、学校、机关、科研单位、住宅等需要保持安静的建筑物。

（4）突发噪声：指突然发生、持续时间较短、强度较高的噪声。如锅炉排气、工程爆破等产生的较高噪声。

2. 监测点位的设置。

（1）定点监测法布点。

1）选择能反映各类功能区声环境质量特征的监测点一至若干个，进行长期定点监测，每次测量的位置、高度应保持不变。

2）对于0、1、2、3类声环境功能区，该监测点应为户外长期稳定、距地面高度为声场空间垂直分布的可能最大值处，其位置应能避开反射面和附近的固定噪声源。4类声环境功能区监测点设于4类区内第一排敏感建筑物户外交通噪声空间垂直分布的可能最大处。

（2）普查监测法布点。

1）将要普查监测的某一声环境功能区划分成多个等大的正方格，网格要完全覆盖被普查的区域，且有效网格总数应多于100个。

2）测点应设在每一个网格的中心，测点条件为一般户外条件。

3）监测点位能保持长期稳定且监测点位应兼顾行政区划分。

4）4类声环境功能区选择有噪声敏感建筑物的区域。

5）功能区监测点位数量：巨大、特大城市≥20个，大城市≥15个，中等城市≥10个，小城市≥7个，各类功能区监测点位数量比例按照各自城市功能区面积比例确定。

（3）监测点位基础信息，见表7—11。

表7—11　　　　　　　　功能区声环境监测点位基础信息表

测点代码	测点名称	测点经度	测点纬度	测点高度（米）	测点参照物	功能区代码	备注
负责人：		审核人：		填表人：		填表日期：	

3. 测量。

（1）监测点位距地面高度1.2m以上。

（2）每年每季度监测1次，各城市每次监测日期应相对固定。

（3）每个监测点位每次连续监测24小时，记录小时等效声级L_{eq}、小时累积百分声级L_{10}、L_{50}、L_{90}、L_{max}、L_{min}和标准偏差（SD）。

（4）监测应避开节假日和非正常工作日。

4. 数据记录与统计。

(1) 数据记录，见表 7—12。

表 7—12　　　　　功能区声环境 24 小时监测记录表

监测组名：＿＿＿＿＿测点名称：＿＿＿＿＿测点代码：＿＿＿＿＿功能区类别：＿＿＿＿＿

监测仪器（型号、编号）：＿＿＿＿＿声校准器（型号、编号）：＿＿＿＿＿

监测前校准值 dB：＿＿＿＿＿监测后校准值 dB：＿＿＿＿＿气象条件：＿＿＿＿＿

监测时间			L_{10}	L_{50}	L_{90}	L_{eq}	L_{max}	L_{min}	标准差（SD）	备注
月	日	小时开始时间								

负责人：　　　　审核人：　　　　测试人员：　　　　监测日期：

(2) 监测结果统计，见表 7—13。

表 7—13　　　　　功能区声环境监测结果统计表

年度：＿＿＿＿＿城市代码：＿＿＿＿＿监测组名：＿＿＿＿＿

时段划分：昼间＿＿＿＿＿时至＿＿＿＿＿时　　　　夜间＿＿＿＿＿时至＿＿＿＿＿时

测点代码	测点名称	功能区代码	监测时间			L_{10}	L_{50}	L_{90}	L_{eq}	L_{max}	L_{min}	标准差（SD）	备注
			月	日	时								

负责人：　　　　审核人：　　　　填表人：　　　　填表日期：

注：监测时间中"时"为 0～23，"0"表示 0～1 时段，"1"表示 1～2 时段，以此类推。

5. 数据处理。

将某一功能区昼间连续 16 小时和夜间 8 小时测得的等效声级分别进行能量平均，按式（7—15）和式（7—16）计算昼间等效声级和夜间等效声级。

$$L_d = 10\lg\left(\frac{1}{16}\sum_{i=1}^{16} 10^{0.1L_i}\right) \tag{7—15}$$

$$L_n = 10\lg\left(\frac{1}{8}\sum_{i=1}^{8} 10^{0.1L_i}\right) \tag{7—16}$$

式中：L_d——昼间等效声级［dB（A）］；

　　　L_n——夜间等效声级［dB（A）］；

　　　L_i——昼间或夜间小时等效声级［dB（A）］。

6. 结果评价。

(1) 各监测点位昼、夜间等效声级，按 GB 3096—2008 中相应的环境噪声限值进行独立评价。

（2）各功能区按监测点次分别统计昼间、夜间达标率。

（3）功能区声环境质量时间分布图。

1）以每一小时测得的等效声级为纵坐标、时间序列为横坐标，绘制得出 24 小时的声级变化图形，用于表示功能区监测点位环境噪声的时间分布规律。

2）同一点位或同一类功能区绘制总体时间分布图时，小时等效声级采用对应小时算术平均的方法计算。

（四）社会生活环境噪声监测

1. 基本概念。

（1）社会生活噪声：指营业性文化娱乐场所和商业经营活动中使用的设备、设施产生的噪声。

（2）边界：由法律文书（如土地使用证、房产证、租赁合同等）中确定的业主所拥有使用权（或所有权）的场所或建筑物边界，各种产生噪声的固定设备、设施的边界为其实际占地的边界。

（3）背景噪声：被测量噪声源以外的声源发出的环境噪声的总和。

2. 环境噪声排放限值。

（1）边界噪声排放限值。

社会生活噪声排放源边界噪声不得超过表 7—14 规定的排放限值。在社会生活噪声排放源边界处无法进行噪声测量或测量的结果不能如实反映其对噪声敏感建筑物的影响程度的情况下，噪声测量应在可能受影响的敏感建筑物窗外 1m 处进行。当社会生活噪声排放源边界与噪声敏感建筑物距离小于 1m 时，应在噪声敏感建筑物的室内测量，并将表 7—14 中相应的限值减 10dB（A）作为评价依据。

表 7—14　　　　　　　　　　社会生活噪声排放源边界噪声排放限值

边界外声环境功能区类别 \ 时段	昼间/dB（A）	夜间/dB（A）
0	50	40
1	55	45
2	60	50
3	65	55
4	70	55

（2）结构传播固定设备室内噪声排放限值。

在社会生活噪声排放源位于噪声敏感建筑物内情况下，噪声通过建筑物结构传播至噪声敏感建筑物室内时，噪声敏感建筑物室内等效声级不得超过表 7—15 和表 7—16 规定的限值。

表 7—15　　　　　　　　　　结构传播固定设备室内噪声排放限值（等效声级）　　　　单位：dB（A）

建筑物声环境所处声环境功能区类别 \ 房间类型 时段	A 类房间		B 类房间	
	昼间	夜间	昼间	夜间
0	40	30	40	30
1	40	30	45	35
2、3、4	45	35	50	40

说明：A 类房间指以睡眠为主要目的，需要保证夜间安静的房间，包括住宅卧室、医院病房、宾馆客房等。B 类房间指主要在昼间使用，需要保证思考与精神集中、正常讲话不被干扰的房间，包括学校教室、会议室、办公室、住宅中卧室以外的其他房间等。

表 7—16　　　　　　　　　结构传播固定设备室内噪声排放限值（倍频带声压级）

噪声敏感建筑所处声环境功能区类别	时段	倍频带中心频率/Hz \ 房间类型	室内噪声倍频带声压级限值/dB（A）				
			31.5	63	125	250	500
0	昼间	A、B 类房间	76	59	48	39	34
	夜间	A、B 类房间	69	51	39	30	24
1	昼间	A 类房间	76	59	48	39	34
		B 类房间	79	63	52	44	38
	夜间	A 类房间	69	51	39	30	24
		B 类房间	72	55	43	35	29
2、3、4	昼间	A 类房间	79	63	52	44	38
		B 类房间	82	67	56	49	43
	夜间	A 类房间	72	55	43	35	29
		B 类房间	76	59	48	39	34

3. 噪声监测。

（1）测点布设。根据社会生活噪声排放源、周围噪声敏感建筑物的布局以及毗邻的区域类别，在社会生活噪声排放源边界布设多个测点，其中包括距噪声敏感建筑物较近以及受被测声源影响大的位置。

1）一般情况下，测点选在社会生活噪声排放源边界外 1m、高度 1.2m 以上、距任一反射面距离不小于 1m 的位置。

2）当边界有围墙且周围有受影响的噪声敏感建筑物时，测点应选在边界外 1m、高于围墙 0.5m 以上的位置。

3）当边界无法测量到声源的实际排放状况时（如声源位于高空、边界设有声屏障等），应按 2）设置测点，同时在受影响的噪声敏感建筑物户外 1m 处另设测点。

4）室内噪声测量时，室内测量点位设在距任一反射面至少 0.5m 以上、距地面 1.2m 高度处，在受噪声影响方向的窗户开启状态下测量。

5）社会生活噪声排放源的固定设备结构传声至噪声敏感建筑物室内，在噪声敏感建筑物室内测量时，测点应距任一反射面至少 0.5m 以上、距地面 1.2m、距外窗 1m 以上，窗户关闭状态下测量。被测房间内的其他可能干扰测量的声源（如电视机、空调机、排气扇以及镇流器较响的日光灯、运转时出声的时钟等）应关闭。

（2）测量仪器。测量仪器为积分平均声级计或环境噪声自动监测仪，其性能应不低于 GB 3785 和 GB/T 17181 对 2 型仪器的要求。测量 35dB 以下的噪声应使用 1 型声级计，且测量范围应满足所测量噪声的需要。

（3）测量时段。

1）分别在昼间、夜间两个时段测量。夜间有频发、偶发噪声影响时，同时测量最大声级。

2）被测声源是稳态噪声，采用 1min 的等效声级。

3）被测声源是非稳态噪声，测量被测声源有代表性时段的等效声级，必要时测量被测声源整个正常工作时段的等效声级。

（4）测量。

1）测量应在无雨雪、无雷电天气，风速为 5m/s 以下时进行。不得不在特殊气象条件下测量时，应采取必要措施保证测量的准确性，同时注明当时所采取的措施及气象情况。

2）测量时传声器加防风罩，测量仪器时间计权特性设为"F"挡，采样时间间隔不大于 1s。

3）背景噪声测量环境：不受被测声源影响且其他声环境与测量被测声源时保持一致。测量时段与被测声源测量的时间长度相同。

4）噪声测量工况：测量应在被测声源正常工作时间进行，同时注明当时的工况。

（5）数据记录。噪声测量时需做测量记录，记录内容应主要包括：被测量单位名称和地址、边界所处声环境功能区类别、测量时气象条件、测量仪器、校准仪器、测点位置、测量时间、测量时段、仪器校准值（测前、测后）、主要声源、测量工况、示意图（边界、声源、噪声敏感建筑物、测点等位置）、噪声测量值、背景值、测量人员、校对人、审核人等相关信息。

（6）测量结果修正。

1）噪声测量值与背景噪声值相差大于 10dB（A）时，噪声测量值不做修正。

2）噪声测量值与背景噪声值相差在 3～10dB（A）时，噪声测量值与背景噪声值的差值取整后，按表 7—17 进行修正。

表 7—17　　　　　　　　　　　　测量结果修正表　　　　　　　　　　　单位：dB（A）

差值	3	4～5	6～10
修正值	—3	—2	—1

3）噪声测量值与背景噪声值相差小于 3dB（A）时，应采取措施降低背景噪声后，

视情况按 1）或 2）执行。

（7）测量结果评价。

1）各个测点的测量结果应单独评价。同一测点每天的测量结果按昼间、夜间进行评价。

2）最大声级 $L_{\max}$ 直接评价。

 技能训练

校园声环境现状监测与评价

一、实训目的

1. 学会制定校园声环境现状监测与评价方案；

2. 通过阅读说明书，学会使用声级计；

3. 能统计处理监测数据；

4. 能监测和评价校园声环境质量。

二、实训要求

1. 四位同学一组，以组为单位完成实训任务。

2. 实训前小组提交一份可行性监测与评价方案。

3. 小组团结合作完成实训，但须每人独立提交一份"校园声环境现状监测与评价"报告。

4. 实训内容：制定监测方案、噪声监测、数据处理、结果评价、实训总结。

5. 规范操作，注意安全。

三、仪器与设备

测量仪器精度为 2 型及 2 型以上的积分平均声级计，其性能需符合 GB 3785 和 GB/T 17181 的规定，使用前需校验。测量前后使用声校准器校准测量仪器的示值偏差不得大于 0.5dB，否则测量无效。

四、实训步骤

1. 校园环境功能区噪声监测。

（1）布点。

将学校各功能区（教学区、生活区、图书馆、实训中心、运动区等）划分为50m×50m（或自定）的网格，测量点选在每个网格的中心，若中心点的位置不宜测量（如树木、建筑物顶部、水塘等），可移到旁边能够测量的位置。

（2）测量。

1）每组四人配置一台声级计，顺序到各网点测量，时间为 8：00—17：00，每一网格至少测量四次，时间间隔尽可能相同。

2）测量天气条件要求在无雨无雪的时间，声级计应保持传声器膜片清洁，风力在三级以上必须加风罩（以避免风噪声干扰），四级以上大风应停止测量。

3）积分声级计测得 10min 等效声级，读数同时要判断和记录附近主要噪声来源（如交通噪声、施工噪声、工厂或车间噪声、锅炉噪声等）和天气条件，白天和夜间分别测量。

（3）数据处理。

1）单个网格测点数据处理。

2）积分声级计测量：读取 10min 等效声级 L_{eq}。

3）校园区域噪声统计。将全部网格中心所测等效声级 L_{eq} 按下式计算算术平均值，用平均值代表校园区域总体噪声水平。

$$\bar{S} = \frac{1}{n}\sum_{i=1}^{n} L_i \tag{7—17}$$

式中：$\bar{S}$——校园区域昼间平均等效声级 [dB（A）]；

L_i——第 i 个网格测得的等效声级 [dB（A）]；

n——有效网格总数。

（4）噪声评价。

1）把上述计算的等效声级平均值与《声环境质量标准》比较，确定是否超标。

2）把上述计算的等效声级平均值与"城市区域环境噪声总体水平等级划分"表（表 7—6）比较，确定校园噪声水平等级。

2. 校园交通噪声监测。

（1）布点。

1）校园附近两个交通路口之间，距任一路口的距离大于 50m，路段不足 100m 的选路段中点。

2）测点位于人行道上距路面（含慢车道）20cm 处，监测点位高度距地面为1.2～2.0m。该点的噪声代表两个路口之间的该段马路的交通噪声。

3）测点应避开非道路交通源的干扰，传声器指向被测声源。

（2）测量。

1）每组四人配置一台声级计，顺序到各点测量，时间为 8：00—17：00。

2）测量天气条件要求在无雨无雪的时间，声级计应保持传声器膜片清洁，风力在三级以上必须加风罩（以避免风噪声干扰），四级以上大风应停止测量。

3）对于一般声级计读数方式用慢挡，对每一个测量点，每隔 5s 读一个瞬时 A 声级，连续读取 100 个数据（当噪声涨落较大时应取 200 个数据）作为该点的噪声分布情况。记录累积百分声级 L_{10}、L_{50}、L_{90}、L_{max}、L_{min} 和标准偏差（SD），分类（大型车、中小型车）记录车流量。

（3）数据处理。

1）第 i 测点测得的等效声级。将测定的一组数据（例如 100 个），从大到小排列，第 10 个数据即为 L_{10}，第 50 个数据为 L_{50}，第 90 个数据为 L_{90}。

$$L_{eq} \approx L_{50} + \frac{d^2}{60} \qquad (7—18)$$

式中：$d = L_{10} - L_{90}$，反映了噪声的起伏程度。

2）道路交通昼间平均等效声级。将某段交通噪声监测的等效声级采用路段长度加权算术平均法，按式（7—14）计算该段道路交通噪声平均值。

（4）结果评价。

把上述计算的等效声级平均值与"道路交通噪声强度等级划分"表（表 7—10）比较，确定道路交通噪声水平等级。

3．校园周围社会生活噪声监测。

（1）布点。

根据社会生活噪声排放源、周围噪声敏感建筑物的布局以及毗邻的区域类别，在社会生活噪声排放源边界布设多个测点，其中包括距噪声敏感建筑物较近以及受被测声源影响大的位置。

（2）测量。

1）测量应在无雨雪、无雷电天气，风速为 5m/s 以下时进行。不得不在特殊气象条件下测量时，应采取必要措施保证测量的准确性，同时注明当时所采取的措施及气象情况。

2）测量时传声器加防风罩，测量仪器时间计权特性设为"F"挡，采样时间间隔不大于 1s。

3）分别在昼间、夜间两个时段测量。夜间有频发、偶发噪声影响时，同时测量最大声级。

4）被测声源是稳态噪声，采用 1min 的等效声级。

5）被测声源是非稳态噪声，测量被测声源有代表性时段的等效声级，必要时测量被测声源整个正常工作时段的等效声级。

6）噪声测量工况：测量应在被测声源正常工作时间进行，同时注明当时的工况。

（3）数据处理。

用积分声级计测量，直接读取相应时段的等效声级。

（4）结果评价。

1）各个测点的测量结果应单独评价。同一测点每天的测量结果按昼间、夜间进行评价。

2）最大声级 L_{max} 直接评价。

3）测量结果与表 7—14 中噪声排放限值比较是否超标。

五、注意事项

1. 声级计的型号很多，使用前应先阅读说明书，了解仪器的使用方法与注意事项。

2. 仪器应避免放置于高温、潮湿、有污水和灰尘及含盐酸、碱成分高的空气或化学气体的地方。

3. 安装电池或外接电源注意极性，切勿反接。长期不用应取下电池，以免漏液损坏仪器。

4. 在使用过程中，液晶中出现欠压报警，应及时更换电池。

5. 声级的计算结果保留到小数点后一位。

6. 目前大多数声级计具有数据自动整理功能，作为练习，希望同学们在记录数据后，进行手工计算。

六、技能操作评分标准

评分标准见表 7—18。

表 7—18　　　　　　　　　　校园声环境现状监测与评分标准

考核项目	评分点	分值	评分标准	扣分	得分
1. 监测前准备工作（15分）	声级计	1	没有检查电池，扣1分		
	声级计的校准	3	没有准备声级校准器，扣1分 未用声级校准器进行校准，扣1分 校准操作不正确，扣1分		
	风速仪	1	没有检查电池，扣1分		
	噪声源调查	4	未调查，扣4分 调查不全面，扣2分		
	监测方案	6	没有制定监测方案，扣6分 监测方案不合理，扣3分		
2. 校园环境功能区噪声监测（15分）	点位的布设	7	网格划分不合理，扣2分 监测点未靠近网格的中心，扣1分 监测点距反射物（除地面外）小于3.5m，扣2分 监测点距地面高度小于1.2m，扣2分		
	噪声测量	8	测量时间选择不正确，扣1分 测量频率选择不正确，扣1分 采样间隔设定不正确，扣1分 测定前未加防风罩，扣1分 传声器膜片沾污，扣1分 读数方式设定不正确，扣1分 人体与传声器相距在0.5m以下，扣1分 声级计使用后未关闭，扣1分		

续前表

考核项目	评分点	分值	评分标准	扣分	得分
3. 校园交通噪声监测（15分）	点位的布设	6	监测点位与路口的距离小于50m，扣1分 监测点位于人行道距路面距离不是20cm处，扣1分 监测点距反射物（除地面外）小于3.5m，扣2分 监测点距地面高度小于1.2m，扣2分		
	噪声测量	9	测量时间选择不正确，扣1分 测量频率选择不正确，扣1分 采样间隔设定不正确，扣1分 测定前未加防风罩，扣1分 传声器膜片沾污，扣1分 读数方式设定不正确，扣1分 人体与传声器相距在0.5m以下，扣1分 声级计使用后未关闭，扣1分 未测量车流量，扣1分		
4. 校园周围社会生活噪声监测（15分）	监测点位的布设	6	网格划分不合理，扣2分 监测点未靠近网格的中心，扣1分 监测点距反射物（除地面外）小于3.5m，扣2分 监测点距地面高度小于1.2m，扣1分		
	噪声测量	9	测量时间选择不正确，扣1分 测量频率选择不正确，扣1分 采样间隔设定不正确，扣1分 测定前未加防风罩，扣1分 传声器膜片沾污，扣1分 读数方式设定不正确，扣1分 人体与传声器相距在0.5m以下，扣1分 夜间未测量，扣1分 声级计使用后未关闭，扣1分		
5. 现场记录表填写（10分）	现场记录	6	表格数据不全、有空项，每项扣1分，可累计扣分，最高扣6分		
	采样点平面图	4	未画采样点示意图，扣4分 采样点示意图不清楚，扣2分		
6. 数据统计处理与结果评价（20分）	数据统计	10	数据未统计计算，扣10分 数据统计计算错误，扣5分		
	环境噪声标准值	3	未标明噪声标准值，扣3分		
	结果评价	7	结果未评价，扣7分 结果评价不完整，扣3分		
7. 职业素质（10分）	文明操作	6	实训后未及时归还仪器，扣2分 仪器损坏，一次性扣4分		
	实训态度	4	合作发生不愉快，扣2分 工作不主动，扣2分		
合计					

思考与练习

1. 哪些因素影响环境噪声监测的准确度？
2. 从哪些方面考虑制定杭州市噪声监测方案？

任务2　工业企业噪声监测

学习目标

一、知识目标

1. 掌握工业企业及其厂界噪声监测方法；
2. 掌握建筑施工厂界噪声监测方法。

二、技能目标

1. 能够制定工业企业及其厂界噪声监测方案；
2. 能够制定建筑施工厂界噪声监测方案；
3. 能够监测工业企业及其厂界噪声；
4. 能够监测建筑施工厂界噪声。

三、素质目标

1. 培养查阅环境监测标准的习惯；
2. 培养良好的合作精神和独立思考能力；
3. 能培养做中学，学中做的综合素质。

知识学习

一、工业企业噪声监测

（一）布点

（1）若车间内各处A声级波动小于3dB，则只需在车间内选择1～3个测点进行测量。

（2）若车间内各处声级波动大于3dB，则应按声级大小，将车间分成若干区域，任意两个区域的声级差不小于3dB，每个区域内的声级波动必须小于3dB，每个区域取1～3个测点。

（二）测量

（1）在每个区域内确定一个中心点作为操作人员站立的位置，传声器应架放在操作人员的耳朵位置，并指向操作人员的耳朵，测量时人需要离开。

（2）测量应在工矿企业的正常生产时间内进行，计权特性选择 A 声级，动态特性选择慢响应。

（3）对于非稳态噪声，有两种测量方法：

1）在不同区域内 A 声级虽然有较明显的变化，但在每一区域内的噪声可以近似看成稳态噪声（A 声级变化不大），这时需要测量每一区域 A 声级及该声级下的暴露时间（持续时间），然后计算等效连续 A 声级。

2）按区域环境噪声测量方法，在每一区域的中心，每隔 5s 连续读取 100 个数据计算等效连续 A 声级，然后把所有区域的等效连续 A 声级作算术平均值。

（三）数据处理

（1）对于稳态噪声，其中测得的 A 声级就是该车间的等效连续 A 声级。

（2）对于非稳态噪声，按测量的每一区域 A 声级的大小及持续时间进行整理，然后求出等效连续 A 声级。具体方法是将每一区域 A 声级从小到大分成数段排列，每段相差 5dB（A），每段均以中心声级表示，中心声级分别是 80、85、90、95、100、105、110、115、120、125dB（A）。例如：80dB（A）代表的是 78～82dB（A）的声级范围，85dB（A）代表的是 83～87dB（A）的声级范围，其他以此类推。若每天按 8h 工作，根据要求低于 78dB（A）的噪声不予考虑，则工矿企业一天的等效连续声级计算公式是：

$$L_{eq} = 80 + 10\lg\left(\frac{\sum 10^{\frac{n-1}{2}} \cdot T_n}{480}\right) \tag{7—19}$$

式中：n——段数，具体数值见表 7—19；

T_n——第 n 段声级一天内暴露时间（min）。

表 7—19   中心声级对应段数

	80	85	90	95	100	105	110	115	120	125
段数（n）	1	2	3	4	5	6	7	8	9	10
暴露时间（T_n/min）	T_1	T_2	T_3	T_4	T_5	T_6	T_7	T_8	T_9	T_{10}

【例 7—2】经测量某车间一天 8h 内的噪声为 100dB（A）的噪声暴露时间 4h，90dB（A）的噪声暴露时间 2h，80dB（A）的噪声暴露时间 2h，试求一天内的等效连续 A 声级。

解：由表 7—19 查得 100dB（A）、90dB（A）、80dB（A）所对应段的 n 值分别为 5、3、1，将 n、T_n 代入式（7—19），得该车间等效连续 A 声级

$$L_{eq} = 80 + 10\lg\left(\frac{\sum 10^{\frac{n-1}{2}} \cdot T_n}{480}\right) = 97 \text{dB(A)}$$

二、工业企业厂界环境噪声监测（GB 12348—2008）

（一）基本概念

1. 厂界。

厂界指由法律文书（如土地使用证、房产证、租赁合同等）中确定的业主所拥有使用权（或所有权）的场所或建筑物边界。各种产生噪声的固定设备的厂界为其实际占地的边界。

2. 工业企业厂界环境噪声。

工业企业厂界环境噪声指在工业生产活动中使用固定设备等产生的、在厂界处进行测量和控制的干扰周围生活环境的声音。

3. 频发噪声。

频发噪声指频繁发生、发生的时间和间隔有一定规律、单次持续时间较短、强度较高的噪声，如排气噪声、货物装卸噪声等。

4. 偶发噪声。

偶发噪声指偶然发生、发生的时间和间隔无规律、单次持续时间较短、强度较高的噪声，如短促鸣笛声、工程爆破噪声等。

5. 倍频带声压级。

采用符合 GB/T 3241 规定的倍频程滤波器所测的频带声压级，其测量带宽和中心频率成正比。

（二）环境噪声排放限值

1. 厂界环境噪声排放限值。

工业企业厂界环境噪声不得超过表 7—20 所示的排放限值。

表 7—20　　　　　　　　工业企业厂界环境噪声排放限值

厂界外声环境功能区类别	时段	
	昼间 dB（A）	夜间 dB（A）
0	50	40
1	55	45
2	60	50
3	65	55
4	70	55

注：①夜间频发噪声的最大声级超过限值的幅度不得高于10dB（A）。
②夜间偶发噪声的最大声级超过限值的幅度不得高于15dB（A）。
③工业企业若位于未划分声环境功能区的区域，当厂界外有噪声敏感建筑物时，由当地县级以上人民政府参照 GB 3096 和 GB/T 15190 的规定确定厂界外区域的声环境质量要求，并执行相应的厂界环境噪声排放限值。
④当厂界与噪声敏感建筑物距离小于 1m 时，厂界环境噪声应在噪声敏感建筑物的室内测量，并将表中相应的限值减 10dB（A）作为评价依据。

2. 结构传播固定设备室内噪声排放限值。

当固定设备排放的噪声通过建筑物结构传播至噪声敏感建筑物室内时，噪声敏感建筑物室内等效声级不得超过社会生活环境噪声监测中表 7—15 和表 7—16 所示的限值。

（三）噪声监测

1. 布点。

（1）一般情况下，测点选在工业企业厂界外 1m、高度 1.2m 以上。

（2）当厂界有围墙且周围有受影响的噪声敏感建筑物时，测点应选在厂界外 1m、高于围墙 0.5m 以上的位置。

（3）当厂界无法测量到声源的实际排放状况时（如声源位于高空、厂界设有声屏障等），测点选在工业企业厂界外 1m、高度 1.2m 以上，同时在受影响的噪声敏感建筑物户外 1m 处另设测点。

（4）室内噪声测量时，室内测量点位设在距任一反射面至少 0.5m 以上、距地面 1.2m 高度处，在受噪声影响方向的窗户开启状态下测量。

（5）固定设备结构传声至噪声敏感建筑物室内，在噪声敏感建筑物室内测量时，测点应距任一反射面至少 0.5m 以上、距地面 1.2m、距外窗 1m 以上，窗户关闭状态下测量，被测房间内的其他可能干扰测量的声源（如电视机、空调机、排气扇以及镇流器较响的日光灯、运转时出声的时钟）应关闭。

2. 测量。

（1）测量仪器。

测量仪器为积分平均声级计或环境噪声自动监测仪，其性能应不低于 GB 3785 和 GB/T 17181 对 2 型仪器的要求。测量 35dB 以下的噪声应使用 1 型声级计，且测量范围应满足所测量噪声的需要。校准所用仪器应符合 GB/T 15173 对 1 级或 2 级声校准器的要求。当需要进行噪声的频谱分析时，仪器性能应符合 GB/T 3241 中对滤波器的要求。

（2）测量时段。

1）分别在昼间、夜间两个时段测量。夜间有频发、偶发噪声影响时，同时测量最大声级。

2）被测声源是稳态噪声，采用 1min 的等效声级。

3）被测声源是非稳态噪声，测量被测声源有代表性时段的等效声级，必要时测量被测声源整个正常工作时段的等效声级。

（3）测量。

1）背景噪声测量时，测量环境不受被测声源影响且其他声环境与测量被测声源时保持一致，测量时段与被测声源测量的时间长度相同。

2）测量应在无雨雪、无雷电天气，风速为 5m/s 以下时进行。不得不在特殊气象条件下测量时，应采取必要措施保证测量的准确性，同时注明当时所采取的措施及气象情况。

3）测量时传声器加防风罩，测量仪器时间计权特性设为"F"挡，采样时间间隔不大于 1s。

4）测量应在被测声源正常工作时间进行，同时注明当时的工况。

（4）测量记录。

噪声测量时需做测量记录。记录内容应主要包括：被测量单位名称和地址、厂界所处声环境功能区类别、测量时气象条件、测量仪器、校准仪器、测点位置、测量时间、测量时段、仪器校准值（测前、测后）、主要声源、测量工况、示意图（厂界、声源、噪声敏感建筑物、测点等位置）、噪声测量值、背景值、测量人员、校对人、审核人等相关信息。

3. 测量结果修正。

（1）噪声测量值与背景噪声值相差大于 10dB（A）时，噪声测量值不做修正。

（2）噪声测量值与背景噪声值相差在 3～10dB（A）之间时，噪声测量值与背景噪声值的差值取整后，按表 7—21 进行修正。

表 7—21　　　　　　　　　　　　测量结果修正表　　　　　　　　　　单位：dB（A）

差值	3	4～5	6～10
修正值	-3	-2	-1

（3）噪声测量值与背景噪声值相差小于 3dB（A）时，应采取措施降低背景噪声后，视情况按（1）或（2）执行；仍无法满足前两款要求的，应按环境噪声监测技术规范的有关规定执行。

4. 测量结果评价。

（1）各个测点的测量结果应单独评价。同一测点每天的测量结果按昼间、夜间进行评价。

（2）最大声级直接评价。

三、建筑施工场界环境噪声监测

（一）基本概念

1. 建筑施工。

建筑施工是指工程建设实施阶段的生产活动，是各类建筑物的建造过程，包括基础工程施工、主体结构施工、屋面工程施工、装饰工程施工（已竣工交付使用的住宅楼进行室内装修活动除外）等。

2. 建筑施工噪声。

建筑施工过程中产生的干扰周围生活环境的声音。

3. 建筑施工场界。

由有关主管部门批准的建筑施工场地边界或建筑施工过程中实际使用的施工场地边界。

（二）环境噪声排放限值

建筑施工过程中场界环境噪声不得超过表 7—22 规定的排放限值。夜间噪声最大声级超过限值的幅度不得高于 15dB（A）。当场界距噪声敏感建筑物较近，其室外不满足测量条件时，可在噪声敏感建筑物室内测量，并将表 7—22 中相应的限值减 10dB（A）作为评价依据。

表 7—22	建筑施工场界环境噪声排放限值	单位：dB（A）
昼间		夜间
70		55

（三）噪声监测

1. 测点布设。

根据建筑施工场地周围噪声敏感建筑物位置和声源位置的布局，测点应设在对噪声敏感建筑物影响较大、距离较近的位置。

（1）一般情况测点设在建筑施工场界外 1m，高度 1.2m 以上的位置。

（2）当场界有围墙且周围有噪声敏感建筑物时，测点应设在场界外 1m，高于围墙 0.5m 以上的位置，且位于施工噪声影响的声照射区域。

（3）当场界无法测量到声源的实际排放时，如声源位于高空、场界有声屏障、噪声敏感建筑物高于场界围墙等，测点可设在噪声敏感建筑物户外 1m 处的设置。

（4）在噪声敏感建筑物室内测量时，测点设在室内中央、距室内任一反射面 0.5m 以上、距地面 1.2m 高度以上，在受噪声影响方向的窗户开启状态下测量。

2. 测量。

（1）测量仪器。

测量仪器为积分平均声级计或噪声自动监测仪，其性能应不低于 GB/T 17181 对 2 型仪器的要求。校准所用仪器应符合 GB/T 15173 对 1 级或 2 级声校准器的要求。

（2）测量时段：施工期间测量。

（3）测量。

1）测量应在无雨雪、无雷电天气，风速为 5m/s 以下时进行。

2）测量时传声器加防风罩，测量仪器时间计权特性设为快（F）挡。

3）背景噪声测量时，测量环境不受被测声源影响且其他声环境与测量被测声源时保持一致。稳态噪声测量 1min 的等效声级，非稳态噪声测量 20min 的等效声级。

4）施工期间测量，测量连续 20min 的等效声级，夜间同时测量最大声级。

（4）测量记录。

噪声测量时需做测量记录。记录内容应主要包括：被测量单位名称和地址、测量时气象条件、测量仪器、校准仪器、测点位置、测量时间、仪器校准值（测前、测后）、主要声源、示意图（场界、声源、噪声敏感建筑物、场界与噪声敏感建筑物间的距离、测点位置等）、噪声测量值、最大声级值（夜间时段）、背景噪声值、测量人员、校对人员、审核人员等相关信息。

3. 测量结果修正。

（1）背景噪声值比噪声测量值低 10dB（A）以上时，噪声测量值不做修正。

（2）噪声测量值与背景噪声值相差在 3～10dB（A）时，噪声测量值与背景噪声值的差值修约后，按表 7—21 进行修正。

（3）噪声测量值与背景噪声值相差小于 3dB（A）时，应采取措施降低背景噪声后，视情况按（1）或（2）款执行；仍无法满足前两款要求的，应按环境噪声监测技术规范的有关规定执行。

4. 测量结果评价。

各个测点的测量结果应单独评价，最大声级 L_{Amax} 直接评价。

 技能训练

某工业企业厂界噪声监测

一、实训目的

1. 能制定工业企业厂界噪声监测与评价方案；
2. 能统计和处理监测数据；
3. 能监测和评价工业企业厂界噪声。

二、实训要求

1. 两位同学一组，以组为单位完成实训任务。
2. 实训前小组提交一份可行性监测与评价方案。
3. 小组团结合作完成实训，但每位同学须独立提交实训报告。
4. 实训内容：制定监测方案、布点、测试、数据处理、结果评价、实训总结。

三、仪器与设备

测量仪器精度为 2 型及 2 型以上的积分平均声级计，其性能需符合 GB 3785 和 GB/T 17181 的规定，使用前需校验。

四、实训步骤

测点布设、测量条件、测量时段与测量方法均参考《工业企业厂界环境噪声排放标准》（GB 12348—2008）实施。

五、数据处理

依据《工业企业厂界环境噪声排放标准》（GB 12348—2008），对测量结果进行修正。

六、结果评价

依据《工业企业厂界环境噪声排放标准》（GB 12348—2008），对各个测点的测量结果单独评价。同一测点每天的测量结果按昼间、夜间进行评价，最大声级直接评价。

七、技能训练评分标准

评分标准见表 7—23。

环境监测技术与实训

表 7—23　　　　　　　　　某工业企业厂界噪声监测评分标准

考核项目	评分点	分值	评分标准	扣分	得分
1. 监测前准备工作（26分）	声级计	4	没有检查电池，扣1分 没有准备声级校准器，扣1分 未用声级校准器进行校准，扣1分 校准操作不正确，扣1分		
	风速仪	2	没有检查电池，扣2分		
	噪声源调查	10	未调查，扣10分 调查不全面，扣5分		
	监测方案	10	没有制定监测方案，扣10分 监测方案不合理，扣5分		
2. 厂界噪声监测（29分）	点位的布设	6	测点选在工业企业厂界外不足1m处，扣2分 测点距地面高度小于1.2m，扣2分 测点低于围墙0.5m的位置，扣2分		
	背景噪声的测量	11	未测量背景噪声，扣5分 声环境与测量被测声源时不一致，扣3分 与被测声源测量的时间长度不相同，扣3分		
	噪声测量	12	测量时间选择不正确，扣1分 测量频率选择不正确，扣1分 采样间隔设定不正确，扣1分 测定前未加防风罩，扣1分 传声器膜片沾污，扣1分 读数方式设定不正确，扣1分 人体与传声器相距在0.5m以下，扣1分 声级计使用后未关闭，扣1分 未测量夜间噪声，扣2分 未测量最大噪声，扣2分		
3. 现场记录表填写（15分）	现场记录	9	表格数据不全、有空项，每项扣1分，可累计扣分，最高扣9分		
	监测点平面图	6	未画监测点示意图，扣6分 监测点示意图不清楚，扣3分		
4. 数据统计处理与结果评价（20分）	背景值修正	8	未进行修正，扣8分 修正错误，扣4分		
	环境噪声标准值	4	未标明噪声标准值，扣4分		
	结果评价	8	结果未评价，扣4分 昼间、夜间和最大噪声评价，缺一项扣2分，累计不超过4分		
5. 职业素质（10分）	文明操作	6	同表7—18校园声环境现状监测与评价评分标准		
	实训态度	4	同表7—18校园声环境现状监测与评价评分标准		
合计					

254

思考与练习

1. 请调研某工业企业，设计该企业噪声监测方案。
2. 请调研某建筑施工场地，设计该建筑施工厂界监测方案。

附录1　　任务学习通知单样本

任务1　学习通知单

任务名称	任务1：地表水样采集与现场监测		
任务实施场所	理实一体教室、西溪湿地福堤（天目山路—文二西路）		
使用材料与设备	带水温的采水器、便携式 pH 计、便携式溶解氧测定仪、装有蒸馏水的洗瓶、滤纸、水样瓶		
技能目标	知识目标		素质目标
1. 能根据《地表水和污水监测技术规范》制定水质监测方案； 2. 能确立监测断面与采样点位； 3. 能根据监测目的选择监测项目与分析方法。	1. 了解地表水监测方案制定程序和内容； 2. 学习河流、湖泊与水库监测断面的设置与点位布设； 3. 学会选择地表水监测项目与分析方法。		1. 培养良好的团队合作精神； 2. 遵循环境监测工作程序； 3. 遵循地表水和污水监测技术规范。
课前知识学习	1. 网上查阅我国地表水污染现状与主要污染来源； 2. 地表水样的采集方法（精品课程网站仿真采样动画学习）。	学习疑问 （学生填写）	
课后作业	1. 河流监测断面的设置原则是什么？如何布设河流采样点？ 2. 水样常用保存方法有哪些？对加入的保存剂有何要求？ 3. 小组完成"西溪湿地水样采集实训报告"。		
扩展知识	1. 海水水样的采集； 2. 地下水样的采集。		

附录 2   实训报告样本

班级：	姓名：
实训名称：	小组成员：
实训地点：	实训时间：

一、实训目的

二、实训原理

三、仪器与设备

四、材料与试剂

五、实训步骤

六、数据处理

七、数据记录与计算结果

八、问题与讨论

九、实训总结

报告完成日期：

实训指导教师评语：

报告得分：

附录3　地表水环境质量标准（GB 3838—2002）（节选）

水域功能和标准分类

依据地表水水域环境功能和保护目标，按功能高低依次划分为五类：

Ⅰ类　主要适用于源头水、国家自然保护区；

Ⅱ类　主要适用于集中式生活饮用水地表水源地一级保护区、珍稀水生生物栖息地、鱼虾类产卵场、仔稚幼鱼的索饵场等；

Ⅲ类　主要适用于集中式生活饮用水地表水源地二级保护区、鱼虾类越冬场、洄游通道、水产养殖区等渔业水域及游泳区；

Ⅳ类　主要适用于一般工业用水区及人体非直接接触的娱乐用水区；

Ⅴ类　主要适用于农业用水区及一般景观要求水域。

对应地表水上述五类水域功能，将地表水环境质量标准基本项目标准值分为五类，不同功能类别分别执行相应类别的标准值。水域功能类别高的标准值严于水域功能类别低的标准值。同一水域兼有多类使用功能的，执行最高功能类别对应的标准值。实现水域功能与达功能类别标准为同一含义。

表1　地表水环境质量标准基本项目标准限值　单位：mg/L

序号	项目　标准值　分类	Ⅰ类	Ⅱ类	Ⅲ类	Ⅳ类	Ⅴ类
1	水温（℃）	人为造成的环境水温变化应限制在：周平均最大温升≤1 周平均最大温降≤2				
2	pH值（无量纲）	6—9				
3	溶解氧	≤ 饱和率90%（或7.5）	6	5	3	2

续前表

序号	项目 标准值 分类	I 类	II 类	III 类	IV 类	V 类
4	高锰酸盐指数 ≤	2	4	6	10	15
5	化学需氧量（COD）≤	15	15	20	30	40
6	五日生化需氧量（BOD_5）≤	3	3	4	6	10
7	氨氮（NH_3-N）≤	0.15	0.5	1.0	1.5	2.0
8	总磷（以 P 计）≤	0.02（湖、库 0.01）	0.1（湖、库 0.025）	0.2（湖、库 0.05）	0.3（湖、库 0.1）	0.4（湖、库 0.2）
9	总氮（湖、库，以 N 计）≤	0.2	0.5	1.0	1.5	2.0
10	铜 ≤	0.01	1.0	1.0	1.0	1.0
11	锌 ≤	0.05	1.0	1.0	2.0	2.0
12	氟化物（以 F^- 计）≤	1.0	1.0	1.0	1.5	1.5
13	硒 ≤	0.01	0.01	0.01	0.02	0.02
14	砷 ≤	0.05	0.05	0.05	0.1	0.1
15	汞 ≤	0.000 05	0.000 05	0.000 1	0.001	0.001
16	镉 ≤	0.001	0.005	0.005	0.005	0.01
17	铬（六价）≤	0.01	0.05	0.05	0.05	0.1
18	铅 ≤	0.01	0.01	0.05	0.05	0.1
19	氰化物 ≤	0.005	0.05	0.2	0.2	0.2
20	挥发酚 ≤	0.002	0.002	0.005	0.01	0.1
21	石油类 ≤	0.05	0.05	0.05	0.5	1.0
22	阴离子表面活性剂 ≤	0.2	0.2	0.2	0.3	0.3
23	硫化物 ≤	0.05	0.1	0.2	0.5	1.0
24	粪大肠菌群（个/L）≤	200	2 000	10 000	20 000	40 000

表 2　　　　　　　　　　地表水环境质量标准基本项目分析方法

序号	项目	分析方法	最低检出限（mg/L）	方法来源
1	水温	温度计法		GB 13195—91
2	pH 值	玻璃电极法		GB 6920—86
3	溶解氧	碘量法	0.2	GB 7489—87
		电化学探头法		GB 11913—89

续前表

序号	项目	分析方法	最低检出限（mg/L）	方法来源
4	高锰酸盐指数		0.5	GB 11892—89
5	化学需氧量	重铬酸盐法	10	GB 11914—89
6	五日生化需氧量	稀释与接种法	2	GB 7488—87
7	氨氮	纳氏试剂比色法	0.05	GB 7479—87
		水杨酸分光光度法	0.01	GB 7481—87
8	总磷	钼酸铵分光光度法	0.01	GB 11893—89
9	总氮	碱性过硫酸钾消解紫外分光光度法	0.05	GB 11894—89
10	铜	2，9—二甲基—1，10—菲啰啉分光光度法	0.06	GB 7473—87
		二乙基二硫代氨基甲酸钠分光光度法	0.010	GB 7474—87
		原子吸收分光光度法（整合萃取法）	0.001	GB 7475—87
11	锌	原子吸收分光光度法	0.05	GB 7475—87
12	氟化物	氟试剂分光光度法	0.05	GB 7483—87
		离子选择电极法	0.05	GB 7484—87
		离子色谱法	0.02	HJ/T 84—2001
13	硒	2，3—二氨基萘荧光法	0.000 25	GB 11902—89
		石墨炉原子吸收分光光度法	0.003	GB/T 15505—1995
14	砷	二乙基二硫代氨基甲酸银分光光度法	0.007	GB 7485—87
		冷原子荧光法	0.000 06	1)
15	汞	冷原子吸收分光光度法	0.000 05	GB 7468—87
		冷原子荧光法	0.000 05	1)
16	镉	原子吸收分光光度法（整合萃取法）	0.001	GB 7475—87
17	铬（六价）	二苯碳酰二肼分光光度法	0.004	GB 7467—87
18	铅	原子吸收分光光度法（整合萃取法）	0.01	GB 7475—87
19	氰化物	异烟酸—吡唑啉酮比色法	0.004	GB 7487—87
		吡啶—巴比妥酸比色法	0.002	
20	挥发酚	蒸馏后 4-氨基安替比林分光光度法	0.002	GB 7490—87

续前表

序号	项目	分析方法	最低检出限（mg/L）	方法来源
21	石油类	红外分光光度法	0.01	GB/T 16488—1996
22	阴离子表面活性剂	亚甲蓝分光光度法	0.05	GB 7494—87
23	硫化物	亚甲基蓝分光光度法	0.005	GB/T 16489—1996
		直接显色分光光度法	0.004	GB/T 17133—1997
24	粪大肠菌群	多管发酵法、滤膜法		1)

注：暂采用以上分析方法，待国家方法标准发布后，执行国家标准。
1)《水和废水监测分析方法（第三版）》，中国环境科学出版社，1989 年。

附录 4 | 污水综合排放标准 （GB 8978—2002）（节选）

标准分级

（1）排入 GB 3838 Ⅲ类水域（划定的保护区和游泳区除外）和排入 GB 3097 中二类海域的污水，执行一级标准。

（2）排入 GB 3838 中Ⅳ、Ⅴ类水域和排入 GB 3097 中三类海域的污水，执行二级标准。

（3）排入设置二级污水处理厂的城镇排水系统的污水，执行三级标准。

（4）排入未设置二级污水处理厂的城镇排水系统的污水，必须根据排水系统出水受纳水域的功能要求，分别执行（1）和（2）的规定。

（5）GB 3838 中Ⅰ、Ⅱ类水域和Ⅲ类水域中划定的保护区，GB 3097 中一类海域，禁止新建排污口，现有排污口应按水体功能要求，实行污染物总量控制，以保证受纳水体水质符合规定用途的水质标准。

表 1   第一类污染物最高允许排放浓度   单位：mg/L

序号	污染物	最高允许排放浓度
1	总汞	0.05
2	烷基汞	不得检出
3	总镉	0.1
4	总铬	1.5
5	六价铬	0.5
6	总砷	0.5
7	总铅	1.0
8	总镍	1.0

续前表

序号	污染物	最高允许排放浓度
9	苯并（a）芘	0.000 03
10	总铍	0.005
11	总银	0.5
12	总 α 放射性	1 Bq/L
13	总 β 放射性	10 Bq/L

表 2　　　　　　　　　　　　　第二类污染物最高允许排放浓度

（1998 年 1 月 1 日后建设的单位）　　　　　　　　　　单位：mg/L

序号	污染物	适用范围	一级标准	二级标准	三级标准
1	pH	一切排污单位	6～9	6～9	6～9
2	色度（稀释倍数）	一切排污单位	50	80	—
3	悬浮物（SS）	采矿、选矿、选煤工业	70	300	—
		脉金选矿	70	400	—
		边远地区砂金选矿	70	800	—
		城镇二级污水处理厂	20	30	—
		其他排污单位	70	150	400
4	五日生化需氧量（BOD$_5$）	甘蔗制糖、苎麻脱胶、湿法纤维板、染料、洗毛工业	20	60	600
		甜菜制糖、酒精、味精、皮革、化纤浆粕工业	20	100	600
		城镇二级污水处理厂	20	30	—
		其他排污单位	20	30	300
5	化学需氧量（COD）	甜菜制糖、合成脂肪酸、湿法纤维板、染料、洗毛、有机磷农药工业	100	200	1 000
		味精、酒精、医药原料药、生物制药、苎麻脱胶、皮革、化纤浆粕工业	100	300	1 000
		石油化工工业（包括石油炼制）	60	120	500
		城镇二级污水处理厂	60	120	—
		其他排污单位	100	150	500
6	石油类	一切排污单位	5	10	20
7	动植物油	一切排污单位	10	15	100
8	挥发酚	一切排污单位	0.5	0.5	2.0
9	总氰化合物	一切排污单位	0.5	0.5	1.0
10	硫化物	一切排污单位	1.0	1.0	1.0

续前表

序号	污染物	适用范围	一级标准	二级标准	三级标准
11	氨氮	医药原料药、染料、石油化工工业	15	50	—
		其他排污单位	15	25	—
12	氟化物	黄磷工业	10	15	20
		低氟地区 （水体含氟量<0.5mg/L）	10	20	30
		其他排污单位	10	10	20
13	磷酸盐（以 P 计）	一切排污单位	0.5	1.0	—
14	甲醛	一切排污单位	1.0	2.0	5.0
15	苯胺类	一切排污单位	1.0	2.0	5.0
16	硝基苯类	一切排污单位	2.0	3.0	5.0
17	阴离子表面活性剂（LAS）	一切排污单位	5.0	10	20
18	总铜	一切排污单位	0.5	1.0	2.0
19	总锌	一切排污单位	2.0	5.0	5.0
20	总锰	合成脂肪酸工业	2.0	5.0	5.0
		其他排污单位	2.0	2.0	5.0
21	彩色显影剂	电影洗片	1.0	2.0	3.0
22	显影剂及氧化物总量	电影洗片	3.0	3.0	6.0
23	元素磷	一切排污单位	0.1	0.1	0.3
24	有机磷农药（以 P 计）	一切排污单位	不得检出	0.5	0.5
25	乐果	一切排污单位	不得检出	1.0	2.0
26	对硫磷	一切排污单位	不得检出	1.0	2.0
27	甲基对硫磷	一切排污单位	不得检出	1.0	2.0
28	马拉硫磷	一切排污单位	不得检出	5.0	10
29	五氯酚及五氯酚钠（以五氯酚计）	一切排污单位	5.0	8.0	10
30	可吸附有机卤化物（AOX）（以 Cl 计）	一切排污单位	1.0	5.0	8.0
31	三氯甲烷	一切排污单位	0.3	0.6	1.0
32	四氯化碳	一切排污单位	0.03	0.06	0.5

续前表

序号	污染物	适用范围	一级标准	二级标准	三级标准
33	三氯乙烯	一切排污单位	0.3	0.6	1.0
34	四氯乙烯	一切排污单位	0.1	0.2	0.5
35	苯	一切排污单位	0.1	0.2	0.5
36	甲苯	一切排污单位	0.1	0.2	0.5
37	乙苯	一切排污单位	0.4	0.6	1.0
38	邻—二甲苯	一切排污单位	0.4	0.6	1.0
39	对—二甲苯	一切排污单位	0.4	0.6	1.0
40	间—二甲苯	一切排污单位	0.4	0.6	1.0
41	氯苯	一切排污单位	0.2	0.4	1.0
42	邻—二氯苯	一切排污单位	0.4	0.6	1.0
43	对—二氯苯	一切排污单位	0.4	0.6	1.0
44	对—硝基氯苯	一切排污单位	0.5	1.0	5.0
45	2，4—二硝基氯苯	一切排污单位	0.5	1.0	5.0
46	苯酚	一切排污单位	0.3	0.4	1.0
47	间—甲酚	一切排污单位	0.1	0.2	0.5
48	2，4—二氯酚	一切排污单位	0.6	0.8	1.0
49	2，4，6—三氯酚	一切排污单位	0.6	0.8	1.0
50	邻苯二甲酸二丁酯	一切排污单位	0.2	0.4	2.0
51	邻苯二甲酸二辛酯	一切排污单位	0.3	0.6	2.0
52	丙烯腈	一切排污单位	2.0	5.0	5.0
53	总硒	一切排污单位	0.1	0.2	0.5
54	粪大肠菌群数	医院*、兽医院及医疗机构含病原体污水	500 个/L	1 000 个/L	5 000 个/L
		传染病、结核病医院污水	100 个/L	500 个/L	1 000 个/L
55	总余氯（采用氯化消毒的医院污水）	医院*、兽医院及医疗机构含病原体污水	<0.5**	>3（接触时间≥1h）	>2（接触时间≥1h）
		传染病、结核病医院污水	<0.5**	>6.5（接触时间≥1.5h）	>5（接触时间≥1.5h）

续前表

序号	污染物	适用范围	一级标准	二级标准	三级标准
56	总有机碳（TOC）	合成脂肪酸工业	20	40	—
		苎麻脱胶工业	20	60	—
		其他排污单位	20	30	—

注：其他排污单位：指除在该控制项目中所列行业以外的一切排污单位。

* 指 50 个床位以上的医院。

** 加氯消毒后须进行脱氯处理，达到本标准。

附录5 环境空气质量标准
（GB 3095—2012）（节选）

一、环境空气功能区分类

环境空气功能区分为二类：一类区为自然保护区、风景名胜区和其他需要特殊保护的区域；二类区为居住区、商业交通居民混合区、文化区、工业区和农村地区。

二、环境空气功能区质量要求

一类区适用一级浓度限值，二类区适用二级浓度限值。

表1　　　　　　　　　　环境空气污染物基本项目浓度限值

序号	污染物项目	平均时间	浓度限值		单位
			一级	二级	
1	二氧化硫（SO_2）	年平均	20	60	$\mu g/m^3$
		24 小时平均	50	150	
		1 小时平均	150	500	
2	二氧化氮（NO_2）	年平均	40	40	
		24 小时平均	80	80	
		1 小时平均	200	200	
3	一氧化碳（CO）	24 小时平均	4	4	mg/m^3
		1 小时平均	10	10	
4	臭氧（O_3）	日最大 8 小时平均	100	160	$\mu g/m^3$
		1 小时平均	160	200	
5	颗粒物（粒径小于等于 10 μm）	年平均	40	70	
		24 小时平均	50	150	
6	颗粒物（粒径小于等于 2.5 μm）	年平均	15	35	
		24 小时平均	35	75	

表 2　　　　　　　　　　　　**环境空气污染物其他项目浓度限值**

序号	污染物项目	平均时间	浓度限值		单位
			一级	二级	
1	总悬浮颗粒物（TSP）	年平均	80	200	$\mu g/m^3$
		24 小时平均	120	300	
2	氮氧化物（NO_x）	年平均	50	50	
		24 小时平均	100	100	
		1 小时平均	250	250	
3	铅（Pb）	年平均	0.5	0.5	
		季平均	1	1	
4	苯并［a］芘（BaP）	年平均	0.001	0.001	
		24 小时平均	0.002 5	0.002 5	

附录6

大气污染物综合排放标准（GB 16297—1996）（节选）

本标准规定的最高允许排放速率，现有污染源分一、二、三级，新污染源分为二、三级。1997 年 1 月 1 日前设立的污染源简称为现有污染源，执行表 1 所列标准值。1997 年 1 月 1 日起设立（包括新建、扩建、改建）的污染源简称为新污染源，执行表 2 所列标准值。

按污染源所在的环境空气质量功能区类别，执行相应级别的排放速率标准，即：位于一类区的污染源执行一级标准（一类区禁止新、扩建污染源，一类区现有污染源改建时执行现有污染源的一级标准）；位于二类区的污染源执行二级标准；位于三类区的污染源执行三级标准。

表 1　　　　　　　　　　　现有污染源大气污染物排放限值

序号	污染物	最高允许排放浓度（mg/m³）	最高允许排放速率（kg/h）				无组织排放监控浓度限值	
			排气筒（m）	一级	二级	三级	监控点	浓度（mg/m³）
1	二氧化硫	1 200（硫、二氧化硫、硫酸和其他含硫化合物生产） 700（硫、二氧化硫、硫酸和其他含硫化合物使用）	15 20 30 40 50 60 70 80 90 100	1.6 2.6 8.8 15 23 33 47 63 82 100	3.0 5.1 17 30 45 64 91 120 160 200	4.1 7.7 26 45 69 98 140 190 240 310	无组织排放源上风向设参照点，下风向设监控点①	0.50（监控点与参照点浓度差值）

续前表

序号	污染物	最高允许排放浓度（mg/m³）	最高允许排放速率（kg/h）				无组织排放监控浓度限值	
			排气筒（m）	一级	二级	三级	监控点	浓度（mg/m³）
2	氮氧化物	1 700（硝酸、氮肥和火炸药生产）	15	0.47	0.91	1.4	无组织排放源上风向设参照点，下风向设监控点	0.15（监控点与参照点浓度差值）
			20	0.77	1.5	2.3		
			30	2.6	5.1	7.7		
			40	4.6	8.9	14		
			50	7.0	14	21		
			60	9.9	19	29		
		420（硝酸使用和其他）	70	14	27	41		
			80	19	37	56		
			90	24	47	72		
			100	31	61	92		
3	颗粒物	22（碳黑尘、染料尘）	15	禁排	0.60	0.87	周界外浓度最高点②	肉眼不可见
			20		1.0	1.5		
			30		4.0	5.9		
			40		6.8	10		
		80（玻璃棉尘、石英粉尘、矿渣棉尘）③	15	禁排	2.2	3.1	无组织排放源上风向设参照点，下风向设监控点	2.0（监控点与参照点浓度差值）
			20		3.7	5.3		
			30		14	21		
			40		25	37		
		150（其他）	15	2.1	4.1	5.9	无组织排放源上风向设参照点，下风向设监控点	5.0（监控点与参照点浓度差值）
			20	3.5	6.9	10		
			30	14	27	40		
			40	24	46	69		
			50	36	70	110		
			60	51	100	150		
4	氟化氢	150	15	禁排	0.30	0.46	周界外浓度最高点	0.25
			20		0.51	0.77		
			30		1.7	2.6		
			40		3.0	4.5		
			50		4.5	6.9		
			60		6.4	9.8		
			70		9.1	14		
			80		12	19		
5	铬酸雾	0.080	15	禁排	0.009	0.014	周界外浓度最高点	0.007 5
			20		0.015	0.023		
			30		0.051	0.078		
			40		0.089	0.13		
			50		0.14	0.21		
			60		0.19	0.29		

续前表

序号	污染物	最高允许排放浓度 (mg/m³)	最高允许排放速率（kg/h）				无组织排放监控浓度限值	
			排气筒 (m)	一级	二级	三级	监控点	浓度 (mg/m³)
6	硫酸雾	1 000 （火炸药厂） 70 （其他）	15 20 30 40 50 60 70 80	禁排	1.8 3.1 10 18 27 39 55 74	2.8 4.6 16 27 41 59 83 110	周界外浓度最高点	1.5
7	氟化物	100 （普钙工业） 11 （其他）	15 20 30 40 50 60 70 80	禁排	0.12 0.20 0.69 1.2 1.8 2.6 3.6 4.9	0.18 0.31 1.0 1.8 2.7 3.9 5.5 7.5	无组织排放源上风向设参照点，下风向设监控点	20 （μg/m³）（监控点与参照点浓度差值）
8	氯气④	85	25 30 40 50 60 70 80	禁排	0.60 1.0 3.4 5.9 9.1 13 18	0.90 1.5 5.2 9.0 14 20 28	周界外浓度最高点	0.50
9	铅及其化合物	0.90	15 20 30 40 50 60 70 80 90 100	禁排	0.005 0.007 0.031 0.055 0.085 0.12 0.17 0.23 0.31 0.39	0.007 0.011 0.048 0.083 0.13 0.18 0.26 0.35 0.47 0.60	周界外浓度最高点	0.007 5
10	汞及其化合物	0.015	15 20 30 40 50 60	禁排	1.8×10^{-3} 3.1×10^{-3} 10×10^{-3} 18×10^{-3} 28×10^{-3} 39×10^{-3}	2.8×10^{-3} 4.6×10^{-3} 16×10^{-3} 27×10^{-3} 41×10^{-3} 59×10^{-3}	周界外浓度最高点	0.001 5

续前表

序号	污染物	最高允许排放浓度 (mg/m³)	最高允许排放速率（kg/h）				无组织排放监控浓度限值	
			排气筒 (m)	一级	二级	三级	监控点	浓度 (mg/m³)
11	镉及其化合物	1.0	15 20 30 40 50 60 70 80	禁排	0.060 0.10 0.34 0.59 0.91 1.3 1.8 2.5	0.090 0.15 0.52 0.90 1.4 2.0 2.8 3.7	周界外浓度最高点	0.050
12	铍及其化合物	0.015	15 20 30 40 50 60 70 80	禁排	1.3×10^{-3} 2.2×10^{-3} 7.3×10^{-3} 13×10^{-3} 19×10^{-3} 27×10^{-3} 39×10^{-3} 52×10^{-3}	2.0×10^{-3} 3.3×10^{-3} 11×10^{-3} 19×10^{-3} 29×10^{-3} 41×10^{-3} 58×10^{-3} 79×10^{-3}	周界外浓度最高点	0.001 0
13	镍及其化合物	5.0	15 20 30 40 50 60 70 80	禁排	0.18 0.31 1.0 1.8 2.7 3.9 5.5 7.4	0.28 0.46 1.6 2.7 4.1 5.9 8.2 11	周界外浓度最高点	0.050
14	锡及其化合物	10	15 20 30 40 50 60 70 80	禁排	0.36 0.61 2.1 3.5 5.4 7.7 11 15	0.55 0.93 3.1 5.4 8.2 12 17 22	周界外浓度最高点	0.30
15	苯	17	15 20 30 40	禁排	0.60 1.0 3.3 6.0	0.90 1.5 5.2 9.0	周界外浓度最高点	0.50
16	甲苯	60	15 20 30 40	禁排	3.6 6.1 21 36	5.5 9.3 31 54	周界外浓度最高点	0.30

续前表

序号	污染物	最高允许排放浓度（mg/m³）	最高允许排放速率（kg/h）				无组织排放监控浓度限值	
			排气筒（m）	一级	二级	三级	监控点	浓度（mg/m³）
17	二甲苯	90	15 20 30 40	禁排	1.2 2.0 6.9 12	1.8 3.1 10 18	周界外浓度最高点	1.5
18	酚类	115	15 20 30 40 50 60	禁排	0.12 0.20 0.68 1.2 1.8 2.6	0.18 0.31 1.0 1.8 2.7 3.9	周界外浓度最高点	0.10
19	甲醛	30	15 20 30 40 50 60	禁排	0.30 0.51 1.7 3.0 4.5 6.4	0.46 0.77 2.6 4.5 6.9 9.8	周界外浓度最高点	0.25
20	乙醛	150	15 20 30 40 50 60	禁排	0.060 0.10 0.34 0.59 0.91 1.3	0.090 0.15 0.52 0.90 1.4 2.0	周界外浓度最高点	0.050
21	丙烯腈	26	15 20 30 40 50 60	禁排	0.91 1.5 5.1 8.9 14 19	1.4 2.3 7.8 13 21 29	周界外浓度最高点	0.75
22	丙烯醛	20	15 20 30 40 50 60	禁排	0.61 1.0 3.4 5.9 9.1 13	0.92 1.5 5.2 9.0 14 20	周界外浓度最高点	0.50
23	氰化氢⑤	2.3	25 30 40 50 60 70 80	禁排	0.18 0.31 1.0 1.8 2.7 3.9 5.5	0.28 0.46 1.6 2.7 4.1 5.9 8.3	周界外浓度最高点	0.030

续前表

序号	污染物	最高允许排放浓度 (mg/m³)	最高允许排放速率 (kg/h)				无组织排放监控浓度限值	
			排气筒 (m)	一级	二级	三级	监控点	浓度 (mg/m³)
24	甲醇	220	15	禁排	6.1	9.2	周界外浓度最高点	15
			20		10	15		
			30		34	52		
			40		59	90		
			50		91	140		
			60		130	200		
25	苯胺类	25	15	禁排	0.61	0.92	周界外浓度最高点	0.50
			20		1.0	1.5		
			30		3.4	5.2		
			40		5.9	9.0		
			50		9.1	14		
			60		13	20		
26	氯苯类	85	15	禁排	0.67	0.92	周界外浓度最高点	0.50
			20		1.0	1.5		
			30		2.9	4.4		
			40		5.0	7.6		
			50		7.7	12		
			60		11	17		
			70		15	23		
			80		21	32		
			90		27	41		
			100		34	52		
27	硝基苯类	20	15	禁排	0.060	0.090	周界外浓度最高点	0.050
			20		0.10	0.15		
			30		0.34	0.52		
			40		0.59	0.90		
			50		0.91	1.4		
			60		1.3	2.0		
28	氯乙烯	65	15	禁排	0.91	1.4	周界外浓度最高点	0.75
			20		1.5	2.3		
			30		5.0	7.8		
			40		8.9	13		
			50		14	21		
			60		19	29		
29	苯并a芘	$0.50×10^{-3}$ (沥青、碳素制品生产和加工)	15	禁排	$0.06×10^{-3}$	$0.09×10^{-3}$	周界外浓度最高点	0.01 ($\mu g/m^3$)
			20		$0.10×10^{-3}$	$0.15×10^{-3}$		
			30		$0.34×10^{-3}$	$0.51×10^{-3}$		
			40		$0.59×10^{-3}$	$0.89×10^{-3}$		
			50		$0.90×10^{-3}$	$1.4×10^{-3}$		
			60		$1.3×10^{-3}$	$2.0×10^{-3}$		

续前表

序号	污染物	最高允许排放浓度 (mg/m³)	最高允许排放速率（kg/h）				无组织排放监控浓度限值	
			排气筒 (m)	一级	二级	三级	监控点	浓度 (mg/m³)
30	光气⑥	5.0	25	禁排	0.12	0.18	周界外浓度最高点	0.10
			30		0.20	0.31		
			40		0.69	1.0		
			50		1.2	1.8		
31	沥青烟	280 (吹制沥青)	15	0.11	0.22	0.34	生产设备不得有明显的无组织排放存在	
			20	0.19	0.36	0.55		
			30	0.82	1.6	2.4		
		80 (熔炼、浸涂)	40	1.4	2.8	4.2		
			50	2.2	4.3	6.6		
		150 (建筑搅拌)	60	3.0	5.9	9.0		
			70	4.5	8.7	13		
			80	6.2	12	18		
32	石棉尘	2 根纤维/cm³ 或 20mg/m³	15	禁排	0.65	0.98	生产设备不得有明显的无组织排放存在	
			20		1.1	1.7		
			30		4.2	6.4		
			40		7.2	11		
			50		11	17		
33	非甲烷总烃	150 (使用溶剂汽油或其他混合烃类物质)	15	6.3	12	18	周界外浓度最高点	5.0
			20	10	20	30		
			30	35	63	100		
			40	61	120	170		

注：①一般应于无组织排放源上风向2～50m范围内设参考点，排放源下风向2～50m范围内设监控点。
②周界外浓度最高点一般应设于排放源下风向的单位周界外10m范围内，若预计无组织排放的最大落地浓度点超出10m范围，可将监控点移至该预计浓度最高点。
③均指含游离二氧化硅超过10%以上的各种尘。
④排放氯气的排气筒不得低于25m。
⑤排放氰化氢的排气筒不得低于25m。
⑥排放光气的排气筒不得低于25m。

表2　　　　　　　　　　　**新污染源大气污染物排放限值**

序号	污染物	最高允许排放浓度 (mg/m³)	最高允许排放速率（kg/h）			无组织排放监控浓度限值	
			排气筒 (m)	二级	三级	监控点	浓度 (mg/m³)
1	二氧化硫	960 (硫、二氧化硫、硫酸和其他含硫化合物生产)	15	2.6	3.5	周界外浓度最高点①	0.40
			20	4.3	6.6		
			30	15	22		
			40	25	38		
			50	39	58		
		550 (硫、二氧化硫、硫酸和其他含硫化合物使用)	60	55	83		
			70	77	120		
			80	110	160		
			90	130	200		
			100	170	270		

续前表

序号	污染物	最高允许排放浓度 (mg/m³)	最高允许排放速率 (kg/h)			无组织排放监控浓度限值	
			排气筒 (m)	二级	三级	监控点	浓度 (mg/m³)
2	氮氧化物	1 400 (硝酸、氮肥和火炸药生产)	15	0.77	1.2	周界外浓度最高点	0.12
			20	1.3	2.0		
			30	4.4	6.6		
			40	7.5	11		
			50	12	18		
		240 (硝酸使用和其他)	60	16	25		
			70	23	35		
			80	31	47		
			90	40	61		
			100	52	78		
3	颗粒物	18 (炭黑尘、染料尘)	15	0.15	0.74	周界外浓度最高点	肉眼不可见
			20	0.85	1.3		
			30	3.4	5.0		
			40	5.8	8.5		
		60 (玻璃棉尘、石英粉尘、矿渣棉尘)②	15	1.9	2.6	周界外浓度最高点	1.0
			20	3.1	4.5		
			30	12	18		
			40	21	31		
		120 (其他)	15	3.5	5.0	周界外浓度最高点	1.0
			20	5.9	8.5		
			30	23	34		
			40	39	59		
			50	60	94		
			60	85	130		
4	氟化氢	100	15	0.26	0.39	周界外浓度最高点	0.20
			20	0.43	0.65		
			30	1.4	2.2		
			40	2.6	3.8		
			50	3.8	5.9		
			60	5.4	8.3		
			70	7.7	12		
			80	10	16		
5	铬酸雾	0.070	15	0.008	0.012	周界外浓度最高点	0.006 0
			20	0.013	0.020		
			30	0.043	0.066		
			40	0.076	0.12		
			50	0.12	0.18		
			60	0.16	0.25		
6	硫酸雾	430 (火炸药厂)	15	1.5	2.4	周界外浓度最高点	1.2
			20	2.6	3.9		
			30	8.8	13		
			40	15	23		
		45 (其他)	50	23	35		
			60	33	50		
			70	46	70		
			80	63	95		

续前表

序号	污染物	最高允许排放浓度（mg/m³）	最高允许排放速率（kg/h）			无组织排放监控浓度限值	
			排气筒（m）	二级	三级	监控点	浓度（mg/m³）
7	氟化物	90（普钙工业） 9.0（其他）	15 20 30 40 50 60 70 80	0.10 0.17 0.59 1.0 1.5 2.2 3.1 4.2	0.15 0.26 0.88 1.5 2.3 3.3 4.7 6.3	周界外浓度最高点	20（μg/m³）
8	氯气③	65	25 30 40 50 60 70 80	0.52 0.87 2.9 5.0 7.7 11 15	0.78 1.3 4.4 7.6 12 17 23	周界外浓度最高点	0.40
9	铅及其化合物	0.70	15 20 30 40 50 60 70 80 90 100	0.004 0.006 0.027 0.047 0.072 0.10 0.15 0.20 0.26 0.33	0.006 0.009 0.041 0.071 0.11 0.15 0.22 0.30 0.40 0.51	周界外浓度最高点	0.006 0
10	汞及其化合物	0.012	15 20 30 40 50 60	1.5×10^{-3} 2.6×10^{-3} 7.8×10^{-3} 15×10^{-3} 23×10^{-3} 33×10^{-3}	2.4×10^{-3} 3.9×10^{-3} 13×10^{-3} 23×10^{-3} 35×10^{-3} 50×10^{-3}	周界外浓度最高点	0.001 2
11	镉及其化合物	0.85	15 20 30 40 50 60 70 80	0.050 0.090 0.29 0.50 0.77 1.1 1.5 2.1	0.080 0.13 0.44 0.77 1.2 1.7 2.3 3.2	周界外浓度最高点	0.040

续前表

序号	污染物	最高允许排放浓度（mg/m³）	最高允许排放速率（kg/h）			无组织排放监控浓度限值	
			排气筒（m）	二级	三级	监控点	浓度（mg/m³）
12	铍及其化合物	0.012	15	1.1×10^{-3}	1.7×10^{-3}	周界外浓度最高点	0.000 8
			20	1.8×10^{-3}	2.8×10^{-3}		
			30	6.2×10^{-3}	9.4×10^{-3}		
			40	11×10^{-3}	16×10^{-3}		
			50	16×10^{-3}	25×10^{-3}		
			60	23×10^{-3}	35×10^{-3}		
			70	33×10^{-3}	50×10^{-3}		
			80	44×10^{-3}	67×10^{-3}		
13	镍及其化合物	4.3	15	0.15	0.24	周界外浓度最高点	0.040
			20	0.26	0.34		
			30	0.88	1.3		
			40	1.5	2.3		
			50	2.3	3.5		
			60	3.3	5.0		
			70	4.6	7.0		
			80	6.3	10		
14	锡及其化合物	8.5	15	0.31	0.47	周界外浓度最高点	0.24
			20	0.52	0.79		
			30	1.8	2.7		
			40	3.0	4.6		
			50	4.6	7.0		
			60	6.6	10		
			70	9.3	14		
			80	13	19		
15	苯	12	15	0.50	0.80	周界外浓度最高点	0.40
			20	0.90	1.3		
			30	2.9	4.4		
			40	5.6	7.6		
16	甲苯	40	15	3.1	4.7	周界外浓度最高点	2.4
			20	5.2	7.9		
			30	18	27		
			40	30	46		
17	二甲苯	70	15	1.0	1.5	周界外浓度最高点	1.2
			20	1.7	2.6		
			30	5.9	8.8		
			40	10	15		
18	酚类	100	15	0.10	0.15	周界外浓度最高点	0.080
			20	0.17	0.26		
			30	0.58	0.88		
			40	1.0	1.5		
			50	1.5	2.3		
			60	2.2	3.3		

续前表

序号	污染物	最高允许排放浓度 (mg/m³)	最高允许排放速率（kg/h）			无组织排放监控浓度限值	
			排气筒 (m)	二级	三级	监控点	浓度 (mg/m³)
19	甲醛	25	15	0.26	0.39	周界外浓度最高点	0.20
			20	0.43	0.65		
			30	1.4	2.2		
			40	2.6	3.8		
			50	3.8	5.9		
			60	5.4	8.3		
20	乙醛	125	15	0.050	0.080	周界外浓度最高点	0.040
			20	0.090	0.13		
			30	0.29	0.44		
			40	0.50	0.77		
			50	0.77	1.2		
			60	1.1	1.6		
21	丙烯腈	22	15	0.77	1.2	周界外浓度最高点	0.60
			20	1.3	2.0		
			30	4.4	6.6		
			40	7.5	11		
			50	12	18		
			60	16	25		
22	丙烯醛	16	15	0.52	0.78	周界外浓度最高点	0.40
			20	0.87	1.3		
			30	2.9	4.4		
			40	5.0	7.6		
			50	7.7	12		
			60	11	17		
23	氰化氢④	1.9	25	0.15	0.24	周界外浓度最高点	0.024
			30	0.26	0.39		
			40	0.88	1.3		
			50	1.5	2.3		
			60	2.3	3.5		
			70	3.3	5.0		
			80	4.6	7.0		
24	甲醇	190	15	5.1	7.8	周界外浓度最高点	12
			20	8.6	13		
			30	29	44		
			40	50	70		
			50	77	120		
			60	100	170		
25	苯胺类	20	15	0.52	0.78	周界外浓度最高点	0.40
			20	0.87	1.3		
			30	2.9	4.4		
			40	5.0	7.6		
			50	7.7	12		
			60	11	17		

续前表

序号	污染物	最高允许排放浓度 (mg/m³)	最高允许排放速率 (kg/h)			无组织排放监控浓度限值	
			排气筒 (m)	二级	三级	监控点	浓度 (mg/m³)
26	氯苯类	60	15	0.52	0.78	周界外浓度最高点	0.40
			20	0.87	1.3		
			30	2.5	3.8		
			40	4.3	6.5		
			50	6.6	9.9		
			60	9.3	14		
			70	13	20		
			80	18	27		
			90	23	35		
			100	29	44		
27	硝基苯类	16	15	0.050	0.080	周界外浓度最高点	0.040
			20	0.090	0.13		
			30	0.29	0.44		
			40	0.50	0.77		
			50	0.77	1.2		
			60	1.1	1.7		
28	氯乙烯	36	15	0.77	1.2	周界外浓度最高点	0.60
			20	1.3	2.0		
			30	4.4	6.6		
			40	7.5	11		
			50	12	18		
			60	16	25		
29	苯并a芘	0.30×10^{-3} (沥青及碳素制品生产和加工)	15	0.050×10^{-3}	0.080×10^{-3}	周界外浓度最高点	0.008 (µg/m³)
			20	0.085×10^{-3}	0.13×10^{-3}		
			30	0.29×10^{-3}	0.43×10^{-3}		
			40	0.50×10^{-3}	0.76×10^{-3}		
			50	0.77×10^{-3}	1.2×10^{-3}		
			60	1.1×10^{-3}	1.7×10^{-3}		
30	光气⑤	3.0	25	0.10	0.15	周界外浓度最高点	0.080
			30	0.17	0.26		
			40	0.59	0.88		
			50	1.0	1.5		
31	沥青烟	140 (吹制沥青)	15	0.18	0.27	生产设备不得有明显的无组织排放存在	
			20	0.30	0.45		
		40 (熔炼、浸涂)	30	1.3	2.0		
			40	2.3	3.5		
			50	3.6	5.4		
		75 (建筑搅拌)	60	5.6	7.5		
			70	7.4	11		
			80	10	15		

续前表

序号	污染物	最高允许排放浓度（mg/m³）	最高允许排放速率（kg/h）			无组织排放监控浓度限值	
			排气筒（m）	二级	三级	监控点	浓度（mg/m³）
32	石棉尘	1根纤维/cm³或10mg/m³	15	0.55	0.83	生产设备不得有明显的无组织排放存在	
			20	0.93	1.4		
			30	3.6	5.4		
			40	6.2	9.3		
			50	9.4	14		
33	非甲烷总烃	120（使用溶剂汽油或其他混合烃类物质）	15	10	16	周界外浓度最高点	4.0
			20	17	27		
			30	53	83		
			40	100	150		

注：①周界外浓度最高点一般应设置于无组织排放源下风向的单位周界外10m范围内，若预计无组织排放的最大落地浓度点超出10m范围，可将监控点移至该预计浓度最高点。

②均指含游离二氧化硅超过10％以上的各种尘。

③排放氯气的排气筒不得低于25m。

④排放氰化氢的排气筒不得低于25m。

⑤排放光气的排气筒不得低于25m。

附录7

土壤环境质量标准
（GB 15618—2008）（节选）

土壤无机污染物的环境质量第二级标准值
单位：mg/kg

	污染物	农业用地 按 pH 值分组				居住用地	商业用地	工业用地
		≤5.5	>5.5～6.5	>6.5～7.5	>7.5			
1	总镉					10	20	20
	水田	0.25	0.30	0.50	1.0			
	旱地	0.25	0.30	0.45	0.80			
	菜地	0.25	0.30	0.40	0.60			
2	总汞					4.0	20	20
	水田	0.20	0.30	0.50	1.0			
	旱地	0.25	0.35	0.70	1.5			
	菜地	0.20	0.3	0.4	0.8			
3	总砷					50	70	70
	水田	35	30	25	20			
	旱地	40	40	30	25			
	菜地	35	30	25	20			
4	总铅					300	600	600
	水田、旱地	80	80	80	80			
	菜地	50	50	50	50			
5	总铬					400	800	1 000
	水田	220	250	300	350			
	旱地、菜地	120	150	200	250			
6	六价铬	—	—	—	—	5.0	30	30

续前表

污染物		农业用地 按 pH 值分组				居住用地	商业用地	工业用地
		≤5.5	>5.5~6.5	>6.5~7.5	>7.5			
7	总铜					300	500	500
	水田、旱地、菜地	50	50	100	100			
	果园	150	150	200	200			
8	总镍					150	200	200
	水田、旱地	60	80	90	100			
	菜地	60	70	80	90			
9	总锌	150	200	250	300	500	700	700
10	总硒	3.0				40	100	100
11	总钴	40				50	300	300
12	总钒	130				200	250	250
13	总锑	10				30	40	40
14	稀土总量	一级标准值+5.0	一级标准值+10	一级标准值+15	一级标准值+20	—		
15	氟化物（以氟计）	暂定水溶性氟 5.0				1 000	2 000	2 000
16	氰化物（以 CN⁻ 计）	1.0				20	50	50

注：①"—"表示未作规定；
②稀土总量是由性质十分相近的镧、铈、镨、钕、钷、钐、铕、钆、铽、镝、钬、铒、铥、镱、镥等15种镧系元素和与镧系元素性质极为相似的钪、钇共17种元素总和。

参考文献

［1］魏复盛主编，国家环境保护总局《水和废水监测分析方法》编委会编. 水和废水监测分析方法（第 4 版增补版）. 北京：中国环境科学出版社，2002.

［2］魏复盛主编，国家环境保护总局《空气和废气监测分析方法》编委会编. 空气和废气监测分析方法（第 4 版增补版）. 北京：中国环境科学出版社，2007.

［3］中国标准出版社第二编辑室编. 环境监测方法标准汇编·水环境（第 2 版）. 北京：中国标准出版社，2010.

［4］中国标准出版社第二编辑室编. 环境监测方法标准汇编·空气环境（第 2 版）. 北京：中国标准出版社，2011.

［5］中国标准出版社第二编辑室编. 环境监测方法标准汇编·噪声与振动. 北京：中国标准出版社，2007.

［6］中国标准出版社第二编辑室编. 环境监测方法标准汇编·土壤环境与固体废物. 北京：中国标准出版社，2007.

［7］奚旦立，孙裕生，刘秀英编. 环境监测. 北京：高等教育出版社，2004.

［8］吴忠标主编. 环境监测. 北京：化学工业出版社，2003.

［9］吴祖成主编. 注册环保工程师执业资格考试专业基础考试复习教程（第 2 版）天津：天津大学出版社，2013.

［10］地表水和污水监测技术规范（HJ/T 91—2002）.

［11］水质采样　样品的保存和管理技术规定（HJ 493—2009）.

［12］水质　总汞的测定　冷原子吸收分光光度法（HJ 597—2011）.

［13］固定污染源监测质量保证与质量控制技术规范（试行）（HJ/T 373—2007）.

［14］环境空气质量监测点位布设技术规范（试行）（HJ 664—2013）.

［15］环境空气颗粒物（PM10 和 PM2.5）采样器技术要求及检测方法（HJ 93—2013）.

［16］环境空气 PM10 和 PM2.5 的测定　重量法（HJ 618—2011）.

［17］工业企业厂界环境噪声排放标准（GB 12348—2008）.

［18］环境噪声监测点位编码规则（HJ 661—2013）.

［19］环境噪声监测技术规范　城市声环境常规监测（HJ640—2012）.

［20］建筑施工场界环境噪声排放标准（GB 12523—2011）.

［21］社会生活环境噪声排放标准（GB 22337—2008）.

［22］声环境质量标准（GB 3096—2008）.

［23］土壤环境质量标准（修订）（GB 15618—2008）.

［24］石碧清主编. 环境监测技能训练与考核教程. 北京：中国环境科学出版社，2011.

［25］王英健，杨永红主编. 环境监测（第 2 版）. 北京：化学工业出版社，2009.

［26］郭晓敏，张彩平主编. 环境监测. 杭州：浙江大学出版社，2011.

［27］刘德生主编. 环境监测（第 2 版）. 北京：化学工业出版社，2011.

［28］孙成主编. 环境监测实验. 北京：科学出版社，2010.

［29］何燧源主编. 环境污染物分析监测. 北京：化学工业出版社，2001.

［30］王怀宇，姚运先主编. 环境监测. 北京：高等教育出版社，2007.

［31］李倦生，王怀宇主编. 环境监测实训. 北京：高等教育出版社，2008.

［32］张青，朱华静主编. 环境分析与监测实训. 北京：高等教育出版社，2009.

［33］季宏祥主编. 环境监测技术. 北京：化学工业出版社，2012.

图书在版编目（CIP）数据

环境监测技术与实训/曾爱斌主编. —北京：中国人民大学出版社，2014.5
ISBN 978-7-300-19209-3

Ⅰ.①环… Ⅱ.①曾… Ⅲ.①环境监测 Ⅳ.①X83

中国版本图书馆 CIP 数据核字（2014）第 072283 号

浙江省重点教材建设项目
环境监测技术与实训
主编　曾爱斌
Huanjing Jiance Jishu yu Shixun

出版发行	中国人民大学出版社			
社　　址	北京中关村大街 31 号		邮政编码	100080
电　　话	010 - 62511242（总编室）		010 - 62511770（质管部）	
	010 - 82501766（邮购部）		010 - 62514148（门市部）	
	010 - 62515195（发行公司）		010 - 62515275（盗版举报）	
网　　址	http://www.crup.com.cn			
经　　销	新华书店			
印　　刷	固安县铭成印刷有限公司			
规　　格	185 mm×260 mm　16 开本		版　　次	2014 年 6 月第 1 版
印　　张	18.25		印　　次	2020 年 10 月第 3 次印刷
字　　数	377 000		定　　价	39.00 元